浙江省高职院校“十四五”重点立项建设教材

高等职业教育酿酒技术专业系列教材

黄酒检测技术

魏桃英　寿泉洪　周建弟　编著

中国轻工业出版社

图书在版编目（CIP）数据

黄酒检测技术 / 魏桃英，寿泉洪，周建弟编著.
北京：中国轻工业出版社，2024. 12. -- ISBN 978-7-5184-5036-7

I . TS262. 4

中国国家版本馆 CIP 数据核字第 2024BH6186 号

责任编辑：贺　娜
策划编辑：江　娟　　责任终审：许春英　　整体设计：锋尚设计
版式设计：砚祥志远　　责任校对：晋　洁　　责任监印：张　可

出版发行：中国轻工业出版社（北京鲁谷东街 5 号，邮编：100040）
印　　刷：三河市万龙印装有限公司
经　　销：各地新华书店
版　　次：2024 年 12 月第 1 版第 1 次印刷
开　　本：720×1000　1/16　印张：22. 5
字　　数：352 千字
书　　号：ISBN 978-7-5184-5036-7　定价：45. 00 元
邮购电话：010-85119873
发行电话：010-85119832　010-85119912
网　　址：http: //www. chlip. com. cn
Email: club@ chlip. com. cn

230915J2X101ZBW

序

黄酒，作为中国传统酿造的瑰宝，承载了深厚的文化底蕴与精湛的工艺技术。党的二十大报告中指出“中国式现代化是物质文明和精神文明相协调的现代化。物质富足、精神富有是社会主义现代化的根本要求。物质贫困不是社会主义，精神贫乏也不是社会主义。我们不断厚植现代化的物质基础，不断夯实人民幸福生活的物质条件，同时大力发展社会主义先进文化，加强理想信念教育，传承中华文明，促进物的全面丰富和人的全面发展”。随着消费者对黄酒品质追求的不断提升，检测工作显得愈发重要。本教材正是基于这一背景，对黄酒检测的各个方面进行了系统梳理和详细阐述，旨在为黄酒行业的检测工作提供全面、实用的指导。

本教材以项目驱动教学模式的布局，从黄酒检测的基础知识讲起，逐步深入到具体的检测任务和操作细节。项目一介绍了检测仪器、试剂、数据处理以及采样等基础知识，为酿酒专业的学生与读者打下坚实的理论基础。其余各项目则围绕黄酒的标准、原辅料、半成品、成品以及副产品的检验展开，每一项任务都紧密结合实际操作，确保读者能够学以致用。

例如在项目一中，不仅介绍了检测仪器的基本操作与维护，更深入介绍了试剂的选择、配制及使用注意事项，同时详细解析了数据处理的方法与技巧，确保每一步操作都精准可靠，甚至包括了采样环节。项目二则将黄酒标准的探讨作为重中之重。从国家标准、地方标准到团体标准，逐一解读，帮助读者构建完整的标准体系框架，确保在实际检测中有据可依，有章可循。

作为检测类书籍，许多著作往往只涉及产品生产过程或产品本身的理化检测与分析，缺少手把手教学的典型“教”与“学”的知识体系，本教材真正做到了“学中做”与“做中学”，在潜移默化中实现了实践教学模式的深入推进，同时也是“翻转课堂”教学的示范教材。

书中注重理论与实践相结合，既呈现了黄酒检测的最新技术成果，又保留了传统检测方法的精髓。同时，本教材还在附录中列举了酒精计示值换算、酒精相对密度与百分含量对照等实用资料，以及实施任务评价表，供读者在实际工作中参考使用。尤其是本教材中各项目均配有数字化教学资源，读者可以通过扫描二维码免费参与课程学习，可以根据自己的时间和兴趣自由选择课程，并通过在线平台与其他学生和教师进行交流和互动。这种开放性、灵活性和互动性，为广大学生和读者提供了便利、高质量的教育资源。

无论是对酿酒专业的学生、黄酒生产企业的检测人员，还是对黄酒检测感兴趣的爱好者，本教材都将是一本不可多得的学习与检测对照应用的专业参考书。通过对本教材各项目的进阶学习与全面实际的进阶操作，帮助读者提升黄酒检测技能。

黄酒检测，既是一门科学，也是一门艺术。本教材致力于将科学与艺术完美融合，呈现给求知的读者，希望通过本教材的系统学习与实践，使读者能够深谙黄酒检测之道，为黄酒产业的持续繁荣与发展贡献自己的力量。让我们携手共进，守护黄酒的醇香与品质，传承这份千年的酿造智慧。

胡普信

浙江工业职业技术学院黄酒学院首任院长

2024 年 3 月于绍兴

前言

本教材紧扣高等职业教育酿酒技术专业标准的要求，以培养德技兼修的酒类质量检验人才为目标，体现了以知识、技能、素养培养为一体的职教特色，“立足知识，强化技能，注重素养”。本教材是在总结多年实践检测经验及当今黄酒发展前沿检测技术的基础上，参考相关标准对黄酒检测项目进行归类梳理编写而成。本教材是与职业教育国家在线精品课程“黄酒检测技术”配套的新形态教材，可作为高等职业院校、相关酿酒技术专业的教材，也可作为酒类企业从业人员学习的参考书。此书内容结合岗课赛证，同时符合当前黄酒行业需求，体现黄酒检测新技术、新方法、新标准。在编写过程中，本教材自始至终渗透着以学生为主体、教师为主导的教学理念，为引导学生自学，便于学习者自我测试学习效果，在每个任务后有任务拓展，附有题型多样且具有启发性的练习题。

本教材分黄酒检测的基础知识、黄酒的相关标准、黄酒原辅料检验、黄酒半成品检验、黄酒成品检验、黄酒副产品检验六大项目，主要涉及黄酒原辅料、半成品、成品与副产品中的一些指标的检测原理、方法、操作步骤及所用到的检测试剂、仪器与检测标准。本教材配套的视频资源全是原创，涉及的检测内容比较全面，可供读者根据需要进行相应的选择。

本教材在编写过程中得到了黄酒相关的行业专家、检验人员的帮助。本教材主要由魏桃英编著与统稿；寿泉洪参与项目五任务一黄酒成品感官检验内容的编写；周建弟参与项目五任务三任务实施中部分内容的编写。在此对胡普信、胡志明、孙国昌、张秋汀、张水娟、叶芙蓉、刘镇、倪圣亚、陈佳燕等人在本教材编写过程中给予的帮助，也一并表示感谢。本教材所引用的资料原著均已列入参考文献，在此向相关作者致谢。

限于编者水平与能力有限，书中难免存在疏漏和错误，恳请专家和读者批评指正，不胜感激。

魏桃英

2024 年 2 月于绍兴

目录

项目一

黄酒检测的基础知识

情境导入

假如你是一个黄酒生产过程中质量监管的检测分析人员，要对黄酒生产过程中的所有物料进行质量监控，那么你应该掌握黄酒检测的哪些基础知识？那就是黄酒检测所用到的基本仪器的使用与维护，检测试剂的配制与标定，检测数据的处理，采样的方法等。我们只有理解与掌握了黄酒检测的基础知识，才有可能得到正确的检测结果。

笔记随笔

任务一
黄酒检测仪器、设备

任务要求

具体任务

根据教师提供的学习资料和网络教学资源，学生自学黄酒检测所用到的仪器与设备，在教师的指导下完成学习汇报PPT。制订黄酒检测所用到的仪器使用与维护方案，按照黄酒企业的规范操作，能对黄酒检测所用到的仪器进行使用与维护，并填写使用与维护记录。

任务目标

①掌握黄酒检测仪器与设备的使用和维护方法。

②掌握移液管与吸量管、容量瓶、滴定管、蒸发皿的操作技术。

③培养学生的安全意识。

④培养学生严谨的职业素养。

技能目标

①能使用与维护检测仪器与设备。

②会填写设备使用与维护的记录。

③能正确清洗与使用移液管与吸量管、滴定管、容量瓶等玻璃仪器。

知识准备

一、常用玻璃仪器

检测室中常规分析的数据是由玻璃量器给出的，所以作为一个检测人员，如何正确使用玻璃仪器是黄酒分析工作的基础。而在实际工作中，往往只重视检验方法的研究及制定和使用仪器的性能指标，而对玻璃仪器的管理和使用缺乏足够的重视。玻璃仪器的管理、统一和符合规范的操作方法已成为目前亟待解决的一个重要问题。

（一）玻璃仪器使用与操作技能

1. 移液管与吸量管

移液管是准确移取一定量液体的工具。移液管的结构是两头细

笔记随笔

长中间有膨大空腔的玻璃管，在管的上端有刻度线。膨大部分标有它的容积和标定时的温度。如需吸取 5.00mL、10.00mL 等整数，可用相应大小的移液管。吸量管是带有多刻度的玻璃管，用它可以吸取不同体积的溶液。量取小体积且不是整数时，一般用吸量管。两者形状如图 1-1 所示，具体使用方法如下。

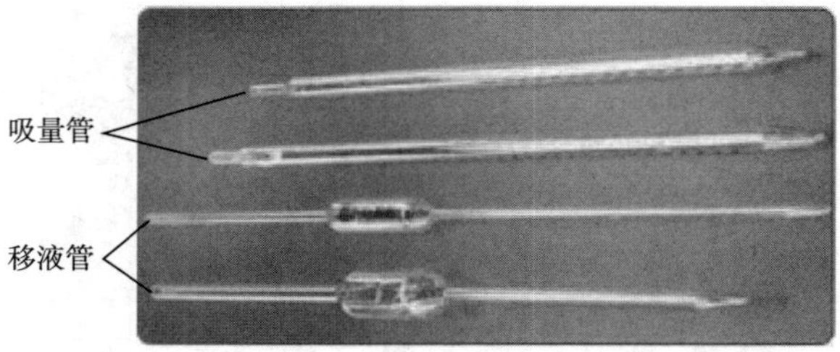

图 1-1　移液管、吸量管

移液管与吸量管清洗与使用

（1）清洗　使用前移液管（吸量管）都应该洗涤干净，先用洗液洗，再用自来水冲洗，最后用蒸馏水洗涤干净，直至内壁不挂水珠为止。

（2）润洗　为保证移取溶液浓度保持不变，应先用滤纸将管口尖端内外水珠除去，然后用待吸溶液润洗三次，使用后的溶液应从下口放出弃去。

（3）移取溶液　用右手拇指及中指捏住管颈标线以上的地方，将移液管插入待吸溶液液面下约 1cm。这时，左手拿洗耳球轻轻将溶液吸上，眼睛注意正在上升的液面位置，当液面上升到刻度标线以上约 1cm 时，迅速用右手食指按住管口，取出移液管，用滤纸条拭干移液管下端外壁，并使与地面垂直，稍微松开右手食指，使液面缓缓下降，此时视线应平视标线，直到弯月面与标线相切，立即按紧食指，使液体不再流出，并使出口尖端接触容器外壁，以除去尖端外残留溶液。

（4）放出吸取的溶液　将移液管移入准备接受溶液的容器中，使其出口尖端接触内壁，微倾斜容器而使移液管垂直，不能将管尖放到瓶底，然后放松右手食指，使溶液自由地顺壁流下，待溶液停止流出后，停留 15s 左右，取出移液管，如图 1-2 所示。留在管口的液体不要吹出，但若移液管上标有“吹”，应该将留在管口的液体吹出。使用移液管放出一定量溶液时，通常是液面由某一刻度下降到另一刻度，两刻度之差就是放出的溶液的体积，实验中应尽可

笔记随笔

能使用同一移液管最上端刻度开始放液。

移液管用完后应放在移液管架上。如短时间内不再用它吸取同一溶液，应立即用自来水冲洗，再用蒸馏水清洗，然后放在移液管架上。实际上流出溶液的体积与标明的体积会稍有差别。使用时的温度与标定移液管移液时的温度不一定相同，必要时可做校正。

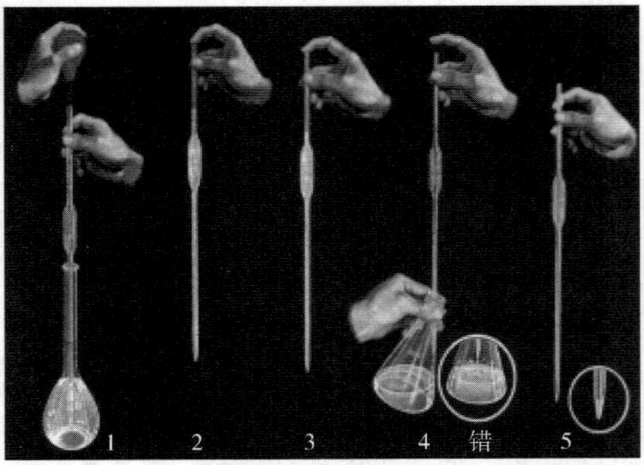

图 1-2　移液管的使用

1—吸样　2—擦外壁　3—平视标线　4—放样（管尖接触内壁，不放到瓶底）　5—管尖液滴保留（无吹字样）

2. 容量瓶

容量瓶是一种细颈梨形平底的容量器，带有磨口玻塞，在瓶颈上有环状刻度的标线，容量瓶的容量定义为：在 20℃ 时，充满至刻度线所容纳水的体积，以毫升（mL）计。调定弯液面的正确方法是：调节液面使刻度线的上边缘与弯液面的最低点水平相切，视线应在同一水平面。

容量瓶是用来精确地配制一定体积和浓度的溶液的量器。容量瓶通常有 25mL、50mL、100mL、250mL、500mL、1000mL 等数种规格。容量瓶形状如图 1-3 所示，具体使用方法如下。

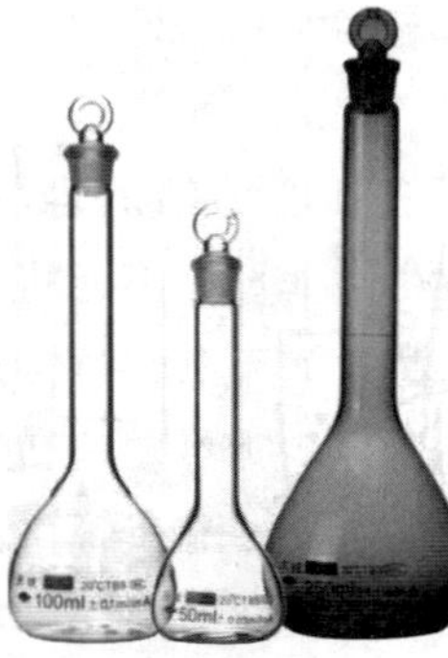

图 1-3　容量瓶

（1）容量瓶使用要求　容量瓶的主要用途是配制准确浓度的溶液或定量地稀释溶液。它常和移液管配合使用，可把配成溶液的某种物质分成若干等份。容量瓶使用前应先检查：瓶塞是

笔记随笔

否漏水；标线位置距离瓶口是否太近。如果漏水或标线距离瓶口太近，则不宜使用。洗涤容量瓶时，先用自来水洗几次，倒出水后，内壁如不挂水珠，即可用蒸馏水洗好备用。否则就必须用洗液洗涤。

（2）定容操作　将待溶固体称出置于小烧杯中，加水或其他溶剂将固体溶解，然后将溶液定量转移入容量瓶中。定量转移时，烧杯口应紧靠伸入容量瓶的玻璃棒（其上部不要碰瓶口，下端靠着瓶颈内壁），使溶液沿玻璃棒和内壁流入。溶液全部转移后，将玻璃棒和烧杯稍微向上提起，同时使烧杯直立，再将玻璃棒放回烧杯。注意勿使溶液流至烧杯外壁而损失。用洗瓶吹洗玻璃棒和烧杯内壁，如前将洗涤液转移至容量瓶中，如此重复多次，完成定量转移。当加水至容量瓶的2/3左右时，用右手食指和中指夹住瓶塞的扁头，将容量瓶拿起，按水平方向旋转几周，使溶液混匀。继续加水至距离标线约1cm处，等1~2min；使附着在瓶颈内壁的溶液流下后，再用细而长的滴管加水（注意勿使滴管接触溶液）至弯月面下缘与标线相切（也可用洗瓶加水至标线）。用一只手的食指按住瓶塞上部，其余四指拿住瓶颈标线以上部分。用另一只手的指尖托住瓶底边缘，将容量瓶倒转，使气泡上升到顶部，此时将瓶振荡数次，正立后，将塞子旋转180°，塞紧塞子，再次倒转过来进行振荡。如此反复多次，将溶液混匀。

配好的溶液如需保存，应转移至磨口试剂瓶中，容量瓶不能当作试剂瓶使用。试剂瓶要用此溶液润洗三次，以免将溶液稀释。

3. 滴定管

滴定管是滴定操作时精确量度液体体积的量器。滴定管的刻度一般由上而下数值增大。常用滴定管容量一般为50mL、25mL，每一小刻度相当于0.1mL，读数时可估计到0.01mL。滴定管分为酸式滴定管与碱式滴定管两种，如图1-4所示。酸式滴定管的阀门是玻璃活塞，碱式滴定管的阀门是装在乳胶管中的玻璃珠。酸式滴定管主要用于盛装酸溶液和I_2、$KMnO_4$、$AgNO_3$等具有氧化性的溶液；碱式滴定管可盛装碱液和非氧化性的溶液。聚四氟乙烯活塞的滴定管酸与碱都可用。

酸式滴定管使用时，旋转玻璃活塞，可使液体沿活塞当中的小孔流出；碱式滴定使用时，用大拇指与食指稍微捏挤玻璃小球旁侧的乳胶管，使之形成隙缝，液体即从隙缝流出。下部尖嘴内液体不在刻度内，量取或滴定溶液时不能将尖嘴内的液体放出。

笔记随笔

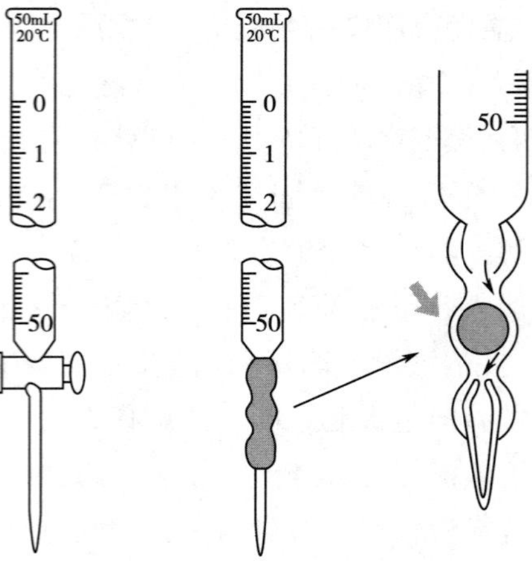

（1）酸式滴定管　　（2）碱式滴定管

图 1-4　滴定管

（1）洗涤　滴定管没有明显污染时，可以直接用自来水冲洗，或用滴定管刷蘸上肥皂水或洗涤剂刷洗。如果用肥皂或洗涤剂不能洗干净，则可用 5~10mL 的铬酸洗液清洗。

①洗涤酸式滴定管时，预先关闭活塞，倒入洗液后，一手拿住滴定管上端无刻度部分，另一手拿住活塞上部无刻度部分，将管口边倾斜边转动，使洗液流经全管内壁。然后将滴定管竖起，打开活塞使洗液从下端放回原洗液瓶中。

酸式滴定管清洗及使用

②洗涤碱式滴定管时，应先去掉下端的橡皮管和细嘴玻璃管，接上一小段塞有棒的橡皮管，再按上述方法进行洗涤。

③用洗液洗后再用自来水和蒸馏水充分洗涤，然后检查滴定管是否洗净。滴定管的外壁应保持清洁。

（2）检漏　滴定管使用之前应先检查滴定管是否漏水。

①酸式滴定管的检漏方法：关闭活塞，装水至“0”线以上，直立约 2min，仔细观察有无水滴滴下，然后将活塞转 180°，再直立 2min，观察有无水滴滴下。如发现有漏水，则需将活塞拆下重涂凡士林。

凡士林的涂法：先将活塞取下，将活塞筒及活塞洗净并用滤纸片吸干水分，然后在活塞筒小口一端的内壁及活塞大头一端的表面分别涂一层很薄的凡士林，再将活塞塞好，旋转活塞，使凡士林均匀地分布在磨口面上。最后再检查一下是否漏水。

②碱式滴定管的检漏方法：装水后直立 2min，观察是否漏水

笔记随笔

即可。如发现有漏水，要更换玻璃珠和乳胶管。

（3）润洗　滴定管使用前要用 10mL 左右的滴定溶液洗涤 2~3 次，以免滴定溶液被管内残留的水所稀释。润洗时，应将滴定管上端略向上倾斜平持，不断转动，使溶液与内壁的每一部分都充分接触，然后用右手将滴定管竖直，左手旋开阀门，使溶液通过阀门下面的一段玻璃管流出。在润洗酸式滴定管时，需要注意用手托住活塞筒部分或用橡皮圈系住活塞，以防止活塞脱落。

（4）排气泡　滴定管装好溶液后必须把阀门下端的气泡赶出，以免造成误差。

①酸式滴定管的排气方法：迅速打开滴定管阀门，利用溶液下流的急流把气泡逐去。

②碱式滴定管的排气方法：可把乳胶管稍折向上，然后稍微捏挤玻璃小球旁侧乳胶管，气泡即被管中的溶液压出。

（5）滴定　滴定时应把滴定管的初读数调节在刻度刚为“0.00”或略低于“0.00”。滴定时保持滴定管垂直，用左手控制阀门，右手持锥形瓶，瓶口不要过高或过低，并不断转动手腕摇动锥形瓶（图 1-5），使溶液均匀混合。快到滴定终点时，滴定速度要控制得很慢，最后要一滴一滴或半滴半滴地加入，防止过量，最后用少量水淋洗锥形瓶壁，以免有残留的液滴未起反应。滴定操作以白瓷板或白纸作背景。

①滴定操作注意事项：

a. 摇瓶时，应使溶液向同一方向做圆周运动（左右旋转均可），但勿使瓶口接触滴定管，溶液也不得溅出。

b. 滴定时，左手不能离开活塞任其自流。

c. 注意观察溶液落点周围溶液颜色的变化。

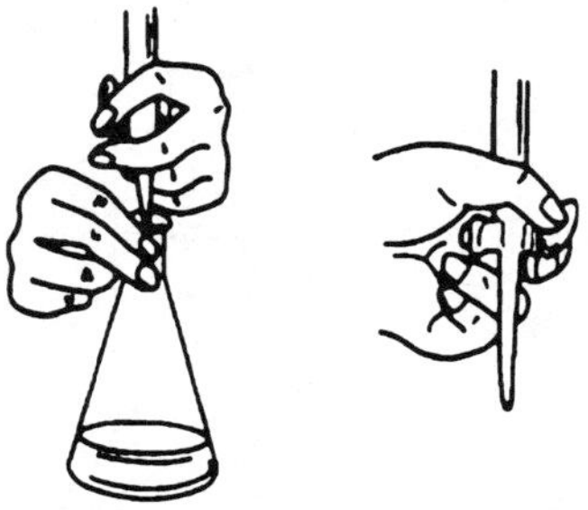

图 1-5　酸式滴定管正确使用方法

d. 开始时，一边摇动一边滴定，滴定速度可稍快，不能成“线”，只能“点”滴。接近终点时，应改为加一滴，摇几下。最后，每加半滴溶液就摇动锥形瓶，直至溶液出现明显的颜色变化。

加半滴溶液的方法：微微转动活塞，使溶液悬挂在出口管嘴

笔记随笔

上，形成半滴，用锥形瓶内壁将其沾落，再用洗瓶以少量蒸馏水吹洗瓶壁。

e. 滴定结束后，滴定管内剩余的溶液应弃去，不得将其倒回原瓶，以免沾污整瓶操作溶液。随即洗净滴定管，并用蒸馏水冲洗全管，晾干，备用。

②滴定管的读数：读数时应遵循下列原则。

a. 装满或放出溶液后，必须等 1~2min，使附着在内壁的溶液流下，再进行读数。如果放出溶液的速度较慢（例如，滴定到最后阶段，每次只加半滴溶液时），等 0.5~1 min 即可读数。每次读数前要检查一下管壁内是否挂水珠，滴定管下端是否有气泡。

b. 读数时，滴定管可以夹在滴定管架上，也可以用手拿滴定管上部无刻度处。均应使滴定管保持垂直。

c. 对于无色或浅色溶液，应读取弯月面下缘最低点，读数时，视线在弯月面下缘最低点处，且与液面成水平（图 1-6）；溶液颜色太深时，可读液面两侧的最高点。此时，视线应与该点成水平。注意开始读数与终点读数采用同一标准。

d. 读数必须读到小数点后第二位，即要求估计到 0.01mL。注意，估计读数时，应该考虑到刻度线本身的宽度。

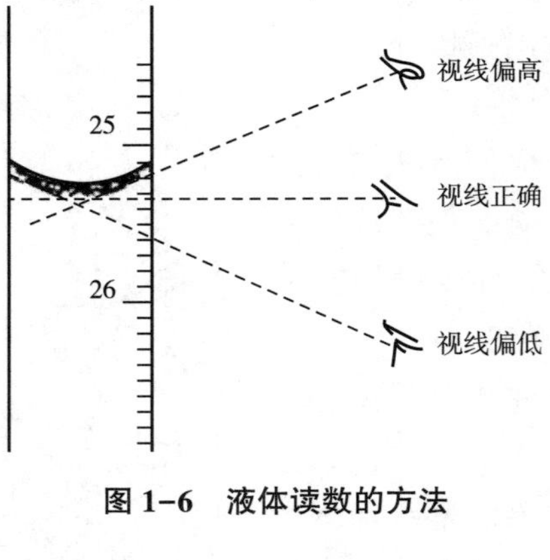

图 1-6　液体读数的方法

4. 蒸发皿

蒸发皿主要用于液体的蒸发、浓缩和物质的结晶。能耐高温，但不能骤冷。液体量多的时候（液体的量不能超过其容积的 2/3）可直接在火焰上加热蒸发。液体量少或黏稠时，要隔着石棉网加热。蒸发皿主要用于蒸发等操作，是理想的化学蒸发仪器。瓷蒸发皿如图 1-7 所示。

笔记随笔

图 1-7　瓷蒸发皿

（1）蒸发皿的使用方法　当想从溶液中得到固体时，常需以加热的方法赶走溶剂，此时就要用到蒸发皿。溶剂蒸发的速率越快，它的结晶颗粒就越小。视所需蒸发速率的快慢不同，可以选用直接将蒸发皿放在火焰上加热的快速蒸发、用水浴加热的较缓和地蒸发，或是令其在室温的状态下慢慢地蒸发三种方式。

（2）蒸发皿的使用注意事项

①进行溶液的浓缩或将溶液蒸发至干时，需将蒸发皿放置在三脚架上或铁架台的铁圈上，可以用电炉直接加热。

②浓缩溶液时，在蒸发皿中溶液的量最多不超过其容积的2/3，还应该用玻璃棒不停地进行搅拌。

③蒸发皿应该用坩埚钳夹住后再取放。

④加热后不能直接放到实验桌上，以免烫坏实验桌。

5. 称量瓶

称量瓶主要用于称取一定质量的试样，也可用于烘干试样。称量瓶平时要洗净、烘干，存放在干燥器内以备随时使用。称量瓶不能用火直接加热，瓶盖要配套使用，不能互换。称量时，应带指套或用洁净纸条，不可用手直接拿取。常见的称量瓶以外径（cm）×高（cm）表示，有高形和扁形两种，高形用于称量基准物、样品；扁形用作测定水分或在烘箱中烘干基准物。黄酒检测固形物使用扁形的称量瓶，如图 1-8 所示。

图 1-8　称量瓶

蒸发皿、称量瓶的恒重方法如下：

（1）将蒸发皿洗净→放在（103±2）℃的烘箱中烘 2h→放在干燥器内冷却后称量→反复烘干→冷却→称量→直至恒重（两次称量的差值不超过 0.3mg），放在干燥器内备用。

（2）在规定的温度下烘 4h 左右，取出置于干燥器中，放置 30～60min，冷却至天平室的温度，称重。然后再烘 1h 取出放在干燥器中，冷却至天平室的温度，放置、称重。一般情况两次可以恒重。

笔记随笔

6. 干燥器

干燥器的主要作用是去除物品中的水分，保持物品干燥状态，分为空气干燥器、微波干燥器、真空干燥器等。

空气干燥器的准备和使用如图 1-9 所示。

（1）擦净干燥器的内壁及外壁，将多孔瓷板洗净烘干，把干燥剂筛去粉尘后，借助纸筒放入干燥器，再放上多孔瓷板。在干燥器的磨口处涂上一层薄而均匀的凡士林油。

（2）开启干燥器时，左手按住干燥器的下部，右手按住盖子上的圆顶，向左前方推开盖子。盖子取下后，将其倒置在安全的地方，也可拿在手中，用左手放入（或取出）称量瓶，及时盖上干燥器盖。加盖时也应拿住盖子上的圆顶推着盖好。

（3）将称量瓶等放入干燥器时，应放在瓷板圆孔内，当放入热的坩埚时，应稍稍打开干燥器盖 1~2 次。

（4）干燥器内不准存放湿的器皿。

（5）挪动干燥器时，应双手上下握住干燥器盖，以防滑落打碎。

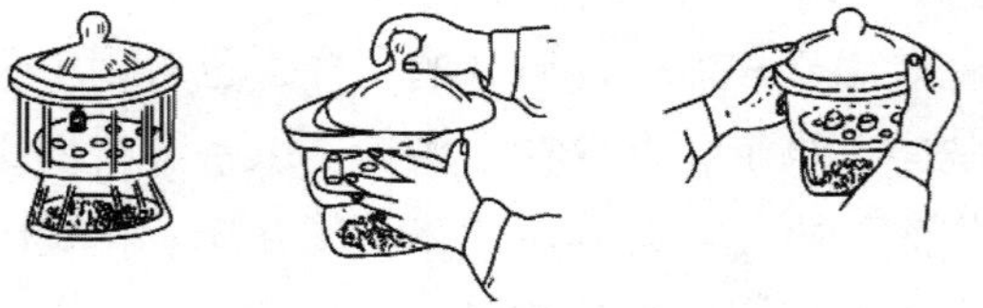

图 1-9 空气干燥器的准备和使用

（二）滴定分析玻璃仪器的校准

由于多方面的原因，容量仪器的实际容积与它所标示的容积存在或多或少的差值，此差值必须符合一定的标准，也就是我们平时所说的容量允许差。

1. 容量器皿的允差

容量仪器国家标准 GB/T 12806—2011《实验室玻璃仪器 单标线容量瓶》规定的容量允差见表 1-1、表 1-2、表 1-3。

表 1-1 常用移液管的容量允差

标称容量/mL		2	5	10	20	25	50	100
容量允差（±）/mL	A	0.010	0.015	0.020	0.030	0.030	0.050	0.080
	B	0.020	0.030	0.040	0.060	0.060	0.100	0.160

表 1-2　常用容量瓶的容量允差

标称容量/mL		5	10	25	50	100	200	250	500	1000	2000
容量允差（±）/mL	A	0.02	0.02	0.03	0.05	0.10	0.15	0.15	0.25	0.40	0.60
	B	0.04	0.04	0.06	0.10	0.20	0.30	0.30	0.50	0.80	1.20

表 1-3　常用滴定管的容量允差

标称容量/mL		2	5	10	25	50	100
分度值/mL		0.02	0.02	0.05	0.1	0.1	0.2
容量允差（±）/mL	A	0.010	0.010	0.025	0.04	0.05	0.10
	B	0.020	0.020	0.050	0.08	0.10	0.20

笔记随笔

我们平时用的一些容量器皿对于一般分析检测已经满足要求了，但是在精确度较高的分析工作中则必须进行校准。所以我们来学习一下容量器皿的校准方法。

2. 容量器皿常采用的校准方法

（1）相对校准　要求两种容器体积之间有一定的比例关系时，常采用相对校准的方法。例如，25mL 移液管量取液体的体积应等于 250mL 容量瓶量取体积的 10%。

在黄酒化学实验中，常利用容量瓶配制溶液，并用移液管取出其中一部分进行测定，此时重要的不是知道容量瓶与移液管的准确容量，而是二者的容量是否为准确的整倍数关系。例如，用 25mL 移液管从 100mL 容量瓶中取出一份溶液是否确为 1/4，这就需要进行这两件量器的相对校准。此法简单，在实际工作中使用较多，但必须在这两件仪器配套使用时才有意义。

相对校准的方法如下：将 100mL 容量瓶洗净、晾干（可用几毫升乙醇润洗内壁后倒挂在漏斗板上），用 25mL 移液管准确吸取纯水 4 次至容量瓶中，若液面最低点不与标线上边缘相切，记下弯月面下缘的位置，待容量瓶沥干后再校准一次，连续二次结果相符时，用一平直的小纸条贴在弯月面相切处，并用一块透明胶布粘住以作标记。以后使用的容量瓶与移液管即可按所贴标记配套使用。

（2）绝对校准　绝对校准是测定容量器皿的实际容积。常用

笔记随笔

的校准方法为称量法。

①原理：用天平称得容量器皿容纳或放出纯水的质量，然后根据水的密度，计算出该容量器皿在标准温度20℃时的实际体积。其换算公式见式（1-1）。

$$V_t = \frac{m_t}{\rho_{水}} \tag{1-1}$$

式中 V_t——t（℃）时水的体积，mL；

m_t——t（℃）时在空气中称得水的质量，g；

$\rho_{水}$——t（℃）时在空气中水的密度，g/mL。

由质量换算成容积时，需考虑三方面的影响：a. 水的密度随温度的变化；b. 温度对玻璃器皿容积胀缩的影响；c. 在空气中称量时空气浮力的影响。在一定的温度下，上述三种因素的校准值是一定的，为了方便计算，将上述三种因素综合考虑，得到一个总校准值。

利用纯水密度，可将不同温度下水的质量换算成20℃时的体积，其换算公式见式（1-2）。

$$V_{20} = \frac{m_t}{\rho_t} \tag{1-2}$$

式中 V_{20}——将 m_t（g）纯水换算成20℃时的体积，mL；

m_t——t（℃）时在空气中称得水的质量，g；

ρ_t——1mL的纯水在 t（℃）时在空气中用黄铜砝码称的质量，g/mL。

②移液管（单标线吸量管）的校准：取一只50mL洗净晾干的具塞锥形瓶，在分析天平上称量至0.0001g。用铬酸洗液洗净5mL移液管，吸取纯水（盛在烧杯中）至标线以上1mL，用滤纸片擦干移液管下端的外壁，将下端接触烧杯壁，移液管垂直、烧杯倾斜约30°。调节液面使其最低点与标线上边缘相切，然后将移液管移至锥形瓶内，使下端接触磨口以下的内壁（不能接触磨口），使水沿壁流下，待液面静止后，再等15s。在放水及等待过程中，移液管要始终保持垂直，流液口一直接触瓶壁，但不可接触瓶内的水，锥形瓶保持倾斜。放完水随即盖上瓶塞，称量至毫克位。两次称得质量之差即为放出纯水的质量 m_t。重复操作一次，两次放出纯水的质量之差，应小于0.01g。将温度计插入5~10min，测量水温，读数时不可将温度计下端提出水面。由表1-4查出该

温度下纯水的密度值ρ_t，并利用公式计算移液管在该温度下的实际容量。

表 1-4　不同温度下的纯水密度（ρ_t）　单位：g/mL

温度 t/℃	ρ_t	温度 t/℃	ρ_t	温度 t/℃	ρ_t
8	0.9885	15	0.9979	22	0.9968
9	0.9984	16	0.9978	23	0.9966
10	0.9984	17	0.9976	24	0.9963
11	0.9983	18	0.9975	25	0.9961
12	0.9982	19	0.9973	26	0.9959
13	0.9981	20	0.9972	27	0.9957
14	0.9980	21	0.9970	28	0.9954

笔记随笔

例 1-1　26℃时，称得 5mL 的移液管中至刻度线时放出水的质量是 4.9602g，计算该移液管在 20℃时的真实体积及校准值各是多少？

解：查表 1-4 得，26℃时ρ_{26}为 0.9959g/mL

$$V_{20}=\frac{m_t}{\rho_t}=\frac{4.9602}{0.9959}=4.98\ (\text{mL})$$

该移液管在 20℃时的真实体积为 4.98mL。

体积校准值 $\Delta V=4.98-5.00=-0.02$（mL）。

该移液管在 20℃时的校准值为-0.02mL。

③容量瓶的校准：用铬酸洗液洗净一个 100mL 容量瓶，晾干，在电子天平上准确称量至 0.01g。取下容量瓶注水至标线以上几毫米，等待 2min。用滴管吸出多余的水，使液面最低点与标线上边缘相切（此时调定液面的做法与使用时有所不同），再放到电子天平上准确称量至 0.01g。然后插入温度计测量水温。两次所称得质量之差即为该容量瓶所能容纳纯水的质量，最后计算该瓶的实际容量。

例 1-2　15℃时，称得 250mL 的容量瓶中至刻度线时容纳纯水的质量是 249.660g，计算该容量瓶在 20℃时的真实体积及校准值各是多少？

解：查表 1-4 得，15℃时ρ_{15}为 0.9979g/mL，因此

$$V_{20}=\frac{m_t}{\rho_t}=\frac{249.660}{0.9979}=250.19\ (\text{mL})$$

该容量瓶在 20℃时的真实体积为 250.19mL。

笔记随笔

体积校准值 $\Delta V=250.19-250=+0.19$（mL）。

该容量瓶在20℃时的校准值为+0.19mL。

④滴定管的校准：用铬酸洗液洗净1支50mL具塞滴定管（滴定管内壁附有均匀水膜，不挂水珠，也不成股流下）。洗净的滴定管注入纯水至液面距离最高标线以上约5mm处，垂直挂在滴定台上，等待30s后调节液面至“0”刻度线处。取一个洗净晾干的50mL具塞锥形瓶，在电子天平上准确称量至0.001g。打开滴定管旋塞，向锥形瓶中放水，当液面降至被校分度线以上约0.5mL时，等待15s。然后在10s内将液面调节至被校分度线，然后使锥形瓶内壁接触管尖，以除去在滴定管下端的液滴，立即盖上瓶塞进行称量。测量水温后，查出该温度下1mL的纯水用黄铜砝码称得的质量，计算出该段水的实际体积，并求出校正值。如上继续检定至“0”刻度至最大刻度的体积，计算真实体积。

按表1-5所列容量间隔进行分段校准，每次都从滴定管“0”刻度线处开始，每支滴定管重复校准一次。两次检定所得同一刻度的体积相差不应大于0.01mL，算出各个体积处的校准平均值，以滴定管被校分度线体积为横坐标，相应的校正值为纵坐标，绘出校准曲线。

表1-5 滴定管校准记录格式

校准分段/mL	称量记录/g				纯水的质量/g			实际体积/mL	校正值/mL
V_{20}	瓶+水	瓶	瓶+水	瓶	第一次	第二次	平均		$\Delta V=V-V_{20}$
0~10.00									
0~15.00									
0~20.00									
0~25.00									
0~30.00									
0~35.00									
0~40.00									
0~45.00									

例1-3 在26℃时，校准滴定管时，滴定管中放出0~10.00mL水，称其质量是9.9800g，计算该段滴定管在20℃时的真实体积及校准值各是多少？

解：查表1-4得，26℃时 ρ_{26} 为0.9959g/mL

$$V_{20}=\frac{m_t}{\rho_t}=\frac{9.9800}{0.9959}=10.02\ (\text{mL})$$

笔记随笔

该滴定管在 20℃ 时的真实体积为 10.02mL。

体积校准值 $\Delta V = 10.02 - 10.00 = +0.02$（mL）。

该滴定管此段在 20℃ 时的校准值为+0.02mL。

在分析检测工作中，滴定管以及用作取样的移液管一般采用绝对校准法，对于配套使用的移液管与容量瓶，可采用相对校准法。绝对校准法准确，但操作比较麻烦；相对校准法操作简单，但必须配套使用。

二、设备

1. 电热恒温水浴锅

（1）构造　由内外两层组成，内层用铝板制成，装有电阻丝，用接线柱接至控制器。控制器由热开关及电路组成，其表面有电源开关、调温按钮（高温旋钮）和指示灯，如图 1-10 所示。

（2）操作方法

①使用时应将电热恒温水浴锅放在固定工作平台上，先将排水口的胶管夹紧（放水龙头关闭），再将清水注入水浴锅箱体内（为缩短升温时间，也可注入热水）。

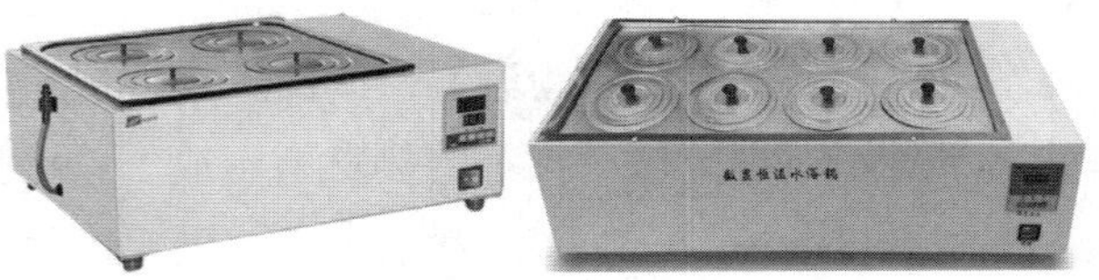

图 1-10　电热恒温水浴锅

电热恒温水浴锅

②接通电源，打开开关，温控仪显示实际水温，点击功能键（set），此时显示设定温度，点击“▲”或“▼”选择工作温度，选择完毕，点击功能键（set）退出，即按设定温度运行，水开始被加热，并有（out）指示灯亮，当温度上升到设定温度时，指示灯（OFF）亮，水箱内的水进入恒温状态，且有（out）和（OFF）交替闪烁，水温被恒定在设定温度。

③水浴恒温后，将装有待恒温物品的容器放于水浴中开始恒温。

④使用完毕后，取出恒温容器，将温控旋钮置于最小值，关闭电源，排除箱体内的水，并做好仪器使用记录。

（3）电热恒温水浴锅的维护保养

①注水时不可将水流入控制箱内，以防发生触电，使用后，箱

笔记随笔

内水应及时放净，并擦拭干净，保持清洁以利延长使用寿命。

②水箱应放在固定的平台上，仪器所接电源电压应为 220V，电源插座应采用三孔插座，并必须安装地线接地。

③加入锅内的水最好用纯净水，以避免产生水垢。

④加水之前切勿接通电源，而且在使用过程中，水位必须高于隔板，切勿无水或水位低于隔板加热，否则会损坏加热管。

2. 培养箱

培养箱是培养微生物的主要设备，可用于细菌、细胞的培养繁殖。应用人工的方法在培养箱内形成微生物和细胞、细菌生长繁殖的人工环境，如控制一定的温度、湿度等。目前使用的培养箱主要分为三种：直接电热式培养箱、隔水电热式培养箱、生化培养箱。

培养箱一般为方形或长方形，以铁皮喷漆制成外壳，铝板作内壁，夹层充以石棉或玻璃棉等绝缘材料以保温。内层安装电阻丝用以加热，利用空气对流，使箱内温度均匀。箱内设有金属孔架数层，用以搁置培养材料。箱门外门为金属门，内层为玻璃门，便于观看箱内物品情况，装有温度调节器以调节温度满足使用要求。

培养箱

（1）直接电热式和隔水电热式培养箱　直接电热式和隔水电热式培养箱（图 1-11 和图 1-12）的外壳通常用石棉板或铁皮喷漆制成，隔水电热式培养箱内层为紫铜皮制的贮水夹层，直接电热式培养箱的夹层是用石棉或玻璃棉等绝热材料制成，以增强保温效果，用温度控制器自动控制，使箱内温度恒定。隔水电热式培养箱采用电热管加热水的方式加温，直接电热式培养箱采用的是用电阻丝加热，利用空气对流，使箱内温度均匀。

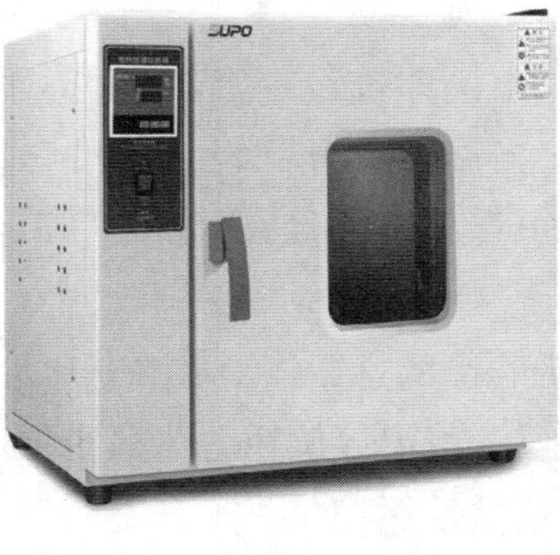

图 1-11　直接电热式培养箱

图 1-12　隔水电热式培养箱

笔记随笔

在培养箱内的正面、侧面，有指示灯和温度调节旋钮，当电源接通后，红色指示灯亮，按照要求设定所需要的温度，待温度达到后，红色指示灯熄灭，表示箱内已达到所需温度，此后箱内温度用温度控制器自动控制。

使用与注意事项：

①箱内的培养物不宜放置过挤，以便于热空气对流，无论放入或取出物品应随手关门，以免温度波动。

②直接电热式培养箱应在箱内放一个盛水的容器，以保持一定的湿度。

③隔水电热式培养箱应注意先加水再通电，同时应经常检查水位，及时添加水。

④直接电热式培养箱在使用时，应将上顶风洞适当旋开，以利于调节箱内的温度。

（2）生化培养箱　这种培养箱同时装有电热丝加热和压缩机制冷，因此可适应范围很宽，一年四季均可保持在恒定温度，因而逐渐普及，如图 1－13 所示。

图 1-13　生化培养箱

该培养箱使用与维修保养类似直接电热式培养箱，由于安装有压缩机，因此需保持电压稳定，箱体放正，不能倾斜，及时清扫散热器上的灰尘等。

操作方法：

①接通电源，加热到所需温度。

②箱内不应放入过热或过冷之物，取放物品时，应随手关闭箱门，以维持恒温。

③培养箱最低层温度较高，培养物不宜与之直接接触，而箱内培养物不应放置过挤，以保证培养和受热均匀。各层金属孔上放置物品不应过重，以免将金属管架压弯滑脱，打碎培养物。

④ 培养箱消毒用 70%乙醇擦洗，然后用 0.1%新洁尔灭擦洗。

3. 超净工作台

超净工作台是一种局部层流装置，它能在局部造成高洁净度的环境。一般用于微生物接种，如图 1-14 所示。在黄酒生产中用于

笔记随笔

微生物指标分析及菌种分离等工作，与无菌室操作相比，使用超净工作台比较方便且无菌程度更易保证，是目前较常用的设备。

图 1-14　超净工作台

超净工作台

（1）使用方法

①使用前 30min 打开紫外灯杀菌。

②使用前 10min 将通风机启动。

③操作时关掉紫外灯，一般将开关按钮拨在照明处，杀菌灯即熄灭。

④工作完毕后停止风机运行，放下防尘帘。

（2）维护

①保持室内的干燥和清洁。

②超净工作台安装应远离振动及噪声，以防止对它的影响。

③定期对设备进行清洁。

④熏蒸时，应将超净工作台所有缝隙完全密封。

4. 显微镜

显微镜是一种精密光学仪器，其主要作用是通过放大微小物体的图像，使人们能够观察到肉眼无法直接观察到的细节。它广泛应用于生物、医药、工业、农业等多个领域。

（1）显微镜的分类　显微镜（图 1-15）分为光学显微镜与电子显微镜，也可细分为简易显微镜、复合光学显微镜、纳米级光学显微镜、扫描电子显微镜（SEM）、透射电子显微镜（TEM）等。下面仅介绍其中的四种。

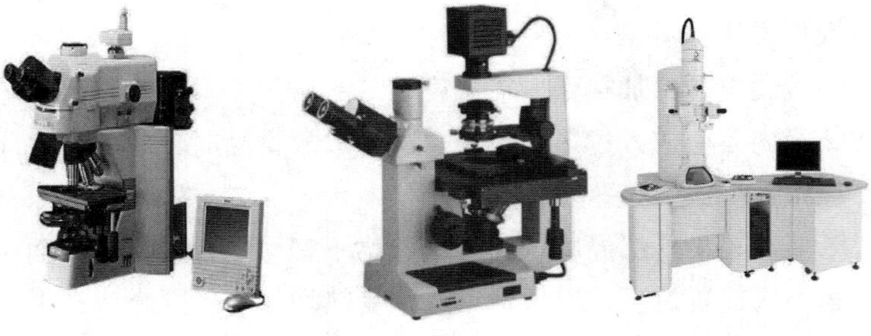

图 1-15　显微镜

①复合光学显微镜：基本结构包括光学部分和机械部分。光学部分由目镜、物镜、集光器、反光镜等构成；机械部分由镜座、镜臂、镜筒、载物台、准焦螺旋光圈等构成，如图 1-16 所示。复

笔记随笔

合光学显微镜是利用目镜和物镜两组透镜系统来放大成像。一般微生物学使用的显微镜有三种物镜，其中油镜对微生物学研究最为重要。油镜的分辨力可达到 0.2μm 左右。大部分细菌的直径在 0.5μm 以上，因此在油镜下更能看清细菌的个体形态。

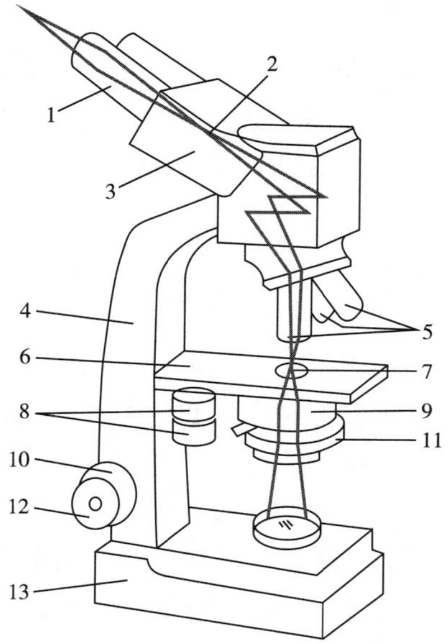

图 1-16　复合光学显微镜结构

1—目镜　2—光径　3—镜筒　4—镜臂　5—物镜　6—载物台
7—样品　8—载物台旋钮　9—聚光器　10—粗准焦螺旋
11—虹彩盘　12—细准焦螺旋　13—镜座

黄酒半成品分析：光学显微镜的结构及使用方法

②纳米级光学显微镜：它是指英国和新加坡研究人员制造出能够观测 50nm 大小物体的光学显微镜，这是迄今观测能力最强的光学显微镜，也是世界上第一个能在普通白光照明下直接观测纳米级物体的光学显微镜。

③扫描电子显微镜：它通过用高功率电子束扫描样品来产生材料的图像。电子与样品中的原子相互作用产生不同的信号，其中包含有关材料结构和形貌的数据。使用这些显微镜仪器产生的图像是高度精确的，并且可以用显微镜目镜或放大镜以高分辨率观看。

④透射电子显微镜：透射电子显微术是一种光学显微术方法，其中电子束通过未染色的样品来产生样品的光学图像。TEM 并不像 SEM 那样发送电子来扫描和反弹样本，而是允许电子穿过薄样品。样品通常是厚度小于 50μm 的超薄薄片或悬浮在网格状板上的

笔记随笔

电解质悬浮液。透射电子显微镜与普通的复合光学显微镜相比，它具有惊人的放大倍数，可能是复合光学显微镜的1万倍，可供研究人员观察非常小的样本，甚至可以说明样品中原子的排列。由于TEM技术复杂，技术含量极高，价格昂贵，通常我们无法接触到这种显微镜，因为它们是为从事纳米技术、医学研究、生命科学、生物研究、材料研究、宝石学和冶金学等领域的科学家而设计的。

（2）光学显微镜的使用 显微镜的操作应按以下顺序进行：安置→调光源→调目镜→调聚光器→低倍镜→高倍镜→油镜→擦镜→复原。

①显微镜的安置：显微镜置于平整的试验台上，显微镜镜座距离试验台边缘约10cm。

②光源调节：安装在镜座内的光源灯可通过调节电压以获得适当的照明亮度，若使用反光镜采集自然光或灯光作为照明光源时，应根据光源的强度及所用物镜的放大倍数，用反光镜并调节其角度，使视野内的光线均匀，亮度适宜。

③双筒显微镜的目镜调节：根据使用者的个人情况，目镜间距可适当调节，而左目镜上一般还配有屈光调节环。

④聚光器数值孔径值的调节：正确使用聚光器才能提高镜检的效果。聚光器的主要参数是数值孔径。通过调节聚光器下面可变光栏的开放程度，可以得到各种不同的数值孔径，以适应不同的物镜的需要。

⑤显微观察：进行显微观察时应遵守从低倍镜到高倍镜再到油镜的观察程序。

a. 低倍镜观察。将标本玻片置于载物台上，用标本夹夹住，移动推进器使观察对象处在物镜的正下方。下降10倍物镜，使其接近标本，用粗准焦螺旋慢慢升起镜筒，使标本在视野中初步聚焦，再用细准焦螺旋调节使物像至清晰。通过玻片推进器慢慢移动玻片，认真观察标本各部位，找到合适的目标物，仔细观察并记录所观察到的结果。

b. 高倍镜观察。在低倍镜下找到合适的观察目标，并将其移至视野中心后，将高倍镜移至工作位置。对聚光器光圈及视野高度进行适当调节后，微调细准焦螺旋使物像清晰，利用推进器移动标本找到需要观察的部位，并移至视野中心仔细观察或准备用油镜观察。

笔记随笔

c. 油镜观察。在高倍镜或低倍镜下找到要观察的样品区域后，用粗准焦螺旋将镜筒升高，然后将油镜旋到工作位置。在等待观察的样品区域加一滴香柏油，从侧面注视，用粗准焦螺旋将镜筒小心地降下，使油镜镜头浸在香柏油中，并几乎与标本接触时止（注意：切不可将油镜镜头压到标本，否则不但压碎玻片，还会损坏镜头）。将聚光器升至最高位置并开足光圈，调节照明使视野的亮度合适，用粗准焦螺旋将镜筒徐徐上升，直至视野中出现物像并用细准焦螺旋使其清晰聚焦为止。

⑥擦镜与复原：上升镜筒，取下载玻片，先用擦镜纸擦去镜头上的油，再用擦镜纸蘸取少许二甲苯擦去镜头上残留油迹，然后用擦镜纸擦去残留的二甲苯，最后用绸布清洁显微镜的金属部件。将各部分还原，将物镜转成“八”字形，再向下旋下降镜筒。套上镜套，放回原处。

（3）显微镜维护

①显微镜是很贵重和精密的仪器，使用时要十分爱护，各部件不要随意拆卸，以免损坏。

②显微镜放置在干燥的地方，以免镜片生霉；同时要避免灰尘，放置不用时，要用纱布等盖住镜体。显微镜应避免阳光暴晒，并须远离热源。

5. 分光光度计

（1）工作原理　物质对光的吸收有选择性，不同的物质有其特定的吸收波长，根据朗伯-比尔定律，当一束单色光通过均匀溶液时，其吸光度与溶液的浓度和液层厚度的乘积成正比，通过测定溶液的吸光度就可以确定被测组分的含量。

黄酒检测基础知识：分光光度计

（2）构造　分光光度计如图 1-17 所示。

①光源：紫外线可见分光光度计常用两种光源，在可见光区（300～800nm）用钨丝灯；紫外区（185～350nm）用氢或氘气放电管，放电管带石英窗，内充低压氢气或氘气，在两电极间施发一定压力，激发气体分子，引起气体分子发射连续的紫外光。

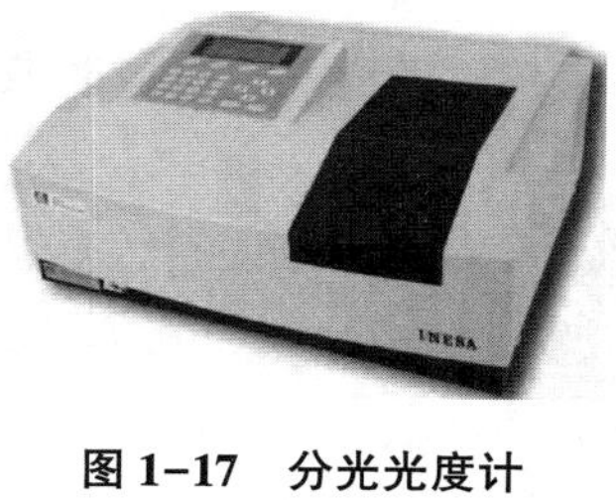

图 1-17　分光光度计

②单色器：单色器是将混合光分离为单色光的装置，一般包括

笔记随笔

棱镜和狭缝两部分。当光线射入棱镜，光的传播方向发生改变，即发生折射，其折射角度因波长而异，可将光源发出的混合光分散成单色光。狭缝的作用在于分散所需要的单色光，固定狭缝的宽度，转动棱镜，可使各个所需波长的光穿过狭缝照射在测定溶液上，棱镜转动的位置用校正过的波长标尺指示，波长与狭缝的宽度有关。紫外线可见分光光度计用棱镜或用光栅作色散元件。玻璃棱镜适用于可见光区，天然水晶棱镜适用于紫外区。

③比色皿：用硅石或石英制成，每一套的大小尺寸必须严格一致。

④光电管：光电管具有一个阴极和一个阳极，阴极由对光敏感的金属（多为碱土金属的氧化物）做成，当光照射到阴极达到一定能量时，金属原子中的电子即发射出来，光越强，发射出的电子越多，如果阴极有电压，则电子被吸引到阳极，因而产生电流。

⑤记录器：光电管因光照而产生的光电流很微弱，要经过放大才能测量，仪器中都带有光电流放大系统，再由读数电位计记录。

（3）维护

①仪器应安置在干燥、无污染的地方。

②仪器内的防潮硅胶应定期更换或再生。

③仪器停止工作时，必须切断电源，应按开关机顺序关闭主机和稳流稳压电源开关。

④比色皿使用完毕，应立即用蒸馏水或有机溶液冲洗干净，并用柔软清洁的纱布把水渍吸净，以防止表面光洁度受损，影响正常使用。

⑤仪器经过搬动后，应及时检查并纠正波长精度，确保仪器的正常使用。

⑥光源灯、光电管通常在使用一定时期后，会衰老和损坏，必须按规定换新。

⑦仪器的内光路系统一般不会发生故障，请勿随便拆动。

（4）使用

①首先调试好仪器，根据测试的要求，选择合适的灯，氘灯的适用波长为200~320nm，钨灯适用波长为320~1000nm。

②接通电源，开启电源开关，预热30min左右。

③把光门杆推到底，使光电管不见光，用波长选择钮选定测试波长。

④把光电管选择杆选择测试波长所对应的光电管，625nm以

笔记随笔

下，选用蓝敏管；625nm 以上，选用红敏管。

⑤选择合适的比色皿：在紫外波段用 1cm 石英比色皿；在可见光、近红外波段使用 0.5cm、1cm、2cm、3cm 玻璃比色皿。一般在 350nm 以下，就可选用石英比色皿。

⑥将测量液和空白液（或蒸馏水）倒入比色皿，放入比色皿架上，盖好暗盒盖。

⑦校正仪器：把空白液置于光路之中，使透光率达 100%，吸光度为零。

⑧将拉杆轻轻拉出一格，使第二个比色皿内的待测溶液进入光路，读出吸光度，其余的待测溶液依次类推。

⑨测试完毕，取出比色皿，洗净后倒置于滤纸上晾干，各旋钮置于原来位置，电源开关置于“关”，拔出电源插头。

（5）故障排除

①仪器在接通电源后，如指示灯及光源灯都不亮，电流表也无偏转，这可能是：电源插头内的导线脱落；电源开关接触不良，更换同样规格开关；熔体熔断，更换新的熔体。

②电表指针不动或指示不稳定，可能是波段开关接触不好。如果在所有的位置都不动，检查表头线圈是否断路，如果电表指针左右摇晃不定，光门开启时比关闭时晃动更厉害，可能仪器的光源灯处有较严重的气浪波动，可将仪器移置于室内空气流通又无流速较大的地方；也可能是仪器光电管暗盒内受潮，应更换干燥处理过的硅胶，并用电吹风从硅胶筒送入适量的干燥热风。

阅读材料

光谱仪发明者——本生和基尔霍夫

本生（1811—1899 年），德国化学家和物理学家。他 17 岁大学毕业，19 岁获得博士学位。1830—1833 年在欧洲一些国家的著名实验室和工厂里工作，1838—1851 年任马尔堡大学化学教授，1852—1889 年任海德堡大学教授，创建了一个著名的化学学派。

基尔霍夫（1824—1887 年），德国物理学家。早年就读于柯尼斯堡大学。1847 年毕业后至柏林大学任教。1854 年经本生推荐任海德堡大学教授。1875 年任柏林大学物理学教授。

笔记随笔

1859 年，本生和基尔霍夫合作设计了第一台光谱仪，共同开辟出光谱分析，并研究了物质产生的光谱，创建了光谱分析法。1860 年他们用这种方法在狄克海姆矿泉水中发现了新元素铯，1861 年在萨克森一种鳞状云母矿中发现了新元素铷。从此光谱分析成为化学家与物理学家开展科学研究的重要武器。

6. 高压蒸汽灭菌锅

高压蒸汽灭菌锅是应用最广、效果最好的灭菌器，可用于培养基、生理盐水、废弃的培养物以及耐高热药品、纱布、玻璃等的灭菌。其种类有直立式、手提式两种（图 1-18、图 1-19），它们的构造与灭菌原理基本相同。常用的是手提式高压蒸汽灭菌锅。

图 1-18 直立式高压蒸汽灭菌锅

图 1-19 手提式高压蒸汽灭菌锅

（1）构造　高压蒸汽灭菌锅为一双层金属圆筒，两层之间盛水，外壁坚厚，其上方有金属厚盖，盖上装有螺旋，借以坚固盖门，使蒸汽不能外溢，因而锅内蒸汽压力升高，随之温度也相应升高。锅盖上还装有排气阀、溢流阀，用以调节锅内蒸汽压力与温度以保障安全。

（2）操作方法

①使用前，先打开锅盖，向锅内加入适量的水。

②将待灭菌物品放入锅内。一般不能放得太多、太挤，以免影响蒸汽的流通和降低灭菌效果，然后关严锅盖，可采用对角式均匀拧紧锅盖上的翼形螺母，勿使其漏气。

③打开排气阀，加热，产生蒸汽 5～10min 后，关紧排气阀，

笔记随笔

则温度随蒸汽压力升高而升高，待到压力上升至所需压力时控制热源，维持所需时间。灭菌完毕后，关闭热源。

④待压力降到“0”时，打开排气阀，然后打开锅盖取出待灭菌物品。

⑤灭菌结束，打开水阀门，排尽锅内剩水。

7. pH 酸度计

酸度计在黄酒中主要用来测量黄酒的酸度与氨基酸态氮的含量，有便携式与台式两种类型，图 1-20 为台式酸度计。

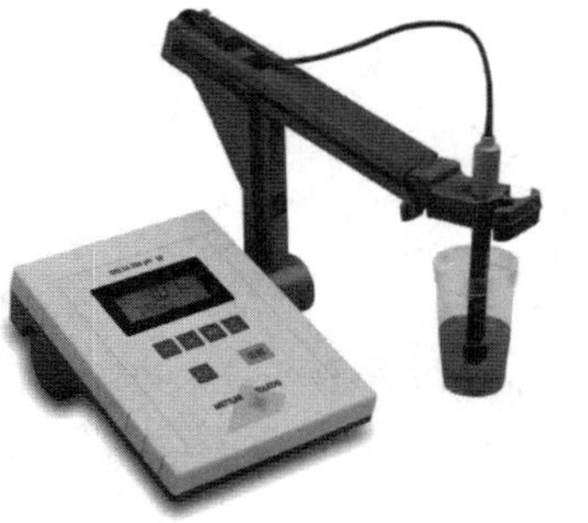

图 1-20　台式酸度计

PHS-3C型酸度计的使用与维护

（1）工作原理　水溶液 pH 的测量传统是用玻璃电极作为指示电极，甘汞电极作为参比电极，当溶液中氢离子浓度（严格说是活度）即溶液的 pH 发生变化时，玻璃电极和甘汞电极之间产生的电势也随着发生变化，而电势变化关系符合式（1-3）。

$$\Delta E=-0.1983T\Delta pH \tag{1-3}$$

式中　ΔE——表示电势的变化，mV；

ΔpH——表示溶液 pH 的变化；

T——表示被测溶液的温度，℃；

-0. 19837——表示电势随 pH 变化的速率。

常用的指示电极有玻璃电极、锑电极、氟电极、银电极等，其中玻璃电极使用最广。pH 玻璃电极头部是由特殊的敏感薄膜制成，它对氢离子有敏感作用，当它插入被测溶液内，其电位随被测液中氢离子的浓度和温度而改变。在溶液温度为 25℃ 时，每变化 1 个 pH，电极电位就改变 59. 16mV，这就是常说的电极的理论斜率系数。常用的参比电极为甘汞电极，其电位不随被测液中氢离子浓度而改变。pH 测量的实质就是测量两电极间的电位差。当一对电极在溶液中产生的电位差等于零时，被测溶液的 pH 即为零电位 pH。

复合电极就是把甘汞电极和玻璃电极组合在一起，内参比电极加的是饱和氯化钾溶液，外部电极是玻璃电极，它们都是与溶液相通。玻璃泡内外溶液的氢离子浓度不同，产生的电位差不同，以此来测量 pH。复合电极结构如图 1-21 所示。

笔记随笔

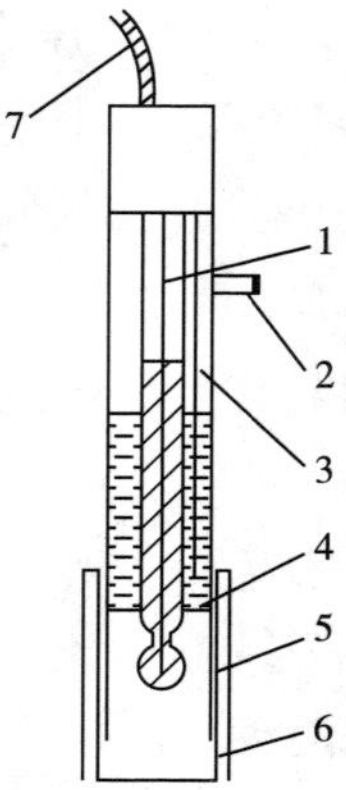

图 1-21 复合电极结构

1—pH 玻璃电极 2—胶皮帽 3—Ag·AgCl 参比电极 4—参比电极底部陶瓷芯 5—塑料保护栅 6—塑料保护帽 7—电极引出端

（2）操作方法

①开机前准备：

a. 复合电极插头旋入仪器后部的电极梗插座内，调节电极夹到适当位置。

b. 复合电极夹在电极夹上拉下电极前端的电极套。

c. 用蒸馏水清洗电极，清洗后用滤纸吸干。

②开机：

a. 电源线插入电源插座。

b. 按下电源开关，电源接通后，预热 30min，接着进行标定。

③标定：仪器使用前，先要标定，一般来说，仪器在连续使用时，每天要标定一次。

a. 在测量电极插座处拔去短路插座。

b. 在测量电极插座处插上复合电极。

c. 把选择开关旋钮调到 pH 挡。

d. 调节温度补偿旋钮，使旋钮白线对准溶液温度值。

e. 把斜率调节旋钮顺时针旋到底（即调到 100%位置）。

f. 把清洗过的电极插入 pH6. 86 的缓冲溶液中。

g. 调节定位调节旋钮，使仪器显示读数与该缓冲溶液当时温度下的 pH 相一致（如用混合磷酸定位温度为 10℃时，pH6. 92）。

h. 用蒸馏水清洗过的电极，再插入 pH4. 00（或 pH9. 18）的标准溶液中，调节斜率旋钮使仪器显示读数与该缓冲溶液中当时温度下的 pH 一致。

i. 重复 f~h 步骤，直至不用再调节定位或斜率两调节旋钮时，显示的数据重现稳定在标准溶液 pH 的数值上，pH 允许变化范围为±0.01。

j. 仪器完成标定。

④测量 pH：经标定过的 pH 计，即可用来测定被测溶液，被测溶液与标定溶液温度相同与否，测量步骤也有所不同。

a. 被测溶液与定位溶液温度相同时，测量步骤为：用蒸馏水洗电极头部，用被测溶液清洗一次；把电极浸入被测溶液中，用玻璃棒搅拌（或电磁搅拌）溶液，使溶液均匀，在显示屏上读出溶液的 pH。

b. 被测溶液和定位溶液温度不相同时，测量步骤为：电极头部，用被测溶液清洗一次；用温度计测出被测溶液的温度值；调节“温度”调节旋钮，使白线对准被测溶液的温度值；把电极插入被测溶液内，用玻璃棒搅拌（或电磁搅拌）溶液，使溶液均匀后读出该溶液的 pH；测量结束后，洗净电极，加满饱和氯化钾溶液，塞上橡胶小塞，套上电极套，先关机器上的电源开关，再关插座上的开关。用完的物品都要放回原处。

（3）pH 酸度计维护　目前实验室使用的电极都是复合电极，其优点是使用方便，不受氧化性或还原性物质的影响，且平衡速度较快。使用时，将电极加液口上所套的橡胶套和下端的橡皮套全取下，以保持电极内氯化钾溶液的液压差。下面就对电极的使用与维护简单进行介绍：

①复合电极不用时，可充分浸泡在 3mol/L 氯化钾溶液中。

②使用前，检查复合电极前端的球泡。正常情况下，电极应该透明而无裂纹；球泡内要充满溶液，不能有气泡存在。

③测量浓度较大的溶液时，尽量缩短测量时间，用后仔细清洗，防止被测液黏附在电极上而污染电极。

④电磁搅拌子应先行放入，搅动稳定后再放入电极，以免电极损伤，实验完毕先提起电极再关电磁搅拌器。

⑤清洗电极后，不要用滤纸擦拭玻璃膜，而应用滤纸吸干，避免损坏玻璃薄膜、防止交叉污染，影响测量精度。

⑥测量中注意电极的银-氯化银（Ag · AgCl）参比电极应浸入球泡内氯化物缓冲溶液中，避免电极显示部分出现数字乱跳现象。

笔记随笔

使用时，注意将电极轻轻甩几下。

⑦电极不能用于强酸、强碱或其他腐蚀性溶液。

⑧严禁在脱水性介质中使用，如无水乙醇、重铬酸钾等。

（4）校准工作结束后　对使用频繁的 pH 计一般在 48h 内，仪器不需再次定标。如遇到下列情况之一，仪器则需要重新标定。

①溶液温度与定标温度有较大的差异时。

②电极在空气中暴露过久，如 0.5h 以上时。

③定位或斜率调节器被误动。

④测量过酸（pH<2）或过碱（pH>12）的溶液后。

⑤换过电极后。

⑥当所测溶液的 pH 不在两点定标时所选溶液的中间，且距 pH 7 又较远时。

阅读材料

“pH”的来历和世界上第一台 pH 计

“pH”由丹麦化学家彼得·索伦森在 1909 年提出。索伦森当时在一家啤酒厂工作，经常要化验啤酒中所含氢离子浓度。每次化验结果都要记载许多个零，这使他感到很麻烦。经过长期潜心研究，他发现用氢离子的负对数来表示氢离子浓度非常方便，并把它称为溶液的 pH。就这样“pH”成为表述溶液酸碱度的一种重要数据。

第一台 pH 计是由美国的贝克曼在 1934 年设计制造的。他的一位同学尤素福在美国加利福尼亚州的一个水果培育站里工作，经常要测定用二氧化硫气体处理过的柠檬汁的 pH。他求助于贝克曼，帮他设计一台能测定溶液 pH 的仪器。贝克曼利用业余时间，制作了一台电子放大器，将其与玻璃电极、灵敏电流计组成一台 pH 计，效果很好，这就是世界上第一台 pH 计。研制成功第一台 pH 计后，贝克曼就辞去教学工作，专门开办了一个 pH 计的生产工厂，专心致志从事 pH 计的生产制造工作。他发明的 pH 计为研究分析化学和生物化学创造了条件。

8. 电热鼓风干燥箱

电热鼓风干燥箱（图 1-22）又名烘箱，其采用电加热方式进

笔记随笔

行鼓风循环干燥试验，通过循环风机吹出热风，保证箱内温度平衡，主要用来干燥样品。

（1）工作原理　电热鼓风干燥箱体的后背装有一个电风扇用以加快热空气的对流，使箱内物品蒸发的水蒸气加速散逸到箱外的空气中，以提高干燥效率，从而使箱内温度均匀。

图 1-22　电热鼓风干燥箱

电风扇工作运行方式可分为：水平送风和垂直送风。

①水平送风：适用于需放置在托盘中烘烤的物件，水平送风的热风是由工作室两边吹出的，因此可以沐浴在托盘中的物件，此烘烤效果很好。

②垂直送风：适用于烘烤放置在网架上的物件，垂直送风热风是由上而下吹出，由于是网架，这样会使上下流通性好，让热风可完全沐浴在物件上。

（2）使用方法

①使用前检查电源，要有良好地线，使用完毕后，应将电源关闭，以保证使用安全。

②电热鼓风干燥箱应放置在具有良好通风条件的室内，在其周围不可放置易燃易爆物品，切勿将易燃物品及挥发性物品放箱内加热，以免引起爆炸。

③电热鼓风干燥箱内物品放置切勿过密或超载，同时散热板上不能放置物品或其他东西，以免影响热空气对流。

④使用环境温度不得高于 45℃。箱门以不常开启为宜，以免影响恒温，并且当温度升到 300℃时，开启箱门可能会使玻璃门因急骤冷却而破裂。

9. 天平

天平是定量分析操作中最常用的仪器，天平的称量误差直接影响分析结果的准确度。因此，必须了解常见天平的结构，学会正确的称量方法。天平有托盘天平、分析天平、电子天平等，下面只介绍托盘天平和电子天平。

托盘天平利用的是杠杆原理，称量误差大，一般用于对精度要求不高的实验。使用前先将平衡螺母调平，1g 以上质量的称量用

笔记随笔

砝码，1g以下质量的称量使用游码。称量时注意砝码要用镊子夹取，不能直接用手去拿。托盘天平如图1-23所示。

电子天平是最新一代的天平，它的工作原理是电磁力平衡。使用时直接称量，全称量过程不需要砝码。称量时放上被测物质后，在几秒钟内达到平衡，直接显示读数。称量速度快，精度高。它采取弹簧片代替机械分析天平的玛瑙刀口作为支撑点，用差动变压器取代升降装置，用数字显示代替指针刻度。它具有体积小、使用寿命长、性能稳定、操作简便、灵敏度高等优点。此外，电子天平还具有自动校正、自动去皮、超载显示、故障报警等功能。称量时，可根据不同的称量对象和不同的天平，选用适合的称量方法操作。电子天平如图1-24所示。

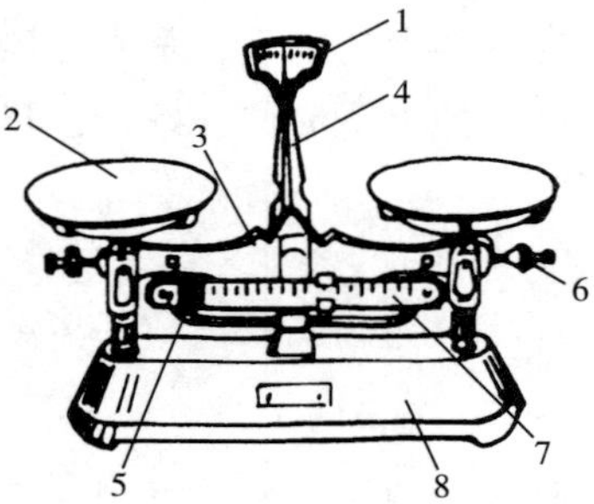

图1-23 托盘天平

1—刻度板 2—托盘 3—横梁 4—指针
5—游码 6—平衡螺母 7—标尺 8—底座

图1-24 电子天平

（1）电子天平的称量

①称量前的检查：

a. 取下天平罩，叠好。

b. 打开天平门，检查天平盘内是否洁净，必要时用小毛刷清扫。

c. 关闭天平门，检查天平是否水平，若不水平，调节底座平衡螺丝，使水平气泡位于水平仪中心。

d. 检查干燥剂变色硅胶是否已变色失效，若失效，应及时更换。

②开机：关好天平门，轻按ON键，指示灯全亮，松开手，天

笔记随笔

平先显示型号，稍后显示为0.0000g。

③电子天平的一般称量方法：

a. 直接称量。在指示灯显示为0.0000g时，打开天平门，将被测物小心置于秤盘上，关闭天平门，待数字不再变动后即得被测物的质量。打开天平门，取出被测物，关闭天平门。

b. 去皮称量。将容器置于秤盘上，关闭天平门，待天平稳定后按TAR键清零，指示灯显示质量为0.0000g，取出容器，变动容器中物质的质量，将容器放回托盘，不关闭天平门粗略读数，看质量变动是否达到要求，若在所需范围之内，则关闭天平门，读出质量变动的准确值。

（2）基本的样品称量方法

①直接称量法：用于称量洁净干燥、不易潮解或升华的固体试样的质量。如称量某称量瓶的质量，具体操作是：关好天平门，按TAR键清零；打开天平门，将称量瓶放入盘中央，关闭天平门，待稳定后读数；记录后打开天平门，取出称量瓶，关好天平门。

②增量称量法：又称固定质量称量法，用于称量某一固定质量的试剂或试样。这种称量操作的速度很慢，适用于称量不易吸潮、在空气中性质稳定的粉末或小颗粒样品。称量时，用左手手指轻击右手腕，将药匙中的样品慢慢震落于容器内，当达到所需质量时停止加样，关上天平门，显示稳定后即可记录所称取试样的质量。记录后打开左门，取出容器，关好天平门。

增量称量法要求称量精度在0.1mg以内。如称取0.5000g面粉，允许质量的范围是0.4999~0.5001g，超出这个范围的结果均不合格。如称量时加入量超出要求，需重新称量，且已经用过的试样必须弃去，不能倒回原试剂瓶中。操作中尤其要注意不能将试剂撒落到容器以外的地方。称好的试剂必须定量地转入接收器中，不能有遗漏。

③减量称量法：又称递减称量法，主要用于称量易挥发、易吸水、易氧化和易与二氧化碳反应的物质。先称量瓶和物体的总质量，再倒出一部分物体，称量剩下的物体和瓶的总质量，相减即为称量质量。用小纸带或戴上手套，从干燥器中取出盛有物品的称量瓶，打开天平门，将称量瓶轻轻放在秤盘中心，关上天平门，待示值稳定后，记录读数m_1，倾斜瓶身，用瓶盖轻击瓶口使试样缓缓落入接收器中。当估计试样接近所需量时，继续用瓶盖轻击瓶口，

笔记随笔

同时将瓶身缓缓竖直，用瓶盖敲击瓶口上部，使黏于瓶口的试样落入瓶中，盖好瓶盖（称量敲样方法如图 1-25 所示）。将称量瓶重新放入天平，称其剩余量 m_2，则倒出的第一份物品质量为 m_1-m_2。接着同理称取第二份、第三份质量。如果敲出质量多于所需质量，则需重新称量。

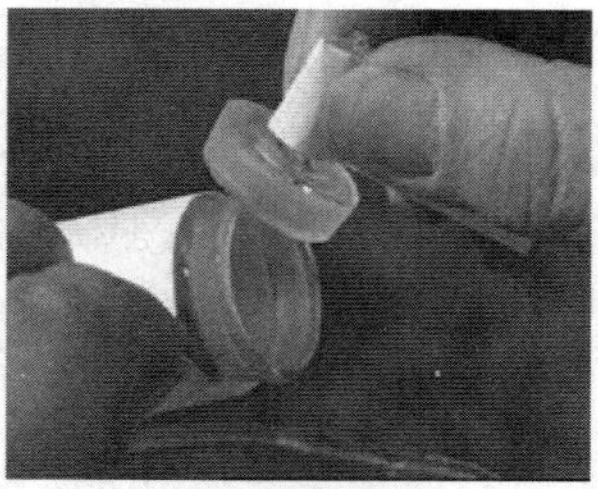

图 1-25 敲样

④称量结束后的工作：称量结束后，按 OFF 键关闭天平，将天平还原。填好使用记录，整理好台面后方可离开。

（3）使用天平的注意事项

①在开关门，取放称量物时，动作必须轻缓，切不可用力过猛，以免造成天平损坏。

②过热或过冷的称量物，应等温度降至或升至室温后方可称量。

③在固定质量称量时要特别注意，称量物的总质量不能超过天平的量程。

④所有称量物都必须置于一定的洁净干燥的烧杯、表面皿、称量瓶等中进行称量，以免沾染腐蚀天平。

⑤为避免手对药品和器皿的污染，不能用手直接拿取称量器皿。

10. 高温马弗炉

高温马弗炉又称马弗炉，是一种通用的加热设备。依据外观形状可分为箱式炉与管式炉。按额定温度来分，一般分为：1000℃马弗炉、1200℃马弗炉、1300℃马弗炉、1600℃马弗炉、1700℃马弗炉。高温马弗炉，常用于质量分析中灼烧沉淀、测定灰分等工作。

电阻丝结构的高温马弗炉，最高使用温度为 950℃，短时间可以到 1000℃。

高温马弗炉的炉膛是由耐高温而无胀缩碎裂的氧化硅结合体制成。炉膛内外壁之间有空槽，电阻丝串在空槽中，炉膛四周都有电阻丝，通电后，整个炉膛周围被均匀加热而产生高温。炉膛的外围包有耐火砖、耐火土、石棉板等，外壳包上带角铁的骨架和铁皮。炉门是用耐火砖制成，中间开一小孔，嵌一块透明的云母片，以观

笔记随笔

察炉内升温情况。炉内用温度控制器控温，一般在灼烧前将控温指针拨到预定温度的位置，从到达预定的温度开始计算灼烧时间。

高温马弗炉的使用注意事项如下：

①高温马弗炉必须放置在稳固的水泥台上，将热电偶从高温马弗炉背后的小孔插入炉膛内，再将热电偶的专用导线接至温度控制器的接线柱上。注意正极、负极不要接错，以免温度指针反向而损坏。

②查明高温马弗炉所需电源电压，配置功率合适的插头插座和熔丝，并接好地线，避免危险。炉前地上铺厚的橡胶布，这样操作时较安全。

③灼烧完毕后，应先拉下电闸，切断电源。但不能立即打开炉门，以免炉膛骤然受冷碎裂。一般可先开一条小缝，让其先降温，然后用长柄坩埚钳，取出被烧物件。

④炉膛内要保持清洁，炉子周围不要堆放易燃易爆物品。在使用高温马弗炉时，要经常观察，防止自控失灵，造成电炉丝烧断等事故。

⑤高温马弗炉不用时，应切断电源，并将炉门关好，防止耐火材料受潮气侵蚀。

11. 离心机

现在实验室常用的是电动离心机。

（1）使用方法

①将盛有被分离混合物的离心管放入离心机的一个套管中，离心管口稍高出套管。注意要在对称位置上放一盛有等量水的离心管，以保持离心机平衡，否则在转动时发生震动，易损坏离心机。

②离心机应由慢速开始起动，运转平稳后再过渡到快速。

③转速和旋转时间，应视沉淀形状而定。对于晶形沉淀，转速1000r/min旋转1~2min即可；非晶形沉淀沉降较慢，转速2000r/min旋转3~4min。若超过上述时间后仍未能使固相和液相分开，则继续旋转已无效，需加热或加电解质使沉淀凝聚。

④关机后，待离心机转动自行停止，然后小心地从两侧捏住离心管口边缘，将其从套管中取出（或用镊子夹取）。不得在离心机转动时用手使其停止，也不准用手指插入离心管中拔取离心管。

（2）注意事项

①离心管要对称放置，如管为单数不对称时，应再加一管装有

笔记随笔

相同质量的水调整对称。

②开动离心机时应逐渐加速，当发现声音不正常时，要停机检查，排除故障（如离心管不对称、质量不等、离心机放置台面不水平或者螺母松动等）再运行。

③关闭离心机也要逐渐减速，直至自动停止，禁止强制停止。

④离心机套管要保持清洁，管底垫上橡胶、玻璃毛或泡沫塑料等物，以免试管破碎。

⑤密封式的离心机在工作时要盖好盖，确保安全。

12. 气相色谱仪

气相色谱仪按固定相物理状态可分为两类：一类是气固色谱仪，另一类是气液色谱仪。这两类色谱仪所分离的固定相不同，但仪器的结构是通用的。气相色谱仪常用五类检测器：火焰热离子检测器（FTD）、火焰光度检测器（FPD）、热导检测器（TCD）、火焰离子化检测器（FID）、电子捕获检测器（ECD）。配有 FID 的气相色谱仪在黄酒中主要用来检测挥发性的物质，如β-苯乙醇、正丁醇等，FID 对在火焰中产生离子的任何物质都有响应，几乎包括所有有机化合物，仅有少数例外，它是最常用的检测器。图 1-26 为气相色谱仪。

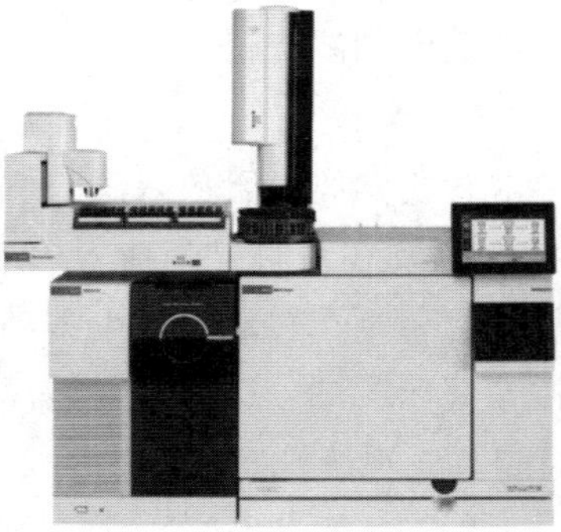

图 1-26 气相色谱仪

（1）色谱法的分离原理　在色谱法中存在两相，一相是固定不动的，我们把它称作固定相；另一相则不断流过固定相，我们把它称作流动相。色谱法的分离原理就是利用待分离的各种物质在两相中的分配系数、吸附能力等亲和能力的不同来进行分离的。

笔记随笔

使用外力使含有样品的流动相（气体、液体），通过固定于柱中（或平板上）与流动相互不相溶的固定相表面。当流动相中携带的混合物流经固定相时，混合物中的各组分与固定相发生相互作用。由于混合物中各组分在性质和结构上的差异，与固定相之间产生的作用力的大小、强弱不同，随着流动相的移动，混合物在两相间经过反复多次的分配平衡，使得各组分被固定相保留的时间不同，从而按一定次序由固定相中先后流出。与适当的柱后检测方法结合，实现混合物中各组分的分离与检测。气相色谱仪工作原理为：样品由载气吹动⟶样品经分离色谱柱分离⟶检测器检测成分⟶工作站打印分析结果。气相色谱流程示意图如图 1-27 所示。

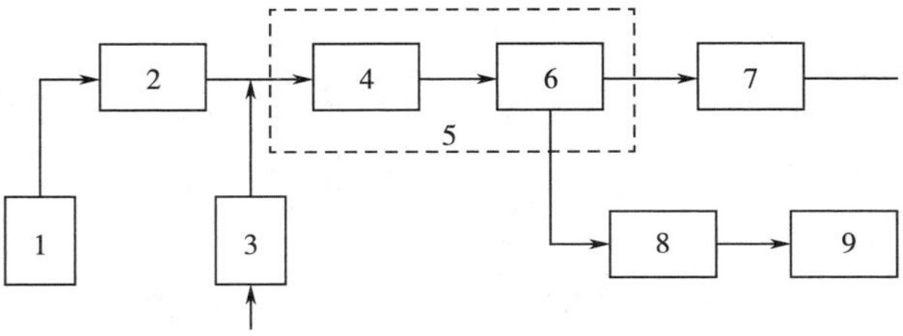

图 1-27　气相色谱流程示意图

1—载气源　2—流量控制器　3—进样装置　4—分离色谱柱　5—恒温箱
6—检测器　7—气体流量计　8—信号衰减器　9—记录仪

（2）基本组成　基本部件包括 5 个组成部分：气路系统、进样系统、分离系统、检测系统、记录系统。

（3）操作步骤

①将净化器开关中的氮气、氢气、空气三个开关都保持关的状态。

②打开三气发生器，检查气体流量计压力表显示是否正常。

③将净化器上的氮气开关打开（看载气压力表是否在 0.06MPa），如果载气压力表有压力，将气相色谱主机上的加热开关和电源开关同时打开。

④根据检测方法要求设置参数：设置柱箱、检测器、辅助Ⅰ的温度（按“柱箱”→按“显示”→按“输入”，给柱箱内加热，同样设置检测器和辅助Ⅰ的温度）。

⑤柱箱、检测器、辅助Ⅰ的温度达到设定温度后（按“柱箱”

笔记随笔

→按“显示”。上面是设定温度，下面是实际温度)，进行点火。

⑥点火时，将净化器上的氢气与空气开关打开。调节氢气Ⅱ压力表到0.15MPa，空气压力表在0.05MPa，点火。点着火后将氢气Ⅱ和空气的压力表都调到0.1MPa（看火是否熄灭，如果熄灭重复步骤⑥的操作）。

⑦点着火后，将工作站打开，将电压范围设置到0~30mV，当基线为一条直线后，看仪器的控制面板上的灯光显示准备状态，可以进样品。并同时点击“启动”按钮或按一下色谱仪旁边的快捷按钮，进行色谱数据分析。分析结束时，点击“停止”按钮，数据即自动保存。

⑧做完样品后，当仪器的基线走成一条直线，没有样品后，将净化器上的氢气和空气开关关闭，关闭氢气和空气气源，使氢火焰检测器灭火。

⑨降温：对柱箱、检测器、辅助Ⅰ降温（按“柱箱”→按“显示”→按“清除”，柱箱内停止加热，同样对检测器和辅助Ⅰ进行降温)。

⑩柱箱内的温度降到50℃以下，将气相色谱仪上的电源开关和加热开关同时关闭；将三气发生器电源开关关闭，最后再关闭氮气开关。

13. 高效液相色谱仪

液相色谱仪是指利用混合物在液-固或不互溶的两种液体之间分配比的差异，对混合物进行先分离，再分析鉴定的仪器。高效液相色谱法（HPLC）是20世纪60年代后期发展起来的一种新颖、快速的分离分析技术。对高沸点、难挥发及热不稳定的化合物，离子型化合物及高聚物等混合物通过色谱柱，样品与固定相发生相互作用，以实现分离。液相色谱仪如图1-28所示。

（1）基本概念

①基线：色谱柱中只有流动相通过时，检测器响应信号的记录值。它反映检测器本底的高低。

②噪声：由未知的偶然因素引起的基线起伏现象。

③峰宽：通过色谱峰两侧的拐点切线，在基线上所截的距离。

④保留时间：从进样点到色谱峰的顶峰的时间。

⑤死时间：流动相通过色谱系统的时间。在HPLC中为溶剂峰前沿出现的时间。

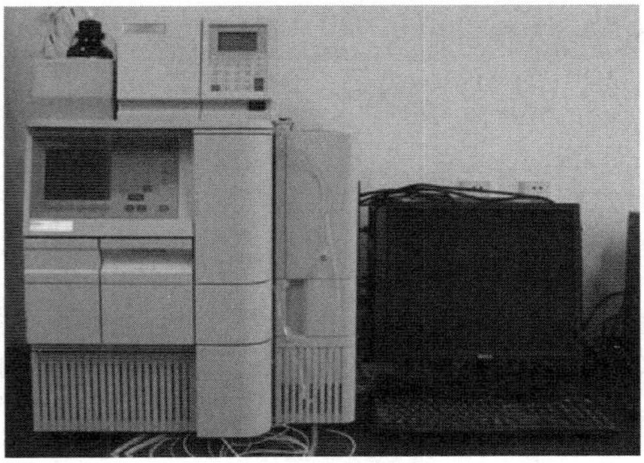

图 1-28　液相色谱仪

⑥死体积：进样器到检测器出口未被固定相所占有的空间。

⑦色谱峰：流出曲线上的突起部分。

⑧分配系数（K）：分配平衡后，组分在固定相与流动相中的浓度之比。K 与组分、固定相、流动相及温度有关。

⑨容量因子（k）：也称分配容量、容量比及质量分配系数等，是达到分配平衡后，组分在固定相的量与流动相中的量之比。

⑩基线漂移：是基线的一种向上或向下的缓慢移动，可在较长时间（0.5~1.0h）内观测到。可掩蔽噪声和小峰，它与整个液相色谱系统有关。

⑪线性范围：当注入最小至最大的进样体积时，检测器响应处于与进样体积成正比的范围。

⑫检测器的池体积：它应小于最早流出的死时间色谱峰的洗脱体积的 1/10，否则会产生严重的柱外谱带扩展。

⑬灵敏度：也称响应值，指一定量的物质通过检测器时所给出的信号大小。灵敏度越高，检测限越小。它是没有考虑噪声，其高低变化并不能严格表示检测器的检测能力。

⑭检测限：又称为敏感度，指在噪声背景上恰能产生可辨别的信号时（一般信噪比≥2），在单位体积或单位时间内需向检测器送入的样品量。它考虑了噪声，是全面衡量检测器性能的重要指标。检测限越小，仪器性能越好。

（2）特点

①高压：压力可达（1.52~3.04）$\times 10^4$ kPa。

②高速：所需的分析时间一般少于 1h。

③高效：一根柱子可以分离 100 种以上的组分。

笔记随笔

④高灵敏度：用微升数量级的试样可进行分析。

⑤流动相选择范围广：大部分的有机溶剂以及水和有机溶剂的混合物均可用。

（3）工作流程　贮液器中的流动相被高压泵打入系统，样品溶液经进样器进入流动相，被流动相载入色谱柱（固定相）内，由于样品溶液中的各组分在两相中具有不同的分配系数。在两相中做相对运动时，经过反复多次的吸附—解吸的分配过程，各组分在移动速度上产生较大的差别，被分离成单个组分依次从柱内流出。通过检测器时，样品浓度被转换成电信号传送到记录仪，数据以图谱形式打印出来。

（4）结构　包括高压输液系统、进样系统、分离系统、检测系统、色谱数据处理系统。

①高压输液系统：流动相贮存器；高压输液泵（核心部件），能提供 150~450kg/cm^2 的压强；流速稳定，流量可以调节；应符合密封性好、输出流量恒定、压力平稳、可调范围宽、便于迅速更换溶剂及耐腐蚀等要求；过滤器；梯度洗脱装置，可将两种或两种以上的不同极性溶剂，按一定程序连续改变组成，以提高分离效果，缩短分离时间。

泵的保养：使用流动相尽量要清洁；进液处的砂芯过滤头要经常清洗；流动相交换时要防止沉淀；避免泵内堵塞或有气泡。

②进样系统：进样的方式有两种，即注射器进样与高压定量进样。六通阀进样器的进样方式有部分装液体方法和完全装液体方法两种。使用部分装液体方法进样时，进样体积最多为定量环体积的 75%，并且要求每次进样体积准确、相同；使用完全装液体方法进样时，进样体积最少为定量环体积的 3~5 倍，这样才能完全置换样品定量环内残留的溶液，达到所要求的精密度及重现性。

③分离系统：色谱柱一般长 5~30cm，内径 4~5mm，凝胶色谱柱内径 3~12mm，制备柱内径较大，可达 25mm 以上。它是液相色谱的心脏部件，包括柱管与固定相两部分。柱管的材料有玻璃、不锈钢、铝、铜及内衬光滑的聚合材料的其他金属。金属管用得较多。一般备有一个前置柱（预柱）。柱子装填得好坏对柱效的影响很大。一般来说减小填料粒度和柱径以提高柱效。

色谱柱的保养：对硅胶基键合相填料，水溶液流动相的 pH

不得超出 2～8.5 范围（C_{18} 柱 pH 范围是 2～8），温度不宜过高。不能强烈振动，否则柱内填料床层产生裂缝和空隙。阀件或管路一定要清洗干净；流动相要脱气；防止逆向流动，使固定相层位移，色谱柱效果就会下降。进样样品要提纯并严格控制进样量；在酸性或碱性条件下使用后，应依次用水和甲醇清洗。每天分析工作结束后，要清洗进样阀中残留的样品并用适当的溶剂来清洗色谱柱；若长期不使用，应用适当有机溶剂来保存并封闭。

④检测系统：检测器的种类有紫外检测器、光电二极管阵列检测器、示差折光检测器、荧光检测器、发光散射检测器。

⑤色谱数据处理系统：对测试数据进行采集、贮存、显示、打印和处理等操作，使样品的分离、制备或鉴定工作能正确开展。

（5）影响分离的因素

①流动相黏度：降低传质阻力是提高色谱柱效的主要途径。

②固定相粒度：降低固定相粒度可提高柱效。

③柱温：适当提高柱温降低流动相的黏度可在一定程度上提高分离效果。

④洗脱液：改变洗脱液组成和极性是改善分离的最直接的因素。

⑤流速和洗脱方式：采用适当的流速和洗脱方式。

（6）流动相选择的注意基本要求

①尽量使用高纯度试剂作流动相，防止微量杂质长期累积损坏色谱柱和使检测器噪声增加。

②避免流动相与固定相发生作用而使柱效下降或损坏柱子，如使固定液溶解流失、酸性溶剂破坏氧化铝固定相等。

③试样在流动相中应有适宜的溶解度，防止产生沉淀并在柱中沉积。

④流动相同时还应满足检测器的要求。当使用紫外检测器时，流动相不应有紫外吸收。

（7）操作步骤

①打开电脑。

②打开主机、预热。

③进入仪器工作站，联机并设定仪器使用方法及仪器参数。

④启动泵的动力系统预处理（排气等）。

笔记随笔

⑤检查是否漏夜、柱压是否正常。

⑥设置仪器方法，包括仪器的使用条件等。

⑦激活操作方法，等待仪器平衡、基线平直。

⑧仪器出现“Ready”后可进行样品分析。

⑨操作测试结束后，清理所有实验材料，做好清洁卫生。

⑩记录仪器使用日志，并与管理员办理交接手续。

（8）操作注意事项

①高效液相色谱的流动相应采用色谱纯溶剂，以满足仪器要求、避免损坏色谱柱。

②严禁使用有污染的水等冲洗色谱柱，避免使互不相溶的溶剂一同进入泵内。

③流动相需经过滤、除气后方可使用。

④要分析的样品必须彻底溶解澄清、过滤，以避免堵塞、损坏色谱柱。

⑤分析完成后，须注意及时清洗色谱柱和检测器的比色池。

14. 电感耦合等离子谱仪

根据检测器的不同分为ICP-OES（电感耦合等离子发射光谱仪，也称ICP-AES）和ICP-MS（电感耦合等离子质谱仪）。两者均能测元素周期表中的绝大部分元素，但能测得元素稍微有异，检测能力上后者要比前者高。因为ICP光源具有良好的原子化、激发和电离能力，所以它具有很好的检出限。对于多数元素，其检出限一般为0.1~100ng/mL，可以同时测试多种元素，灵敏度高，检测限低，测试范围宽（低含量成分和高含量成分能够同时测试）等特点使其成为现代分析技术中的重要工具。

（1）电感耦合等离子体原子发射光谱仪是一种用于检测和分析原子发射光谱的高精度仪器。该仪器由多个部分组成，包括放电室、光谱仪、探测器、稳定电源、气源和控制系统等。

①放电室：该仪器的核心部分，主要由电极、感应线圈和气体供应系统组成。当放电室通入气体并施加电场时，气体中的原子被激发并发射出特定的光谱线。这些光谱线会通过光路系统被收集和分离，并送入光谱仪进行分析。

②光谱仪：包括光栅和检测器两部分。光栅用于分离光谱线，使其在不同的波长处聚焦到不同的位置上。而检测器则用于测量光强度，并将其转换为电信号发送给数据处理系统。

③稳定电源：用于给放电室提供直流电源，以维持稳定的放电环境。

④气源：提供各种气体，以满足不同的分析需求。

⑤控制系统：用于控制整个仪器的操作，包括调整光路、光栅角度和检测器位置等。

（2）电感耦合等离子体原子发射光谱仪（ICP-AES）的操作规程通常包括开机前的准备、开机、分析测定以及关机等步骤。

①开机前的准备：

a. 检查实验室温度湿度，若有需要，打开空调以保证环境适宜。

b. 检查并保证有足够的氩气用于连续工作。

c. 确认废液桶有足够的空间用于容纳废液。

②开机：

a. 打开氩气并调节出口压强在 0.6~0.8MPa。

b. 打开总电源开关，检查稳压器电源，保持稳压器电源开启。

c. 1min 后打开光谱仪电源开关至“ON”状态。

d. 打开总电源开关下方的风机开关，并旋动主机正上方通风管旋钮，使通风管内的挡板处于竖立状态，调整连接管连通仪器风口及通风管道。

e. 检查循环冷却水水位，不能低于最低刻度线，通常液面位于指示刻度的 1/2 处。如果正常，打开循环水开关。

f. 打开空气压缩机电源，调整并保证空压机压强达到 0.4MPa。

g. 打开电脑、显示器，启动相应的操作软件。

③分析测定：

a. 在软件中设置分析元素、分析波长、观察方式、雾化气流量等工作参数及样品列表。

b. 点燃等离子体，预热一定时间（如 30min）。

c. 在样品列表中添加分析样品，设定空白样、标准样及待测样（须为澄清液）。

d. 保存并运行样品列表，开始测定。

④关机：

a. 样品列表运行完成后，按软件提示进行熄火操作。

b. 继续驱气一段时间后关闭冷却循环水机。

c. 关闭氩气钢瓶总阀及排风设备开关。

笔记随笔

d. 按与开机相反的顺序关闭软件及计算机。

e. 在操作电感耦合等离子体原子发射光谱仪时，务必注意以下安全事项：

- 严格遵守实验室安全操作规程，穿戴好防护装备。
- 在搬运和更换氩气瓶时，要注意安全，避免碰撞和倾倒。
- 如果氩气喷到眼睛，应立即用清水冲洗。
- 严禁用湿手触摸电源开关，严禁用湿抹布擦拭电源、开关等，以防触电。
- 在仪器工作的过程中，时刻关注氩气的压力，压力不足应立即熄火。

请注意，具体的操作规程可能因不同型号的电感耦合等离子体原子发射光谱仪而有所差异。因此，在实际操作中，建议参考具体仪器的操作手册或向仪器制造商咨询以获取最准确的操作指南。

三、检验用器皿的一些要求

1. 检验用器皿的选用

分析检验时离不开各种器皿，所需的器皿应根据检验方法的要求来选用。一般应选用硬质的玻璃仪器；遇光不稳定的试剂（如硝酸银、碘等）应选择棕色玻璃瓶避光贮存；有些试剂对玻璃有腐蚀性（如氢氧化钠等），需选聚乙烯瓶贮存。选用时还应考虑到容量及容量精度和加热的要求等。

检验中所使用的各种器皿必须洁净，否则会造成结果误差，这是微量和痕量分析中极为重要的问题。

2. 器皿的洗涤

（1）常用洗涤液的配制

①肥皂水、洗衣粉水、去污粉水：根据洗涤的情况用水配制。

②铬酸洗液：称取 20g 的 $K_2Cr_2O_7$，溶于 40mL 水中，将浓 H_2SO_4 360mL 徐徐加入 $K_2Cr_2O_7$ 溶液中（千万不能将水或溶液加入 H_2SO_4 中），边倒边用玻璃棒搅拌，并注意不要溅出，混合均匀，待冷却后，装入洗液瓶备用。新配制的洗液为红褐色，氧化能力很强，当洗液用久后变为黑绿色，即说明洗液无氧化洗涤能力。

③1∶3 盐酸洗液：1 份盐酸与 3 份水混合。

笔记随笔

④王水：3 份盐酸与 1 份硝酸混合。

⑤碱性酒精洗液：用体积分数为 95% 的乙醇与质量分数为 30% 的氢氧化钠溶液等体积混合。

（2）器皿的洗涤方法　一般的玻璃仪器，如锥形瓶、烧杯、烧瓶、试管和量筒等，可以用毛刷从外到里用水刷洗，这样可刷洗掉水可溶性物质、部分不溶性物质和灰尘；若有油污等有机物，可用去污粉、肥皂粉或洗涤剂进洗涤。用蘸有去污粉或洗涤剂的毛刷刷洗，然后用自来水冲洗干净，最后用蒸馏水或去离子水润洗内壁 2~3 次。洗净的玻璃仪器其内壁应能被水均匀地湿润而无水的条纹，且不挂水珠。在实验中常使用磨口的玻璃仪器，洗刷时应注意保护磨口，不宜使用去污剂，而改用洗涤剂。对不易用毛刷刷洗的或用毛刷刷洗不干净的玻璃仪器，如滴定管、容量瓶、移液管等。通常将洗涤剂倒入或吸入容器内浸泡一段时间后，再把容器内的洗涤剂倒入贮存瓶中备用，再用自来水冲洗和去离子水润洗。

①新的玻璃器皿：先用自来水冲洗，晾干后用铬酸洗液浸泡，以除去黏附的其他物质，然后用自来水冲洗干净。

②有凡士林油污的器皿：先将凡士林擦去，再在洗衣粉水或肥皂水中烧煮，取出后用自来水冲洗干净。

③有油污的玻璃器皿：先用碱性酒精洗液洗涤，然后用洗衣粉洗涤，再用自来水冲洗干净。

④有锈迹、水垢的器皿：用（1+3）盐酸洗液浸泡，再用自来水冲洗干净。

⑤比色皿：先用自来水冲洗，再用稀盐酸洗涤，然后用自来水冲洗干净。

⑥瓷坩埚污物：用（1+3）盐酸洗液洗涤，再用自来水冲洗干净。

⑦铂坩埚污物：用（1+3）盐酸洗液煮沸洗涤，再用自来水冲洗干净。

⑧塑料器皿：用稀硝酸洗涤后，再用自来水冲洗干净。

为了保证器皿洗涤后能达到洁净的要求，要用蒸馏水冲洗掉附着的自来水，一般用蒸馏水淋洗 2~3 次。蒸馏水淋洗时应少量多次，以达到节约蒸馏水和洁净器皿的目的。

3. 仪器设备要求

（1）玻璃量器的要求　检验时所使用的滴定管、移液管、容

笔记随笔

量瓶、刻度吸管等玻璃量器均须按国家有关规定进行校正。玻璃量器和玻璃器皿须经彻底洗净后才能使用。

（2）控温设备的要求　检验方法中所使用的马弗炉、恒温干燥箱、恒温水浴锅等均须按国家有关规程进行测试和校正。

（3）测量仪器的要求　天平、酸度计、温度计、分光光度计、色谱仪等均应按国家有关规程进行测试和校正。

任务实施

玻璃仪器的清洗和物质的称量

一、要点

黄酒检测基础知识涉及的仪器与设备有很多，但是首先要掌握玻璃仪器洗涤操作方法及相关原则与要求，要保证所用仪器洁净；同时掌握物质称量的正确方法，能正确使用天平。

二、工作过程

（一）玻璃仪器清洗

1. 原理

玻璃仪器的洗涤是指从玻璃仪器表面除去异物的操作，在这个过程中，常借助于某些化学物质（洗涤剂）以减弱污物与固体表面的黏附作用并施以机械力搅动，使污垢与玻璃表面分离，最后将污物冲走。

2. 相关器材

洗涤剂、毛刷、自来水、蒸馏水。

3. 操作过程

在玻璃仪器内注入一半水，振荡后倒掉，反复几次即可，必要时可选择合适的化学试剂，配合去污粉洗涤剂洗涤，然后用水冲洗。

一般器皿的洗涤方法如下所述。

（1）用水洗刷　可使水溶性物质溶解除去，也可以洗去附着在仪器上的灰尘和促使不溶物的脱落。

操作方法：根据不同的仪器选用合适的毛刷。如洗涤试管或烧

笔记随笔

瓶，可注入半管或半瓶水，稍稍用力振荡，把水倒掉，连洗数次，如果内壁附有不易洗掉的物质，可以用试管刷刷洗。刷洗时，使试管刷在盛水的试管中转动或上下移动，但不能用力过猛，否则容易把试管弄破。

（2）用洗涤剂洗涤　操作方法如下。

操作方法：先将仪器用水湿润，然后用毛刷蘸取少许洗涤剂，将仪器内外刷洗一遍，然后用水边冲洗边刷洗，直至洗净为止。最后用水量蒸馏水刷洗 2~3 次。

（3）用洗涤液洗涤　对上述方法仍难洗净或者不宜用刷子刷洗的仪器，如移液管、刻度吸管、滴定管、容量瓶，可以根据污物的性质，选用适宜的洗涤液洗涤。

操作方法：先把仪器内的水沥掉，然后往仪器内加入少量洗液，再斜着缓缓转动，使仪器的内壁全部被洗液湿润，来回转动几次后，将洗液倒回原瓶回收，接着，需先用自来水冲洗，最后用蒸馏水冲洗 3 次。

4. 判定标准

玻璃器壁内出现均匀水膜，既不聚成水滴，也不成股流下。

5. 完成清洗记录单

根据洗涤结果完成玻璃仪器清洗记录单（表 1-6）。

表 1-6　玻璃仪器清洗记录单

清洗日期	仪器名称	清洗方式	清洗人	备注

注：清洗方式包括自来水清洗、洗涤剂清洗、洗涤液清洗等。

（二）物质的称量——减量称量法

1. 原理

电子天平其称量是采用电磁力平衡原理。当把通电导线放在

笔记随笔

磁场中时，导线将产生磁力，当磁场强度不变时，力的大小与流过线圈的电流强度成正比。如物体的重力方向向下，电磁力方向向上，二者相平衡，则通过导线的电流与被称物体的质量成正比。

2. 工具

电子分析天平、称量瓶、干燥器、100mL 小烧杯。

3. 操作过程

（1）开机

①检查天平是否处于水平位置（水平泡处于中心位置，如若没有水平，则调节天平底部的两个水平旋钮至水平位置）。

减量称量法

②接通电源，按“ON/OFF”按钮，当天平显示 0.0000g 时，预热 30min，即进入称量状态。（注：为确保称量的准确度，应先开机预热 30min，再进行称量。）

（2）称量

①用清洁的纸条叠成约 1cm 宽的纸带套在称量瓶上（也可戴上纸制的指套或清洁的细纱手套拿取称量瓶），右手拿住纸带尾部把称量瓶放到天平右盘的正中位置，加上适量砝码使之平衡，称出称量瓶加试样的准确质量 m_1，准确到 0.1mg），并记录。

②仍用原纸带将称量瓶从天平盘上取出，拿到接受容器的上方，用纸片夹住瓶盖柄打开瓶盖，但瓶盖绝不能离开接受容器的上方。将瓶身慢慢向下倾斜，一边用瓶盖轻轻敲击瓶口内缘，一边转动称量瓶使试样缓缓接近需要量时（通常从体积上估计或试重得知），一边继续用瓶盖轻敲瓶口，一边逐渐将瓶身竖直，使粘在瓶口附近的试样落入接受容器或落入称量瓶底部。

③盖好瓶盖，把称量瓶放回天平右盘，取出纸带，关好侧门准确称其质量 m_2，准确到 0.1mg，并记录。两次称量读数之差（m_1-m_2）即为倒入接受容器里的样品质量。

（3）关机　称量完毕，确定天平秤盘上清洁无物后，按住“ON/OFF”按钮至关机（屏幕上无显示）。

（4）整理并登记　在工作台上整理完毕，并在天平使用记录本上进行使用登记。

（5）操作时应注意

①若倒入试样量不够，则可重复上述操作，若超过规定数量那么重新称量。

笔记随笔

②除了放在表面皿和称量盘上或用纸带拿在手中外，称量瓶不得放在其他地方，以免沾污。

③套上或取出纸带时，不要碰着称量瓶口，纸带应放在清洁的地方。

④粘在瓶口上的试样，应尽量处理干净。

⑤在接受容器的上方打开瓶盖，以免可能黏附在瓶盖上的样品失落其他地方。

减量称量法简便、快速、准确，在分析检测中常用来称取待测样品和基准物，是最常用的一种称量方法。

4. 完成物质称样记录单与使用登记表

根据称量要求，完成物质称样记录单（表1-7）。

表1-7　物质称样记录单

项目	次数	1	2	3
减量法称样	称量前/g			
	称量后/g			
	移出的质量/g			
直接称样	样品的质量/g			

根据登记要求，填写完成仪器设备使用登记表（表1-8）。

表1-8　仪器设备使用登记表

设备名称	型号	使用日期	用途	设备情况	使用人

三、结果评价

按附录三“实施任务评价表”进行评价。

笔记随笔

任务拓展

一、填空题

1. 显微观察时应遵守从________到________再至________的观察程序。

2. 复合电极就是把________和________组合在一起了，原理还是一样的，内参比电极加的是________。

3. 将酸式滴定管和碱式滴定管洗净，并用待装的溶液润洗________次。

二、判断题

1. 搬动显微镜时应一手握镜座，一手握镜臂，放于胸前，以免损坏。(　　)

2. 分光光度计每台仪器所配套的比色皿不可与其他仪器上的表面皿单个调换。(　　)

3. 高压蒸汽灭菌锅压力不降到“0”，就可打开排气阀，打开锅盖取出灭菌物品。(　　)

4. 复合电极不用时，充分浸泡在3mol/L氯化钾溶液中。切忌用洗涤液或其他吸水性试剂浸洗。(　　)

5. 电热恒温水浴锅使用时应注意水位要高于水浴锅内搁板。(　　)

6. 超净工作台使用前30min打开紫外灯杀菌，操作时关掉紫外灯，一般将开关按钮拨在照明处紫外灯即熄灭。(　　)

7. 每次滴定完毕后，滴定管中多余试剂不能随意处置，应倒回原来的试剂瓶中。(　　)

8. 容量瓶、滴定管、吸管不可以加热烘干，也不能盛装热的溶液。(　　)

9. 酸式滴定管是用来盛放酸性溶液或氧化性溶液的容器。(　　)

10. 使用移液管吸取溶液时，应将其下口插入液面0.5~1cm处。(　　)

11. 滴定管、容量瓶、移液管在使用之前都需要用试剂溶液进行润洗。(　　)

12. 使用滴定管时，每次滴定应从“0”分度开始。(　　)

笔记随笔

13. 在滴定时，$KMnO_4$ 溶液要放在碱式滴定管中进行滴定。(　　)

14. 滴定管读数时必须读取弯液面的最低点。(　　)

15. 滴定管内壁不能用去污粉毛刷清洗，以免划伤内壁，影响体积准确测量。(　　)

16. 差减法适于称量多份不易潮解的样品。(　　)

三、简答题

1. 简述显微镜用后正确的处理及维护。
2. 简述分光光度计的工作原理。
3. 简述高压蒸汽灭菌锅的操作方法。
4. 若滴定时发现滴定管下端有气泡应如何处理?

四、讨论题

正确使用高压蒸汽灭菌锅的重要性。

职业技能拓展

本任务中玻璃仪器滴定管、容量瓶的使用与物质的称量等相关内容是全国职业院校技能大赛化学实验技术的竞赛考核内容，同学们务必要掌握其中的知识点与操作方法。相关知识到浙江省高等学校在线开放课程共享平台“黄酒检测技术”课程学习资源中去学习。

笔记随笔

任务二
黄酒检测试剂

任务要求

具体任务

根据教师提供的学习资料和网络教学资源，学生自学黄酒检测所用到的试剂配制与标定及保存的基本知识，在教师的指导下完成学习汇报 PPT。制订黄酒检测所用到的试剂配制与标定的方案，按照规范操作，完成对黄酒检测所用到的试剂配制与标定任务，并填写相关记录单。

任务目标

①掌握黄酒检测试剂配制与标定的方法。

②培养学生具有环保意识与化学药品安全意识。

③培养学生严谨的职业素养与工匠精神。

技能目标

①能配制、标定黄酒检测所用的试剂。

②会填写试剂配制、标定记录。

知识准备

一、实验室用水的水质要求

在黄酒检验中，水的用量最大。除配制溶液外，分析操作、洗涤玻璃器皿和水浴加热及蒸馏酒精等都要用水，而天然水或自来水中存在着很多杂质，不能直接用于黄酒检验，必须将水纯化，通常把未经纯化的水称作原水。根据有关国家标准的规定，一般黄酒检验用水为“蒸馏水、双蒸水或相应纯度的去离子水”。我国国家标准 GB/T 6682—2008《分析实验室用水规格和试验方法》规定，分析实验室用水分三个级别：一级水用于有严格要求的分析试验，如高效液相、气相色谱分析用水；二级水用于无机痕量分析等试验，如原子吸收光谱分析用水；三级水用于一般化学分析试验。分析实验室用水的技术指标如表 1-9 所示。

表 1-9　分析实验室用水的技术指标

项目	一级水	二级水	三级水
外观		无色透明液体	
pH 范围（25℃）	—	—	5.0~7.5
吸光度（254nm，1cm 光程）	≤0.001	≤0.01	—
蒸发残渣（105±2）℃/(mg/L)	—	≤1.0	≤2.0
电导率（25℃）/(mS/m)	≤0.01	≤0.10	≤0.50
可氧化物质（以 O 计）/(mg/L)	—	≤0.08	≤0.40
可溶性硅［以（SiO_2）计/(mg/L)	≤0.01	≤0.02	—

笔记随笔

不同级别的黄酒检验用水其制备方法和原水要求不同。制备所用原水应达到饮用水或一定的纯度。一级水可用二级水经过石英设备蒸馏或离子交换混合床处理，再经 0.2μm 微孔滤膜过滤来抽取。二级水可用多次蒸馏或离子交换等方法制取。三级水可用蒸馏或离子交换等方法制取。

为了保证黄酒检验用水的纯度，对其储存的方法与容器都有要求。各级用水均用密闭的、专用聚乙烯容器。新容器在使用前需要用质量分数为 20%的盐酸浸泡 2～3d，再用相应等级水反复冲洗，并注满相应等级水浸泡 6h 以上。各级水在储存期间，容器中的可溶性成分、空气中的二氧化碳和其他杂质是水质污染的主要来源。所以，一级水不可储存，应在使用前制备。二级水、三级水可适量制备，分别储存于预先经同级水清洗过的相应容器中。

黄酒理化分析与检验方法中所使用的水，未注明其他要求时，系指蒸馏水或去离子水；未指明溶液用何种溶剂配制时，均指水溶液。

二、化学试剂的分级与储藏

（一）化学试剂的分级

化学试剂的种类很多，世界各国对化学试剂的分类和分级的标准不尽一致。

试剂的分级基本上是根据所含杂质的多少来划分的，其杂质的含量在化学试剂标签上均已注明。常用黄酒方面检测的试剂主要有三个等级：优级纯（guaranteed reagent，GR）、分析纯（analytical reagent，GR）、化学纯（chemical reagent，CR）。还有实验试剂

笔记随笔

(laboratory reagent, LR)、基准试剂(primary reagent, PT)、光谱纯试剂(spectrum pure, SP)、生物试剂(biochemical reagent, BR)及生物染色剂(biological stain, BS)等。

(1)优级纯　标签为深绿色，纯度高，杂质极少，主要用于精密分析和科学研究，常以GR表示。

(2)分析纯　标签为金光红，纯度略低于优级纯，杂质含量略高于优级纯，适用于重要分析和一般性研究工作，常以AR表示。

(3)化学纯　标签为中蓝，纯度较分析纯差，但高于实验试剂，适用于工厂、学校一般性的分析工作，常以CP表示。

(4)实验试剂　为四级品，纯度比化学纯差，但比工业品纯度高，主要用于一般化学实验，不能用于分析工作，常以LR表示。

(5)基准试剂　基准试剂相当或高于优级纯试剂，其主成分含量一般在99.95%~100.0%，专作滴定分析的基准物质，用以确定未知溶液的准确浓度或直接配制标准溶液。

(6)光谱纯试剂　缩写为SP，表示光谱纯净。但由于有机物在光谱上显示不出，所以有时主成分达不到99.9%以上，使用时必须注意，特别是作基准物时，必须进行标定。除上述化学试剂外，还有许多特殊规格的试剂，如指示剂、当量试剂、生化试剂、生物染色剂、色谱用试剂及高纯工艺用试剂等。

化学试剂等级标志及纯度与用途如表1-10所示。

表1-10　化学试剂等级标志及纯度与用途

名称	英语缩写	瓶签颜色	纯度与用途
优级纯(保证试剂)	GR	绿色	纯度高，杂质含量低，适用于科学研究和配制标准液
分析纯	AR	红色	纯度较高，杂质含量较低，适用于定性、定量分析
化学纯	CP	蓝色	质量略低于分析纯，用途同上
基准试剂	PT	绿色	直接配制标准溶液，用来校正或标定其他化学试剂
实验试剂	LR	棕色或其他色	质量较低，用于一般定性分析
生物试剂	BR	黄色或其他色	用于生化研究和分析试验

续表

名称	英语缩写	瓶签颜色	纯度与用途
生物染色剂	BS	—	用于生物组织学、细胞学及微生物染色
光谱纯试剂	SP	绿色、红色、蓝色	纯度比优级纯高，用于光谱分析和标准液配制

笔记随笔

（二）化学试剂的储存

黄酒检验需要用到各种化学试剂，除供日常使用外，还需要储存一定量的化学试剂。大部分化学试剂具有一定的危险性，有的还是易燃、易爆危险品，因此必须了解一般化学药品的性质及保管方法。较大量的化学药品应放在样品储藏间里，由专人保管。危险品应按国家安全部门的管理规定储存。我们必须具有保护环境人人有责的安全意识，牢固树立和践行绿水青山就是金山银山的理念，站在人与自然和谐共生的高度谋划发展。

三、标准溶液浓度的选择

在选择标准溶液浓度时，应考虑到分析试样的成分和性质，对分析结果准确度的要求，滴定终点的灵敏度等因素。

在确定标准溶液浓度时，需考虑一次滴定所消耗的标准溶液的量的多少。标准溶液需要量的多少，不仅决定溶液本身的浓度，也与试样中待测组分含量有关。如待测定组分含量很高，而使用的标准溶液浓度很低，则所需标准溶液的量就可能特别多，读数的准确度就会降低，甚至会出现 50mL 溶液滴定完溶液仍不变色的情况。同时，标准溶液的浓度不能太高，尽管浓度较高的溶液会在滴定终点时使指示剂发生的变化信号更为明显，但标准溶液浓度越高，由 1 滴或半滴过量所造成的相对误差就越大，这是因为估计滴定管读数时的视差几乎是常数（50.00mL 滴定管的读数视差为±0.02mL）。为保证测量时的相对误差不大于±0.1%，所用标准溶液的体积一般不小于 20mL，不超过 50mL。

在常量分析中常用的标准溶液浓度为 0.0500～0.2000mol/L，用得最多的浓度是 0.1000mol/L；微量分析中常用的是 0.0010mol/L 的标准溶液。

笔记随笔

四、标准滴定溶液配制及其浓度标定

参考 GB/T 5009.1—2003《食品卫生检验方法　理化部分　总则》，GB/T 601—2016《化学试剂　标准滴定溶液的制备》。

（一）溶液的分类

在日常检验工作中溶液分为一般溶液与标准溶液。

1. 一般溶液

一般溶液是指非标准溶液，它在食品检验中常作为溶解样品、调节 pH、分离或掩蔽离子、显色等使用。一般溶液配制的浓度要求不高，只需保留1~2 位有效数字。试剂的质量由托盘天平称量，体积用量筒量取。

2. 标准溶液

标准溶液是指已确定其主体物质浓度或其他特性量值的溶液。黄酒检验常用的标准溶液有两种：一种是 pH 测量用标准缓冲液，其具有准确的 pH 数值，由 pH 基准试剂进行配制，用于对 pH 计的校准，也称定位；另一种是滴定分析用标准溶液，也称为标准滴定溶液，主要用于测定样品的主体成分或常量成分，其浓度要求准确到 4 位有效数字，常用的浓度表示方法是物质的量浓度。

（二）滴定分析用标准溶液的制备

1. 一般规定

标准溶液的浓度准确程度直接影响分析结果的准确度。因此，制备标准溶液在方法、使用仪器、量具和试剂等方面都有严格的要求。国家标准 GB/T 601—2016 中对上述各个方面的要求做了一般规定，即在制备滴定分析（容量分析）用标准溶液时，应达到下列要求：

（1）配制标准溶液用水，至少应符合 GB/T 6682—2008《分析实验室用水规格和试验方法》中三级水的规格。

（2）所用试剂纯度应在分析纯以上。标定所用的基准试剂应为容量分析工作中使用的基准试剂。

（3）所用分析天平及砝码应定期检定。

（4）所用滴定管、容量瓶及移液管均需定期校正。校正方法按 JJG 196—2016《玻璃量器校正、检定等规范技术操作规程》的规定进行。

（5）制备标准溶液的浓度系指 20℃ 时的浓度，在标定和使用时，如温度有差异，应按 GB/T 601—2016 中附录 A 进行补正。

（6）标定标准溶液时，平行试验不得少于 8 次，两人各做 4 次平行测定，检测结果在按 GB/T 601—2016 规定的方法进行数据的取舍后取平均值，浓度值取 4 位有效数字。

（7）配制浓度≤0.02mol/L 的标准溶液时，应于临用前将浓度高的标准溶液用煮沸并冷却的纯水稀释，必要时重新标定。

（8）滴定分析用标准溶液在常温 15～25℃ 条件下，保存时间一般不得超过两个月。

2. 标准溶液的配制

标准溶液指的是已知准确浓度的溶液，在滴定分析中常用作滴定剂。在其他的分析方法中用标准溶液绘制工作曲线或作计算标准。

标准溶液的配制方法有两种：一种是直接法；另一种是间接法，即标定法。

（1）直接法　如果所用试剂符合基准物质的要求（组成与化学式相符、纯度高、稳定），可以直接配制标准溶液，即准确称出适量的基准物质，溶解后配制在一定体积的容量瓶内。根据称量的基准物质的质量和容量瓶的体积可以计算出标准溶液的准确浓度。

（2）标定法　如果试剂不符合基准物质的要求，则先配成近似于所需浓度的溶液，然后再用基准物质准确地测定其浓度，这个过程称为溶液的标定。例如市售的浓盐酸中 HCl 很容易挥发，固体 NaOH 很易吸收空气中的水分和二氧化碳，高锰酸钾不易提纯而易分解等。因此它们都不能直接配制标准溶液。一般是先将这些物质配成近似所需浓度的溶液，再用基准物测定其准确浓度，这一操作称为标定。标准溶液有三种标定方法：直接标定法、间接标定法、比较法。一般常用的是前两种。

①直接标定法：准确称取一定质量的基准物，溶于纯水后用待标定溶液滴定至反应完全，根据所消耗待标定溶液的体积和基准物的质量，计算出待标定溶液的准确浓度。如用基准物无水碳酸钠标定盐酸或硫酸溶液，基准物质邻苯二甲酸氢钾标定氢氧化钠，就属于这种标定方法。

笔记随笔

例如氢氧化钠容易吸收二氧化碳和水，难以提纯，为了配制氢氧化钠标准溶液，只需粗略称出氢氧化钠的质量，把它溶解在蒸馏水中，稀释至所需体积，然后用邻苯二甲酸氢钾为基准物质标定氢氧化钠溶液。

②间接标定法：有一部分标准溶液没有合适的用以标定的基准试剂，只能用另一已知浓度的标准溶液来标定。当然，间接标定的系统误差比直接标定的要大些。如用高锰酸钾标准溶液标定草酸溶液，用氢氧化钠标准溶液标定乙酸溶液都属于这种标定方法。

3. 注意事项

（1）分析实验所用的溶液应用纯水配制，容器应用纯水洗三次以上。特殊要求的溶液应事先做纯水的空白值检验。

（2）溶液要用带塞的试剂瓶盛装。见光易分解的溶液要装于棕色瓶中。挥发性试剂、见空气易变质及放出腐蚀性气体的溶液，瓶塞要严密。浓碱液应用塑料瓶装，如装在玻璃瓶中，要用橡皮塞塞紧，不能用玻璃磨口塞。

（3）每瓶试剂溶液必须有标明名称、浓度和配制日期的标签．标准溶液的标签还应标明标定日期、标定者。

（4）配制硫酸、磷酸、硝酸、盐酸等溶液时，都应把酸倒入水中。对于溶解时放热较多的试剂，不可在试剂瓶中配制，以免炸裂。

（5）用有机溶剂配制溶液时（如配制指示剂溶液），有时有机物溶解较慢，应不时搅拌。可以在热水浴中温热溶液，不可直接加热。易燃溶剂要远离明火使用。有毒有机溶剂应在通风柜内操作，配制溶液的烧杯应加盖，以防有机溶剂的蒸发。

（6）要熟悉一些常用溶液的配制方法。如配制碘溶液应加入适量的碘化钾；配制易水解的盐类溶液应先加酸溶解后，再以一定浓度的稀酸稀释，如氯化亚锡溶液的配制。

（7）不能用手接触腐蚀性及有剧毒的溶液。剧毒溶液应做解毒处理，不可直接倒入下水道。

总之，溶液的配制是进行黄酒检验的一项基础工作，是保证检验结果准确可靠的前提。一般定量分析所用试剂为分析纯，所用分析用水为三级水。

笔记随笔

任务实施

黄酒检测试剂的配制与标定

一、要点

黄酒检验最常用的试剂主要是0.1mol/L氢氧化钠（用于酸度测定）与费林溶液（也称斐林溶液，用于糖度测定），我们要掌握这两种试剂配制与标定的方法。

二、工作过程

（一）0.1mol/L氢氧化钠标准滴定溶液的配制与标定

氢氧化钠标准溶液的配制与标定（一）

氢氧化钠标准溶液的配制与标定（二）

1. 原理

标定0.1mol/L氢氧化钠溶液的基准物质是邻苯二甲酸氢钾（KHP），滴定反应如下：$C_6H_4COOHCOOK + NaOH = H_2O + C_6H_4COONaCOOK$。化学计量点时，溶液pH约为9.1，用酚酞作指示剂，邻苯二甲酸氢钾消耗的摩尔数除以氢氧化钠溶液消耗的体积数，得到氢氧化钠溶液的浓度（mol/L）。

2. 试剂与仪器

（1）10g/L酚酞指示液　称取酚酞1.0g，溶于乙醇（95%），用乙醇（95%）稀释至100mL。

（2）氢氧化钠（分析纯）。

（3）邻苯二甲酸氢钾（基准物质）。

（4）无二氧化碳的水。

（5）50mL碱式滴定管、1000mL容量瓶、250mL锥形瓶、移液管、吸耳球、干燥箱。

3. 操作步骤

（1）配制　称取110g氢氧化钠，溶于100mL无二氧化碳的水中，摇匀，注入聚乙烯容器中，密闭放置至溶液清亮。用吸量管吸取5.6mL澄清的氢氧化钠饱和溶液，用无二氧化碳的水稀释至1000mL，摇匀。

（2）标定　准确称取0.6g于105~110℃干燥至恒重的工作基准试剂邻苯二甲酸氢钾，加50mL无二氧化碳的水溶解，加2滴酚

笔记随笔

酞指示液（10g/L），用配制好的氢氧化钠溶液滴定至溶液呈淡红色，并保持30s不褪色。记录消耗NaOH溶液的体积V_1，要求平行测定四次。同时用50mL无二氧化碳的水做空白试验，记录消耗氢氧化钠溶液的体积V_0。

4. 结果计算

氢氧化钠标准滴定溶液的浓度c_{NaOH}，数值单位以摩尔每升（mol/L）表示，按式（1-4）计算：

$$c_{NaOH} = \frac{m}{204.2 \times (V_1 - V_0)} \tag{1-4}$$

式中　m——邻苯二甲酸氢钾的质量的准确数值，g；

V_1——消耗氢氧化钠溶液的体积的数值，L；

V_0——空白试验消耗氢氧化钠溶液的体积的数值，L；

204.2——邻苯二甲酸氢钾的摩尔质量，g/mol。

斐林试剂配制与标定

（二）费林溶液的配制与标定

1. 原理

费林溶液与葡萄糖共沸，生成氧化亚铜沉淀。以亚甲基蓝为指示液，用葡萄糖滴定沸腾状态的费林溶液。达到终点时，稍微过量的葡萄糖将亚甲基蓝还原成无色，依据葡萄糖溶液的消耗体积，计算费林甲、乙溶液各5mL消耗葡萄糖的质量。

2. 试剂与仪器

（1）10g/L亚甲基蓝指示液　称取亚甲基蓝10.0g，加水溶解并定容至1000mL。

（2）2.5g/L葡萄糖标准溶液　称取经103~105℃烘干至恒重的无水葡萄糖2.5g（精确至0.0001g），加水溶解，并加浓盐酸5mL，再用蒸馏水定容到1000mL。

（3）氢氧化钠（分析纯）。

（4）硫酸铜（$CuSO_4 \cdot 5H_2O$）。

（5）酒石酸钾钠（$C_4H_4KNaO_6 \cdot 4H_2O$）。

（6）50mL酸式滴定管、1000mL容量瓶、150mL锥形瓶、移液管、吸耳球、电炉、干燥箱、分析天平（感量0.0001g）等。

3. 操作步骤

（1）配制

①费林甲液：称取硫酸铜（$CuSO_4 \cdot 5H_2O$）69.28g，加蒸馏水

笔记随笔

溶解并定容到1000mL。

②费林乙液：称取酒石酸钾钠346g及氢氧化钠100g，加蒸馏水溶解并定容到1000mL，摇匀过滤，备用。

（2）标定

①标定费林溶液的预滴定：准确吸取费林甲、乙溶液各5mL于150mL锥形瓶中，加水30mL，混合后置于电炉上加热至沸腾。滴入2.5g/L葡萄糖标准溶液，保持沸腾，待试液蓝色即将消失时，加入亚甲基蓝指示液两滴，继续用葡萄糖标准溶液滴定至蓝色刚好消失为终点。记录消耗葡萄糖标准溶液的体积（V）。

②费林溶液的正式标定：准确吸取费林甲、乙溶液各5mL于150mL锥形瓶中，加水30mL，混匀后加入比预先滴定体积（V）少1mL的葡萄糖标准溶液，置于电炉上加热至沸，加入亚甲基蓝指示液2滴，保持沸腾2min，继续用葡萄糖标准溶液滴定至蓝色刚好消失为终点，记录消耗葡萄糖标准溶液的体积（V_1）。全部滴定操作须在3 min内完成。

4. 结果计算

费林甲、乙溶液各5mL相当于葡萄糖的质量F，数值单位以克（g）表示，按式（1-5）计算：

$$F = \frac{m \times V_1}{1000} \qquad (1-5)$$

式中 F——费林甲、乙溶液各5mL相当于葡萄糖的质量，g；

m——称取葡萄糖的质量，g；

V_1——正式标定时，消耗葡萄糖标准溶液的总体积，mL。

三、完成标定记录单

（一）0.1mol/L氢氧化钠标准滴定溶液标定记录单

根据检测结果完成氢氧化钠标定记录单（表1-11）。

表1-11 氢氧化钠标定记录单

试样编号	空白	1	2	3	4	备注
KHP 倾样前/g	0.0000					
KHP 倾样后/g	0.0000					
KHP 质量 m/g	0.0000					

续表

试样编号	空白	1	2	3	4	备注
NaOH 初读数/mL						
NaOH 终读数/mL						
消耗 V_{NaOH}/mL						
c_{NaOH}/（mol/L）	—					
平均 c_{NaOH}/（mol/L）	—					

（二）费林溶液标定记录单

根据检测结果完成费林溶液标定记录单（表 1-12）。

表 1-12 费林溶液标定记录单

编号	1	2	3	4	备注
葡萄糖溶液初读数/mL					
葡萄糖溶液终读数/mL					
消耗体积数/mL					
F/g					
平均值 F/g					

笔记随笔

四、结果评价

按附录三“实施任务评价表”进行评价。

任务拓展

一、填空题

1. 优级纯试剂，标签为________，纯度高，杂质极少，主要用于精密分析和科学研究，常以________表示。

2. 分析纯试剂，标签为________，纯度略低于优级纯，杂质含量略高于优级纯，适用于重要分析和一般性研究工作，常以________表示。

3. 化学纯试剂，标签为________，纯度较分析纯差，但高于实验试剂，适用于工厂、学校一般性的分析工作，常以________

笔记随笔

表示。

4. 我国国家标准 GB/T 6682—2008 规定，分析实验室用水分________级别。

二、判断题

1. 滴定分析中常用的标准溶液，一般选用分析纯试剂配制，再用基准试剂标定。(　　)

2. 用浓溶液配制稀溶液的计算依据是稀释前后溶质的物质的量不变。(　　)

3. 氢氧化钠溶液标定一般用的基准物是邻苯二甲酸氢钾。(　　)

4. 每次滴定完毕后，滴定管中多余试剂不能随意处置，应倒回原来的试剂瓶中。(　　)

5. 滴定管中装入溶液或放出溶液后即可读数，并应使滴定管保持垂直状态。(　　)

6. 间接标定的系统误差比直接标定的要大些。(　　)

7. 光谱纯试剂纯度比优级纯高，用于光谱分析和标准液配制。(　　)

三、计算题

1. 标定氢氧化钠标准溶液时，称出 0.4985g 邻苯二甲酸氢钾，标定时消耗 24.02mL 氢氧化钠溶液体积。已知邻苯二甲酸氢钾的摩尔质量为 204.2g/mol，则氢氧化钠溶液的浓度（mol/L）为多少？

2. 标定费林溶液时消耗 2.5g/L 葡萄标准溶液的体积是 21.5mL，求费林甲、乙液各 5mL 相当于葡萄糖的质量是多少克？

职业技能拓展

本任务中试剂配制是全国职业院校技能大赛化学实验技术试剂配制的考核内容，同学们务必要掌握其中的知识点与操作技能。相关知识到浙江省高等学校在线开放课程共享平台“黄酒检测技术”课程学习资源中去学习。

笔记随笔

任务三
黄酒检测数据处理

任务要求

具体任务

根据教师提供的学习资料和网络教学资源，学生自学检测所用到的数据处理基础知识，在教师的指导下掌握黄酒检测所用到的各数据记录与处理方法，按照数据处理规范操作对黄酒检测所用到的数据进行处理。

任务目标

①掌握实验室项目检测得到的数据处理方法。

②掌握有效数字记录的方法及修约规则。

③培养学生严谨的职业素养。

技能目标

①能正确记录检测数据有效数字。

②能够对数据进行正确处理计算。

③能够进行准确度和精密度的相关计算。

知识准备

一、误差与真值

由于实验方法和实验设备的不完善，周围环境的影响，以及人的观察力、测量程序等限制，实验观测值和真值之间总是存在一定的差异。人们常用绝对误差、相对误差或有效数字来说明一个近似值的准确程度。为了评定实验数据的精确性或误差，认清误差的来源及其影响，需要对实验的误差进行分析和讨论。由此可以判定哪些因素是影响实验精确度的主要方面，从而在以后实验中，进一步改进实验方案，缩小实验观测值和真值之间的差值，提高实验的精确性。

1. 误差

测量结果与真值之间总是有一定的差异，这种差异称为误差。

笔记随笔

2. 真值

任何物理量在一定客观条件下都具有不以人的意志为转移的固定大小，这个客观大小称为该物理量的真值。“绝对真值”一般是不可知的，人们在长期的实践和科学研究中归纳出以下几种真值。

（1）理论真值　理论真值指理论设计值，公理值，理论公式计算值。

（2）约定真值　约定真值指国际计量大会规定的各种基本常数、基本单位标准。

（3）算术平均值　算术平均值指多次测量的平均结果，当测量次数趋于无穷时，算术平均值趋于真值。

二、原始数据的记录与处理

参考 GB/T 5009.1—2003《食品卫生检验方法　理化部分　总则》和 GB/T 8170—2008《数值修约规则与极限数值的表示和判定》。

有效数字就是实际能测量到的数字，它代表了数字的有效意义和准确程度。在黄酒检验分析工作中，定量分析需要经过测量、记录、运算、报告等环节才能获得准确的分析结果。为使记录运算的数据与测量仪器的精度相适应，必须注意有效数字的处理，并不是说一个数值中小数点后面位数越多越准确。

1. 有效数字的记录

记录测量数据时，只保留一位可疑数字。在结果报告中，也只能保留一位可疑数字，不能列入后面无意义的数字。如酸碱滴定实验中，滴定管读取的数据为 24.49mL，前三位数字“24.4”是准确数字，最后一位数字“9”即为可疑数字。在所有的数字中，其中除了起定位作用的“0”外，其他数都是有效数字。如 0.0029 只有两位有效数字，而 290.0 则有四位有效数字。

实际工作中，常用指数的形式清楚、明确地表示数值的精度和有效数字位数，即写成一个小数与相应 10 的整数幂的乘积。这种以 10 的整数幂来记数的方法称为科学记数法。

黄酒检测基础知识：有效数字及运算规则

如：68900　　有效数字为 4 位时，记为 6.890×10^{5}；

有效数字为 3 位时，记为 6.89×10^{5}。

0.00435　　有效数字为 4 位时，记为 4.350×10^{-3}；

有效数字为 3 位时，记为 4.35×10^{-3}。

2. 有效数字的修约规则

修约指的是通过调整所保留的末位数字，使最后得到的值最接

笔记随笔

近原数值的过程。当有效数字位数确定后，其余数字一律舍弃。进舍规则是四舍六入，即拟舍弃数字的最左一位数字小于5，则舍弃不计，保留其余各位数字不变；拟舍弃数字的最左一位数字大于5则在前一位数上增1；拟舍弃数字的最左一位数字等于5时，且其后有非0数字时进1，即保留数字的末位数字加1；拟舍弃数字的最左一位数字为5，且其后无数字或皆为0时，若所保留的末位数字为奇数，则进1，即保留数字的末位数字加1；为偶数，则舍弃。负数修约时，先将其绝对值按上述规则修约，然后在所得值前面加上负号。修约时要一次修约到位，不允许连续修约。

3. 有效数字运算规则

（1）在加减计算中，以绝对误差最大的数为准，来确定有效数字的位数，即各数所保留的位数，应与各数中小数点后位数最少的相同。例如将24.65、0.0082、1.632三个数字相加时，应写为$24.65+0.01+1.63=26.29$。

（2）在乘除运算中，以相对误差最大的数为准，即各数所保留的位数，以各数中有效数字位数最少的那个数为准；其结果的有效数字位数也应与原来各数中有效数字最少的那个数相同。例如：$0.0121\times25.64\times1.05782$应写成$0.0121\times25.6\times1.06=0.328$。上例说明，虽然这三个数的乘积为0.3281823，但只应取其积为0.328。

（3）在对数计算中，所取对数位数应与真数有效数字位数相同。

（4）单位变换时，有效数字的位数不能改变。

（5）常数、稀释倍数以及乘数等自然数的有效数字的位数可以无限制。

（6）常量分析一般保留4位有效数字，微量分析保留2位有效数字；准确度和精度的表示一般取1~2位有效数字。

三、分析检验结果的表示方法

检验结果常用的表示单位有质量分数、体积分数、质量浓度等。体积的单位有L、mL、μL等，质量的单位有g、mg、μg等。

四、分析结果的评价

黄酒检测基础知识：检测分析中的误差

对检测结果的好坏，往往用准确度、精密度和精确度来评价，但这是三个不同的概念，使用时应加以区别。

笔记随笔

1. 准确度

在检测工作中，由于检测仪器、方法或操作人员的原因，测定结果（x_i）与真实值（μ）之间往往存在差异，即误差（E），准确度的大小可用绝对误差 E_a 和相对误差 E_γ 表示，见式（1-6）、式（1-7）。

$$E_a = x_i - \mu \tag{1-6}$$

式中　E_a——绝对误差；

x_i——测量值；

μ——真实值。

$$E_\gamma = \frac{x_i - \mu}{\mu} \times 100\% = \frac{E_a}{\mu} \times 100\% \tag{1-7}$$

通常情况下，我们并不知道真值或准确值是多少，常常用纯物质的理论值、标准参考物质的证书上给出的数值或多次测定结果的平均值当作真值。

平均值（$\bar{x}$）是指多次测定结果之和除以测定次数，见式（1-8）。

$$\bar{x} = \frac{x_1 + x_2 + x_3 + \cdots x_n}{n} = \frac{\sum x_i}{n} \tag{1-8}$$

式中　x_1，x_2，x_3，$\cdots$ x_n——单个测定值；

n——测定次数。

平均值可以用来衡量检测结果的集中性，因为多次重复测定结果往往分布在平均值周围。

在一次分析工作中，多次重复测定结果的平均值与真实值之间的差异越小，则分析的准确性越高。准确性也称准确度，准确度是指多次测量数据的平均值与真实值符合的程度。常用误差大小表示，误差越小，准确度越高。准确度高则测量值接近真实值的程度高。

2. 精密度

在实际分析中人们发现重复测定结果相互之间会有所偏离，体现出检测结果的离散性。精密度表示测量结果中偶然误差的大小。它是指在规定条件下进行多次测量时，各次测量结果之间相互接近的程度，即离散的程度。精密度高则离散程度小，重复性大。

精密度的高低可用偏差（d）与极差（R）来表示。

偏差是指多次平行试验中个别测定值与算术平均值之间的差值。偏差可用绝对偏差 d_i 和相对偏差 d_t 表示，见式（1-9）~式（1-11）。

笔记随笔

$$d_i = x_i - \bar{x} \tag{1-9}$$

式中 d_i——绝对偏差；

x_i——个体测量值；

$\bar{x}$——平行试验平均值。

$$\text{相对偏差}(d_t) = \frac{x_i - \bar{x}}{\bar{x}} \times 100\% = \frac{d_i}{\bar{x}} \times 100\% \tag{1-10}$$

平均偏差是数列中各项数值与其算术平均数的离差绝对值的算术平均数。

$$\text{平均偏差} = \frac{|d_1| + \cdots |d_n|}{n} = \frac{\sum_{i=1}^{n} |d_i|}{n} \tag{1-11}$$

式中 d_n——数列中第 n 个数值与其算术平均数的离差。

相对极差：即极差的相对值，可用于表示数值的离散（集中）程度。它是多次平行试验中最大值减去最小值后与算术平均值的比值，见式（1-12）、式（1-13）。

$$\text{极差}(R) = x_{max} - x_{min} \tag{1-12}$$

$$\text{相对极差}(RR) = R/\bar{x} \tag{1-13}$$

3. 精确度

精确度表示测量结果中系统误差与偶然误差的综合大小的程度。它是指测量结果的重复性及接近真值的程度。对于测量来说，精密度高，准确度不一定高；而准确度高，精密度也不一定高，只有精密度和准确度都高时，精确度才高。

任务实施

项目一任务三
任务实施答案

一、有效数字的运算

1. 有效数字的加减

有效数字的加减，一般是先修约，再计算诸量加减，以小数点有效数字最少的数为标准，将小数点后有效数字多的其他数字删至与其相同，最后结果的有效数字位数的保留应以小数点后位数最少的数据一致。

计算：0. 12+0. 135+2. 102

2. 有效数字的乘除

诸量相乘或相除，以有效数字最少的数为标准，将有效数字多

笔记随笔

的其他数字，删至与其相同，最后结果中的有效数字位数与运算前诸量中有效数字位数最少的一个相同。

计算：1. 54×23. 12

二、精密度的计算

用亚铁氰化钾法测定干型黄酒的糖度时，进行 4 次平行测定，得到以下结果：酒样中总糖的含量是 12. 68g/L、12. 60g/L、12. 80g/L、12. 80g/L，请计算本次实验的相对极差。

三、准确度的计算

用亚铁氰化钾法测定干型黄酒的糖度时，进行 4 次平行测定，得到以下结果：酒样中总糖的含量是 12. 64g/L、12. 77g/L、12. 53g/L、13. 50g/L，真实值是 12. 90g/L，请计算本次实验的相对误差。

任务拓展

一、填空题

1. 常量分析一般保留________位有效数字，微量分析保留________位有效数字。

2. 检测结果的好坏，往往用________、________、________来评价。

二、判断题

1. 在加减计算中，以绝对误差最大的数为准来确定有效数字的位数，即各数所保留的位数，应与各数中小数点后位数最少的相同。(　　)

2. 在对数计算中，所取对数位数应与真数有效数字位数相同。(　　)

三、计算题

1. 用亚铁氰化钾法测定干型黄酒的糖度时，进行 4 次平行测定，得到以下结果：酒样中总糖的含量是 13. 64g/L、13. 77g/L、

笔记随笔

13.53g/L、13.50g/L，计算本次实验的相对平均偏差。

2. 半甜黄酒 4 次平行测定的值分别为 64.56g/L、64.78g/L、65.55g/L、62.21g/L，62.21 与其他 3 个值的差距较大，为可疑值，利用 Q 检验法（90%置信度）判断能不能舍弃。

3. 氢氧化钠浓度标定时，进行 4 次平行测定，得到以下结果：0.1006mol/L、0.1008mol/L、0.0995mol/L、0.0994mol/L，计算本次实验的相对极差。

4. 用亚铁氰化钾法测定干型黄酒的糖度时，进行 4 次平行测定，得到以下结果：酒样中总糖的含量是 13.64g/L、13.77g/L、13.53g/L、13.50g/L。计算本次实验的标准偏差。

5. 氢氧化钠标定时，进行 4 次平行测定，得到氢氧化钠浓度的以下结果：0.1006mol/L、0.1008mol/L、0.0995mol/L、0.0994mol/L，真实值是 0.1001mol/L，计算本次实验的相对误差。

职业技能拓展

本任务中数据处理是全国职业院校技能大赛化学实验技术的竞赛考核内容，同学们务必要掌握其中的知识点与计算方法。相关知识到浙江省高等学校在线开放课程共享平台“黄酒检测技术”课程学习资源中去学习。

笔记随笔

任务四
采样

任务要求

具体任务

根据教师提供的学习资料和网络教学资源，学生自学黄酒检测所用到的采样方法，在教师的指导下完成学习汇报 PPT。制订黄酒检测技术采样所用到的方案，按照黄酒企业的规范操作，完成对黄酒检测所用到的样品进行采集，并填写采样的相关记录。

任务目标

①掌握黄酒检测原料采样方法。

②掌握黄酒检测半成品（发酵醪、清酒等）采样的方法。

③掌握填写采样相关记录。

④培养学生采样时的安全意识。

⑤培养学生严谨的职业素养。

技能目标

①能对黄酒检测各样品进行正确采样。

②能够进行四分法分样。

③能够选择正确的盛样容器。

知识准备

样品的采集简称采样（取样、抽样），是为了进行检验而从大量物料中抽取一定数量具有代表性的样品。样品通常分为抽检样品、原始样品和平均样品三种：从整批样本的各个部分采取的少量样品称为抽检样品；把许多份抽检样品合在一起称为原始样品；原始样品经过处理再抽取其中一部分做检验用称为平均样品。在实际工作中，要检测的物料一般量都很大，组成的均一程度相差也较大，检验时需要量也不一样，有的需要几克或几毫升样品，而有的需要几百克或几百毫升，分析结果必须能代表全部物料的平均组成，因此必须采取具有足够代表性的“平均样品”，并将其制备成分析所需的样品。如果采集的样品不具有代表性，那么即使分析方

笔记随笔

法再正确，也得不到正确的结论。因此，正确的采样在黄酒检验工作中是十分重要的。

一、采样原则

1. 代表性原则

采集的样品能真正反映被采样本的总体水平，也就是通过对具体代表性样本的检测能客观推测样品的质量。

2. 及时性原则

不少被检物质总是随时间发生变化的，为了保证得到正确结论应尽快检测。

3. 适量性原则

样品采集数量应满足检测要求，同时不应造成浪费。

4. 不污染原则

所采集样品应尽可能保持食品原有的品质及包装形态。所采集的样品不得掺入防腐剂、不得被其他物质或致病因素所污染。

5. 同一性原则

采集样品时，检测样品、保留样品、复检样品应为同一份样品，即同一单位、同一品牌、同一规格、同一生产日期、同一批号。

二、采样程序

（一）采样准备

采样前了解该批原料来源、加工方法、运输和贮存条件及销售中各环节的状况。审查所有证件，包括运货单、质量检验证明书、商品检验机构的检验报告等。

（二）采样

采集样品的步骤一般分六步，依次如下。

1. 获得检样

由分析的整批物料的各个部分采集的少量物料称为检样。

2. 原始样品

从一批原料中，按规定的扦样方法和用具所取得许多份检样综合在一起称为原始样品。如果采得的检样互不一致，则不能把它们放在一起做成一份原始样品，而只能把质量相同的检样混在一起，

笔记随笔

做成若干份原始样品。

3. **平均样品**

原始样品经过四分法技术处理后，再抽取其中一部分供全面分析检验用的样品称为平均样品。四分法，又称圆锥四分法，是指每份样品堆成均匀的圆锥形，并压成锥台，而后用十字形架分成四等分，取对角的两份混合，然后再平分，直到达到自己的要求，具体操作要根据要求量而定，如图 1-29 所示。

4. **平均样品平分为三份**

分别作为检验样品（从平均样品中均匀取出少量供检测某一项指标的样品）、复验样品（供复验使用）和保留样品（供备用或查用）。

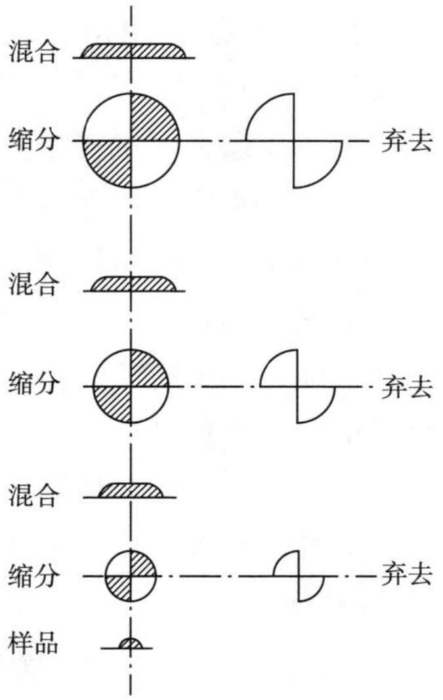

图 1-29　四分法分样图解

5. **填写采样记录**

采样记录要求详细填写：被采样单位名称，样品名称，采样地点，样品的产地，商标、数量、生产日期、批号，采样的条件，采样时的包装情况，采样方式，采样数量，要求检验的项目，采样人，采样日期等资料。

黄酒原料分析：采样与分样

6. **样品签封和标记**

采样完毕整理好现场后，将采好的样品分别盛装在容器或牢固的包装内，由采样人或采样单位在容器盖接处或包装上进行签封。每件样品还必须贴上标签，明确标记样品名称、来源、数量、采样地点、采样人及采样日期等内容。

三、采样方法

（一）一般采样方法

采样一般分随机性采样和代表性采样两种。

1. **随机性采样**

均衡地不加选择地从全部批次的各部分，按规定数量采样。采

笔记随笔

用随机性采样方式时，必须克服主观倾向性。

2. 代表性采样

根据样品随空间、时间等的变化规律，采集能代表其相应部分的组成和质量的样品。

（二）不同物料的采样方法

黄酒生产中主要是大米、小麦、酿造用水等原料及焦糖色等辅料、发酵醪、成品酒等采样，所以下面介绍一下它们的采样方法。

1. 大米、小麦等固体颗粒原料

每份样品应用采样器采用三层五点法采样（即将存放的食品按上、中、下三层，每层设中心、四角共 5 个点分别采样）。由几个不同部位分层采取，一起放入一个容器内。

2. 根据水的种类不同，采样也不同

湖水：从四周入口、湖心和出口采样。

3. 焦糖色、发酵醪等液体

采样前摇动或搅拌液体，尽量使其达到均质。采样前应先将采样用具浸入液体内略加漂洗，然后再取所需量的样品；取样量不应超过其容器量的 3/4，以便于检验前将样品摇匀。

4. 成品酒采样

按相关标准要求执行，如黄酒按 GB/T 13662—2018《黄酒》。

四、采样要求

（1）采样前，应调查样品的来源、种类、批次、生产日期、总量等情况，以及其他一切能揭示样品发生变化的信息。

（2）采样器械可分为电动、机械和手工三种类型。采样时，根据需要选择不与样品发生化学反应的材料制成的采样器。采样器应便于使用和清洗，而且坚固耐用。采样前应保持采样器清洁、干燥。

（3）盛样容器应使用不与样品发生化学反应、不被样品溶解、不使样品质量发生变化的材料所制成的。盛样容器应清洁、干燥，坚固耐用，密闭性能要好。当检验微量元素时，对容器要进行预处理。如检验铅含量时，不能使用镀铬、镀锌的工具和容器；检验铁含量时，应避免与铁制工具和铁容器接触；检验黄曲霉毒素时，样品应避免阳光、紫外光的照射。

笔记随笔

通常盛样容器有如下几种类型：①无色透明或棕色的具有磨口塞的可密封玻璃瓶；②可密封的聚乙烯瓶；③稠密的纺织布。总之，盛样容器要根据分析项目和被检样品的性质而定。

任务实施

原料大小麦采样

一、要点

（1）掌握采样的操作方法及相关原则与要求，要保证所采样品具有代表性与均一性。

（2）掌握采样记录与样品标签单填写。

二、工作过程

（一）用具

（1）扦样器（全长 70cm，探口长 45cm，口宽约 1cm，头尖形，最大外径约 1.5cm），如图 1-30 所示。

（2）扦样袋（小麦不得小于 1000g）。

（二）步骤

（1）按原料堆放的上、中、下三层，每层设中心、四角共 5 个点分别采样。

（2）抽样时，扦样器槽口向下，从包的一端斜对角插入包的另一端，扦样器旋转 180°，然后槽口向上取出样品，将扦样器中的样品倒入扦样袋。不同部位抽取样品混匀后得到原始样品。

图 1-30　扦样器

（3）用四分法从原始样品中先分取平均样品，然后再从平均样品中分出检验样品、复验样品、保留样品。

（4）填写采样记录单及样品标签。

笔记随笔

三、完成采样记录单

根据所学知识进行采样记录及样品标签填写，并完成原料采样记录单及样品标签单（表 1-13、表 1-14）。

表 1-13 原料采样记录单

进料日期	原料名称	原料产地	数量	批号	采样情况	采样数量	采样日期	采样人

表 1-14 样品标签单

批号	样品名称	样品来源	数量	采样地点	采样日期	采样人	备注

四、结果评价

按附录三“实施任务评价表”进行评价。

任务拓展

一、填空题

1. 采样一般分________和________两种。
2. 大米、小麦等固体颗粒原料，每份样品应用________采样。
3. 液体的取样量不应超过其容器量的________，以便于检验前将样品摇匀。

二、名词解释

1. 原始样品
2. 平均样品
3. 检验样品
4. 四分法

笔记随笔

三、简答题

采样原则是什么？

四、讨论题

规定采样原则的目的是什么？

职业技能拓展

本任务中原料取样，是保证黄酒质量的关键，同学们务必要掌握取样相关知识点与取样实操方法。相关知识到浙江省高等学校在线开放课程共享平台“黄酒检测技术”课程学习资源中去学习。

项目二

黄酒的相关标准

情境导入

国有国法、校有校规、家有家规，没有规矩不成方圆；大到世界、小到家庭都有一定的规矩、制度制约着人们的言行。对于黄酒也一样，它的检测依据是黄酒检测的标准。公司要求你对成品黄酒进行检测与判定，因此你必须掌握黄酒标准中的感官与理化检测方法与各指标的要求来评判黄酒的质量等级。

笔记随笔

任务一
黄酒国家标准

任务要求

具体任务

根据教师提供的学习资料和网络教学资源，小组同学自学黄酒相关标准知识，在教师的指导下完成学习汇报 PPT。掌握黄酒相关标准中各项目中指标要求，依据黄酒相关标准，制订黄酒产品的品质判定依据。并按照黄酒企业的内控标准要求，对黄酒产品进行判定。

任务目标

①掌握黄酒标准中的感官与理化要求。

②掌握黄酒产品各个项目的判定依据。

③培养学生实事求是，公平公正的职业素养。

技能目标

①能正确填写黄酒产品检测记录单。

②能够对黄酒产品等级进行分级判定。

知识准备

一、黄酒国家标准（GB/T 13662—2018《黄酒》节选）

（一）规范性引用文件

下列文件对于本文件的应用是必不可少的。凡是注日期的引用文件，仅注日期的版本适用于本文件。凡是不注日期的引用文件，其最新版本（包括所有的修改单）适用于本文件。

GB/T 601　化学试剂　标准滴定溶液的制备

GB/T 603　化学试剂　试验方法中所用制剂及制品的制备

GB 1886.64　食品安全国家标准　食品添加剂　焦糖色

GB 2715　食品安全国家标准　粮食

GB 2758　食品安全国家标准　发酵酒及其配制酒

GB/T 13662—2018
黄酒国家标准

笔记随笔

GB 2760　食品安全国家标准　食品添加剂使用标准

GB 5009.28　食品安全国家标准　食品中苯甲酸、山梨酸和糖精钠的测定

GB 5009.225　食品安全国家标准　酒中乙醇浓度的测定

GB 5749　生活饮用水卫生标准

GB/T 6543　运输包装用单瓦楞纸箱和双瓦楞纸箱

GB/T 6682　分析实验室用水规格和试验方法

GB 7718　食品安全国家标准　预包装食品标签通则

JJF 1070　定量包装商品净含量计量检验规则

定量包装商品计量监督管理办法（国家质量监督检验检疫总局［2005］第75号令）

（二）术语和定义

1. 黄酒（Huangjiu，老酒）

以稻米、黍米、小米、玉米、小麦、水等为主要原料，经加曲和/或部分酶制剂、酵母等糖化发酵剂酿制而成的发酵酒。

2. 酒龄（age）

发酵后的成品原酒在酒坛、酒罐等容器中贮存的年限。

3. 原酒（original huangjiu）

黄酒酿造结束，直接或经煎酒后储存于容器中的基酒。

4. 标注酒龄（marking age）

销售包装标签上标注的酒龄，以勾调所用原酒的酒龄加权平均计算。

5. 聚集物（aggregate）

成品酒在贮存过程中自然产生的沉淀或沉降物。

6. 传统型黄酒（traditional type huangjiu）

以稻米、黍米、玉米、小米、小麦、水等为主要原料，经蒸煮、加酒曲、糖化、发酵、压榨、过滤、煎酒（除菌）、贮存、勾调而成的黄酒。

7. 清爽型黄酒（light type huangjiu）

以稻米、黍米、玉米、小米、小麦、水等为主要原料，经蒸煮、加入酒曲和/或部分酶制剂、酵母为糖化发酵剂、经糖化、发酵、压榨、过滤、煎酒、贮存、勾调而成的、口味清爽的黄酒。

笔记随笔

8. **特型黄酒**（special type huangjiu）

由于原辅料和（或）工艺有所改变，具有特殊风味且不改变黄酒风格的酒。

9. **勾调**（blending）

不同酒龄、不同类型的原酒按一定比例调合，并可加适量水调整的过程。

10. **抑制发酵**（inhibited fermentation）

在甜黄酒和半甜黄酒的生产过程中，可适量加入白酒或食用酒精以控制发酵的过程。

（三）分类

按产品风格分为传统型黄酒、清爽型黄酒、特型黄酒。

按含糖量分为干黄酒、半干黄酒、半甜黄酒、甜黄酒。

（四）技术要求

1. 原辅料要求

（1）在特型黄酒生产过程中，可以添加符合国家规定的、按照传统既是食品又是中药材物质。

（2）黄酒中可按照 GB 2760 的规定添加焦糖色（其焦糖色产品应符合 GB 1886.64 要求）。

（3）酿造用水应符合 GB 5749 的要求，稻米等粮食原料应符合 GB 2715 的规定，用于抑制发酵的白酒或食用酒精应符合相关标准要求。

（4）其他原、辅料应符合国家相关标准和食品安全法规的规定。

2. 感官要求

（1）传统型黄酒　应符合表 2-1 的规定。

表 2-1　传统型黄酒感官要求

<table>
<tr><th>项目</th><th>类型</th><th>优级</th><th>一级</th><th>二级</th></tr>
<tr><td rowspan="4">外观</td><td>干黄酒</td><td colspan="2" rowspan="4">淡黄色至深褐色，清亮透明，有光泽，允许瓶（坛）底有微量聚集物</td><td rowspan="4">淡黄色至深褐色，清亮透明，允许瓶（坛）底有少量聚集物</td></tr>
<tr><td>半干黄酒</td></tr>
<tr><td>半甜黄酒</td></tr>
<tr><td>甜黄酒</td></tr>
</table>

续表

项目	类型	优级	一级	二级
香气	干黄酒	具有黄酒特有的浓郁醇香，无异香	黄酒特有醇香较浓郁，无异香	具有黄酒特有的醇香，无异香
	半干黄酒			
	半甜黄酒			
	甜黄酒			
口味	干黄酒	醇和，爽口，无异味	醇和，较爽口，无异味	尚醇和，爽口，无异味
	半干黄酒	醇厚，柔和鲜爽，无异味	醇厚，较柔和鲜爽，无异味	尚醇厚鲜爽，无异味
	半甜黄酒	醇厚，鲜甜爽口，无异味	醇厚，较鲜甜爽口，无异味	醇厚，尚鲜甜爽口，无异味
	甜黄酒	鲜甜，醇厚，无异味	鲜甜，较醇厚，无异味	鲜甜，尚醇厚，无异味
风格	干黄酒	酒体协调，具有黄酒品种的典型风格	酒体较协调，具有黄酒品种的典型风格	酒体尚协调，具有黄酒品种的典型风格
	半干黄酒			
	半甜黄酒			
	甜黄酒			

（2）清爽型黄酒　应符合表2-2的规定。

清爽型黄酒感官要求

表2-2　清爽型黄酒感官要求

项目	类型	一级	二级
外观	干黄酒	淡黄色至黄褐色，清亮透明，有光泽，允许瓶（坛）底有微量聚集物	
	半干黄酒		
	半甜黄酒		
香气	干黄酒	具有本类黄酒特有的清雅醇香，无异香	
	半干黄酒		
	半甜黄酒		

续表

项目	类型	一级	二级
口味	干黄酒	柔净醇和、清爽、无异味	柔净醇和、较清爽、无异味
	半干黄酒	柔和、鲜爽、无异味	柔和、较鲜爽、无异味
	半甜黄酒	柔和、鲜甜、清爽、无异味	柔和、鲜甜、较清爽、无异味
风格	干黄酒	酒体协调，具有本类黄酒的典型风格	酒体较协调，具有本类黄酒的典型风格
	半干黄酒		
	半甜黄酒		

(3) 特型黄酒　应符合 (1) 或 (2) 的要求。

3. 理化要求

(1) 传统型黄酒

①干黄酒：应符合表 2-3 的规定。

表 2-3　传统型干黄酒理化要求

项目		稻米黄酒			非稻米黄酒	
		优级	一级	二级	优级	一级
总糖（以葡萄糖计）/（g/L）	≤	15.0				
非糖固形物/（g/L）	≥	14.0	11.5	9.5	14.0	11.55
酒精度（20℃）/（%vol）	≥	8.0[a]			8.0[b]	
总酸（以乳酸计）/（g/L）		3.0~7.0			3.0~10.0	
氨基酸态氮/（g/L）	≥	0.35	0.25	0.20	0.16	
pH		3.5~4.6				
氧化钙/（g/L）	≤	1.0				
苯甲酸[c]/（g/kg）	≤	0.05				

注：a. 酒精度低于 14%vol 时，非糖固形物和氨基酸态氮的值按 14%vol 折算。酒精度标签所示值与实测值之差为±1.0%vol

b. 酒精度低于 11%vol 时，非糖固形物和氨基酸态氮的值按 11%vol 折算，酒精度标签所示值与实测值之差为±1.0%vol。

c. 黄酒发酵及贮存过程中自然产生的苯甲酸。

②半干黄酒：应符合表 2-4 的规定。

表 2-4　传统型半干黄酒理化要求

项目		稻米黄酒			非稻米黄酒	
		优级	一级	二级	优级	一级
总糖（以葡萄糖计）/（g/L）		15.1~40.0				
非糖固形物/（g/L）	≥	18.5	16.0	13.0	15.5	13.0
酒精度（20℃）/（%vol）	≥	8.0[a]			8.0[b]	
总酸（以乳酸计）/（g/L）		3.0~7.5			3.0~10.0	
氨基酸态氮/（g/L）	≥	0.40	0.35	0.30	0.16	
pH		3.5~4.6				
氧化钙/（g/L）	≤	1.0				
苯甲酸[c]/（g/kg）	≤	0.05				

注：同表 2-3。

③半甜黄酒：应符合表 2-5 的规定。

表 2-5　传统型半甜黄酒理化要求

项目		稻米黄酒			非稻米黄酒	
		优级	一级	二级	优级	一级
总糖（以葡萄糖计）/（g/L）		40.1~100				
非糖固形物/（g/L）	≥	18.5	16.0	13.0	16.0	13.0
酒精度（20℃）/（%vol）	≥	8.0[a]			8.0[b]	
总酸（以乳酸计）/（g/L）		4.0~8.0			4.0~10.0	
氨基酸态氮/（g/L）	≥	0.35	0.30	0.20	0.16	
pH		3.5~4.6				
氧化钙/（g/L）	≤	1.0				
苯甲酸[c]/（g/kg）	≤	0.05				

注：同表 2-3。

④甜黄酒：应符合表 2-6 的规定。

表 2-6　传统型甜黄酒理化要求

项目		稻米黄酒			非稻米黄酒	
		优级	一级	二级	优级	一级
总糖（以葡萄糖计）/（g/L）	>	100				
非糖固形物/（g/L）	≥	16.5	14.0	13.0	14.0	11.5

续表

项目		稻米黄酒			非稻米黄酒	
		优级	一级	二级	优级	一级
酒精度（20℃）/（%vol）	≥	8.0[a]			8.0[b]	
总酸（以乳酸计）/（g/L）		4.0~8.0			4.0~10.0	
氨基酸态氮/（g/L）	≥	0.30	0.25	0.20	0.16	
pH		3.5~4.8				
氧化钙/（g/L）	≤	1.0				
苯甲酸[c]/（g/kg）	≤	0.05				

注：同表2-3。

（2）清爽型黄酒

①干黄酒：应符合表2-7的规定。

表2-7 清爽型干黄酒理化要求

项目		稻米黄酒		非稻米黄酒
		一级	二级	
总糖（以葡萄糖计）/（g/L）	≤	15.0		
非糖固形物/（g/L）	≥	5.0		
酒精度（20℃）/（%vol）	≥	6.0[a]		6.0[b]
pH		3.5~4.6		
总酸（以乳酸计）/（g/L）		2.5~7.0		2.5~10.0
氨基酸态氮/（g/L）	≥	0.20		0.16
氧化钙/（g/L）	≤	0.5		
苯甲酸[c]/（g/kg）	≤	0.05		

注：同表2-3。

②半干黄酒：应符合表2-8的规定。

表2-8 清爽型半干黄酒理化要求

项目		稻米黄酒		非稻米黄酒	
		一级	二级	一级	二级
总糖（以葡萄糖计）/（g/L）		15.1~40.0			
非糖固形物/（g/L）		10.5	8.5	10.5	8.5
酒精度（20℃）/（%vol）	≥	6.0[a]		6.0[b]	
pH		3.5~4.6			

续表

项目	稻米黄酒		非稻米黄酒	
	一级	二级	一级	二级
总酸（以乳酸计）/（g/L）	2.5~7.0		2.5~10.0	
氨基酸态氮/（g/L）　≥	0.30	0.20	0.16	
氧化钙/（g/L）　≤	0.5			
苯甲酸[c]/（g/kg）　≤	0.05			

注：同表 2-3。

③半甜黄酒：应符合表 2-9 的规定。

表 2-9　清爽型半甜黄酒理化要求

项目	稻米黄酒		非稻米黄酒	
	一级	二级	一级	二级
总糖（以葡萄糖计）/（g/L）	40.1~100.0			
非糖固形物/（g/L）	7.0	5.5	7.0	5.5
酒精度（20℃）/（%vol）　≥	6.0[a]		6.0[b]	
pH	3.5~4.6			
总酸（以乳酸计）/（g/L）	3.8~8.0		3.8~10.0	
氨基酸态氮/（g/L）　≥	0..25	0.20	0.16	
氧化钙/（g/L）　≤	0.5			
苯甲酸[c]/（g/kg）　≤	0.05			

注：同表 2-3。

笔记随笔

（3）特型黄酒　按照相应的产品标准执行，产品标准中各项指标的设定，不应低于本标准相应产品类型表 2-3~表 2-9 中的最低级别要求。

4. 净含量

按《定量包装商品计量监督管理办法》（国家质量监督检验检疫总局［2005］第 75 号令）执行。

（五）分析方法

本标准中所用的水，在未注明其他要求时，应符合 GB/T 6682—2008 的规定的三级或三级以上的水。所用试剂，在未注明其他规格时，均指分析纯（AR）。

笔记随笔

1. 感官检查

（1）酒样的准备　将酒样密码编号，调温至15~25℃。将洁净的评酒杯对应酒样编号，对号注入适量酒样。

（2）外观评价　将注入酒样的评酒杯置于明亮处，举杯齐眉，用眼观察杯中酒的透明度、澄清度，以及有无沉淀和聚集物等，做好详细记录。

（3）香气与口味评价　手握杯柱，慢慢将酒杯置于鼻孔下方，嗅闻其挥发香气，慢慢摇动酒杯，嗅闻香气。用手握酒杯腹部2min，摇动后，再嗅闻其香气。依次上述程序，判断是原料香或其他异香，写出评语。饮入适量酒样于口中，尽量均匀分布于味觉区，仔细品评口感，有了明确感觉后咽下，再回味口感及后味，记录口感特征。

（4）风格评价　依据外观、香气、口味的特征，综合评价酒样的风格及典型性程度，写出评价结论。

2. 总糖、非糖固形物、pH、总酸、氨基酸态氮、氧化钙

同项目五任务二“黄酒成品常量成分理化检验”。

3. 酒精度

按GB 5009.225规定方法测定酒精度。

4. 苯甲酸

按GB 5009.28规定的方法测定苯甲酸含量。

5. 净含量

按JJF 1070规定的方法测定净含量。

（六）检验规则

1. 组批

同一生产日期生产的、质量相同的、具有同样质量合格证的产品为一批。

2. 抽样

按表2-10抽取样品。样品总量不足3.0L时，应适当按比例加取。并将其中的1/3样品封存，保留3个月备查。

表2-10　抽样数量表

样本批量范围/桶、袋、箱或坛	样品数量/桶、袋、瓶或坛
≤1200	6
1201~35000	9
≥35001	12

笔记随笔

3. 检验分类

(1) 出厂检验　产品出厂前，应由生产企业的质量检验部门按本标准规定逐批进行检验。检验合格并签发质量合格证明的产品，方可出厂。

出厂检验项目：感官、总糖、非糖固形物、酒精度、总酸、氨基酸态氮、pH、净含量和标签。

(2) 型式检验

①检验项目为本任务黄酒国家标准（四）规定的全部项目。

②一般情况下，型式检验每年进行一次。有下列情况之一时，也应进行型式检验：原辅材料有较大变化时；更改关键工艺或设备时；新试制的产品或正常生产的产品停产 3 个月后，重新恢复生产时；出厂检验与上次型式检验结果有较大差异时；国家食品质量监督检验机构按有关规定需要抽检时。

4. 不合格项目分类

(1) A 类不合格　净含量、标签、感官要求、非糖固形物、酒精度、苯甲酸。

(2) B 类不合格　总酸、氨基酸态氮、氧化钙、总糖、pH。

5. 判定规则

(1) 若受检样品项目全部合格时，判整批产品为合格。

(2) 指标如有两项或两项以下不符合要求时，可以在同批产品中抽取两倍样品进行复验，以复验结果为准；若复验结果仍有一项 A 类不合格或两项 B 类不合格时，判整批产品为不合格。

（七）标志、包装、运输和贮存

1. 标签标示

(1) 预包装产品标签应按 GB 7718 和 GB 2758 规定执行，还应标明产品风格（传统型黄酒可不标注产品风格）和按产品分类标示含糖量范围；若产品涉及酒龄的标注，标注酒龄的标示值应小于或等于加权平均计算值。

(2) 外包装箱上除应标明产品名称、酒精度、类型、制造者的名称和地址外，还应标明单位包装的净含量和总数量。

2. 包装

(1) 包装材料应符合食品卫生要求。包装容器应封装严密、无渗漏。

笔记随笔

（2）包装箱应符合 GB/T 6543 要求，封装、捆扎牢固。

3. 运输

（1）运输工具应清洁、卫生。产品不得与有毒、有害、有腐蚀性、易挥发或有异味的物品混装混运。

（2）搬运时应轻拿轻放，不得扔摔、撞击、挤压。

（3）运输过程中不得暴晒、雨淋、受潮。

4. 贮存

（1）产品不得与有毒、有害、有腐蚀性、易挥发或有异味的物品同库贮存。

（2）产品应贮存于阴凉、干燥、通风的库房中；不得露天堆放、日晒、雨淋或靠近热源；接触地面的包装箱底部应垫有 100mm 以上的间隔材料。

（3）产品宜在 5~35℃贮存。

二、绍兴酒标准 ［GB/T 17946—2008《地理标志产品　绍兴酒（绍兴黄酒）》节选］

话说绍兴黄酒

本标准适用于国家质量监督检验检疫行政主管部门根据《地理标志产品保护规定》批准的地理标志产品保护规定目录中的绍兴酒，又称绍兴黄酒（以下统一简称绍兴酒）。

（一）规范性引用文件

GB/T 601　化学试剂　标准滴定溶液的制备

GB/T 603　化学试剂　试验方法中所用制剂及制品的制备

GB 1351　大麦

GB 1354　大米

GB 2758　发酵酒卫生标准

GB 2760　食品添加剂使用卫生标准

GB 5749　生活饮用水卫生标准

GB 1886. 64　食品安全国家标准　食品添加剂　焦糖色

GB 10344　预包装饮料酒标签通则

GB/T 12698　黄酒厂卫生规范

GB/T 13662　黄酒

国家质量监督检验检疫总局令［2005］第 75 号《定量包装商品计量监督管理办法》

笔记随笔

（二）术语和定义

下列术语和定义适用于本标准。

1. 绍兴酒（绍兴黄酒，Shaoxing rice wine）

以优质糯米、小麦和下文地理标志产品保护范围内的鉴湖水为主要原料，经过独特工艺发酵酿造而成的优质黄酒。

2. 聚集物（sediment）

成品酒在贮存过程中产生的凝聚沉淀物。

3. 酒龄（age）

发酵后的原酒在酒坛、酒缸、酒池或酒罐中贮存陈酿的年龄。销售包装标注的酒龄，以勾兑酒的加权平均酒龄计算。

（三）地理标志产品保护范围

限于国家质量监督检验检疫行政主管部门批准保护的范围。

（四）产品分类

按发酵工艺所含总糖不同主要分为：

1. 绍兴元红酒

绍兴元红酒属干黄酒，总糖小于或等于 15. 0g/L。

2. 绍兴加饭（花雕）酒

绍兴加饭（花雕）酒属半干黄酒，总糖 15. 1～40. 0g/L。

3. 绍兴善酿酒

绍兴善酿酒属半甜黄酒，总糖 40. 1～100. 0g/L。

4. 绍兴香雪酒

绍兴香雪酒属甜黄酒，总糖高于 100. 0g/L。

（五）技术要求

1. 原料要求

（1）糯米　应符合 GB 1354 规定二等以上的要求。

（2）小麦　应符合 GB 1351 规定二等以上的要求。

（3）水　应符合上文保护范围内并符合 GB 5749 的鉴湖水。

（4）麦曲　在上文保护范围内生产的麦曲。

2. 传统工艺要求

（1）酿造环境　应在绍兴鉴湖水保护范围内且符合 GB/T 12698

要求的酿造环境内酿制。

（2）工艺流程　采用特殊的传统工艺。

3. 感官要求

应符合表 2-11 的要求。

表 2-11　绍兴黄酒感官要求

项目	品种	优等品	一等品	合格品
色泽	绍兴加饭（花雕）酒，绍兴元红酒，绍兴善酿酒，绍兴香雪酒	橙黄色、清亮透明、有光泽。允许瓶（坛）底有微量聚集物	橙黄色、清亮透明、光泽较好。允许瓶（坛）底有微量的聚集物	橙黄色、清亮透明、光泽尚好。允许瓶（坛）底有少量聚集物
香气	绍兴加饭（花雕）酒，绍兴元红酒，绍兴善醇酒，绍兴香雪酒	具有绍兴酒特有的香气，醇香浓郁，无异香、异气。三年陈以上的陈酒应具有与酒龄相符的陈酒香和酯香	具有绍兴酒特有的香气，醇香较浓郁。无异香、异气	具有绍兴酒特有的香气，醇香尚浓郁。无异香、异气
口味	绍兴加饭（花雕）酒	具有绍兴加饭（花雕）酒特有的口味，醇厚、柔和、鲜爽、无异味	具有绍兴加饭（花雕）酒特有的口味，醇厚、较柔和、较鲜爽、无异味	具有绍兴加饭（花雕）酒特有的口味，醇厚、尚柔和、尚鲜爽、无异味
	绍兴元红酒	具有绍兴元红酒特有的口味，醇和，爽口，无异味	具有绍兴元红酒特有的口味，醇和，较爽口，无异味	具有绍兴元红酒特有口味，醇和，尚爽口，无异味
	绍兴善酿酒	具有绍兴善酿酒特有的口味，醇厚，鲜甜爽口，无异味	具有绍兴善酿酒特有的口味，醇厚，较鲜甜爽口，无异味	具有绍兴善酿酒特有的口味，醇厚，尚鲜甜爽口，无异味
	绍兴香雪酒	具有绍兴香雪酒特有的口味，鲜甜，醇厚，无异味	具有绍兴香雪酒特有的口味，鲜甜，较醇厚，无异味	具有绍兴香雪酒特有口味，鲜甜，尚醇厚，无异味
风格	绍兴加饭（花雕）酒，绍兴元红酒，绍兴善酿酒，绍兴香雪酒	酒体组分协调，具有绍兴酒的独特风格	酒体组分较协调，具有绍兴酒独特风格	酒体组分尚协调，具有绍兴酒的独特风格

4. 理化指标

（1）绍兴加饭（花雕）酒　应符合表 2-12 的要求。

表 2-12 绍兴加饭（花雕）酒理化指标

项目			指标		
			优等品	一等品	合格品
总糖（以葡萄糖计）/（g/L）			15.1~40.0		
非糖固形物/（g/L）		≥	30.0	25.0	22.0
酒精度（20℃）/（%vol）	酒龄 3a 以下（不含 3a）	≥	15.5		
	酒龄 3a~5a（不含 5a）	≥	15.0		
	酒龄 5a 以上	≥	14.0		
总酸（以乳酸计）/（g/L）			4.5~7.5		
氨基酸态氮/（g/L）		≥	0.60		
pH（25℃）			3.8~4.6		
氧化钙/（g/L）		≤	1.0		
挥发酯（以乙酸乙酯计）/（g/L）	酒龄 3a 以下（不含 3a）	≥	0.15		
	酒龄 3a~5a（不含 5a）	≥	0.18		
	酒龄 5a~10a（不含 10a）	≥	0.20		
	酒龄 10a 以上	≥	0.25		

（2）绍兴元红酒 应符合表 2-13 的要求。

表 2-13 绍兴元红酒理化指标

项目		指标		
		优等品	一等品	合格品
总糖（以葡萄糖计）/（g/L）	≤	15.0		
非糖固形物/（g/L）	≥	20.0	17.0	13.5
酒精度（20℃）/（%vol）	≥	13.0		
总酸（以乳酸计）/（g/L）		4.0~7.0		
氨基酸态氮/（g/L）	≥	0.50		
pH（25℃）		3.8~4.5		
氧化钙/（g/L）	≤	1.0		

注：酒精度低于 14.0/%vol 时，非糖固形物、氨基酸态氮的值按 14.0/%vol 折算。

（3）绍兴善酿酒 应符合表 2-14 的要求。

表 2-14 绍兴善酿酒理化指标

项目	指标		
	优等品	一等品	合格品
总糖（以葡萄糖计）/（g/L）	40.0~100.0		

续表

项目	指标		
	优等品	一等品	合格品
非糖固形物/(g/L) ≥	30.0	25.0	22.0
酒精度(20℃)/(%vol) ≥	12.0		
总酸(以乳酸计)/(g/L)	5.0~8.0		
氨基酸态氮/(g/L) ≥	0.50		
pH(25℃)	3.5~4.5		
氧化钙/(g/L) ≤	1.0		

注：酒精度低于14.0/%vol时，非糖固形物、氨基酸态氮的值按14.0/%vol折算。

(4) 绍兴香雪酒　应符合表2-15的要求。

表 2-15　绍兴香雪酒理化指标

项目	指标		
	优等品	一等品	合格品
总糖(以葡萄糖计)/(g/L) >	100.0		
非糖固形物/(g/L) ≥	26.0	23.0	20.0
酒精度(20℃)/(%vol) ≥	15.0		
总酸(以乳酸计)/(g/L)	4.0~8.0		
氨基酸态氮/(g/L) ≥	0.40		
pH(25℃)	3.5~4.5		
氧化钙/(g/L) ≤	1.0		

笔记随笔

5. 净含量

应符合国家质量监督检验检疫总局令[2005]第75号《定量包装商品计量监督管理办法》的要求。大坛黄酒净含量可以用质量[单位为千克(kg)]表示。

6. 卫生要求

应符合GB 2758的规定。

7. 其他要求

(1) 绍兴酒中可以按照GB 2760规定添加焦糖色(符合GB 8817要求)，但不应添加其他任何非自身发酵产生的物质。

(2) 标注酒龄三年陈以上的陈酒质量应达到优等品要求。

(3) 采用不同酒龄的酒进行勾兑的，其加权平均后的酒龄应大

笔记随笔

于或等于标注酒龄，其中所标注酒龄的基酒应该不得低于50%vol。

（六）试验方法

1. 原料、感官分析（感官评价）、净含量偏差、酒精度、总糖、非糖固形物、总酸、氨基酸态氮、 pH、氧化钙的检验

按照GB/T 13662规定执行。

2. 挥发酯的测定

（1）原理　黄酒经过蒸馏，酒中的挥发酯收集在馏出液中。先用碱中和馏出液中的挥发酸，再加入一定的碱使酯皂化，过量的碱再用酸反滴定，其反应式为：

$$RCOOR+NaOH \longrightarrow RCOONa+ROH$$

$$2NaOH+H_2SO_4 \longrightarrow Na_2SO_4+2H_2O$$

（2）试验方法

①试剂

1%酚酞指示剂：按GB/T 603规定进行配制。

0.1mol/L硫酸标准溶液：按GB/T 601规定进行配制与标定。

0.1mol/L氢氧化钠标准溶液：按GB/T 601规定进行配制与标定。

②仪器：250mL全玻璃回流装置。

③检测：吸取测定酒精度的馏出液50.0mL于250mL锥形瓶中，加入酚酞指示剂2滴，以0.1mol/L氢氧化钠标准溶液滴定至微红色，准确加入0.1mol/L氢氧化钠标准溶液25.0mL，摇匀，装上冷凝管，于沸水中回流半小时，取下加塞后，马上用冷水冷却至室温。然后再正确加入0.1mol/L硫酸标准溶液25.0mL，摇匀，用0.1mol/L氢氧化钠标准溶液滴定至微红色，半分钟内不消失为止，记录消耗氢氧化钠标准溶液的体积。

④计算：挥发酯含量计算，见式（2-1）。

$$A=\frac{(25.0+V)\times c_1-25.0\times c_2}{50.0}\times 88 \tag{2-1}$$

式中　A——挥发酯含量，g/L；

c_1——氢氧化钠标准溶液浓度，mol/L；

c_2——硫酸标准溶液浓度，mol/L；

V——滴定剩余硫酸所耗用的氢氧化钠标准溶液的体积，mL；

88——乙酸乙酯的摩尔质量，g/mol。

笔记随笔

⑤结果的允差：同一样品两次测定值之差，不得超过0.01g/L。

（七）检验规则

按GB/T 13662标准执行。

（八）标志、包装、运输、贮存

1. 标志

（1）产品标签标注应符合GB 10344规定，同时需标注地理标注产品标志，绍兴加饭（花雕）酒应标注酒龄。产品名称与净含量应同时排在主要展示面。

（2）包装箱上除应标明产品名称、制造者的名称和地址外，还应标出单位包装的净含量和总数量以及“小心轻放”“怕湿”等警示标志。

2. 包装

（1）包装材料应符合卫生要求，包装产品应密封、无漏。

（2）灌装产品的包装物应直立、端正，体外清洁，标签封贴紧密。

（3）包装箱应结实，与所装内容物尺寸匹配，胶封、捆扎牢固。

3. 运输

（1）运输工具应清洁、卫生。产品不得与有毒、有害、有腐蚀性、易挥发或有异味的物品混装混运。

（2）搬运时应轻拿轻放，严禁扔摔、撞击、挤压。

（3）运输过程不得暴晒、雨淋、受潮。

4. 贮存

（1）产品不得与有毒、有害、有腐蚀性、易挥发或有异味的物品同库贮存。

（2）产品应贮存在阴凉、干燥、通风的库房内中；严禁露天堆放、日晒、雨淋或靠近热源；包装箱底部应垫有10mm以上的间隔材料。

（3）在0℃以下运输和贮存时，应有防冻措施。

5. 产品的保质期

瓶、坛装酒密封包装不少于一年，企业可根据自身的技术水平具体标志。

笔记随笔

任务实施

黄酒感官评定

一、要点

通过感官对黄酒的外观、香气与口味、风格进行鉴别与评价。

二、原料与用具

（一）原料

黄酒。

（二）用具

评酒杯、白炽灯、倒酒容器、白纸。

三、工作过程

（一）酒样的准备

将酒样密码编号，调温至15~25℃。将洁净的评酒杯对应酒样编号，对号注入适量酒样。

（二）观色——外观评价

将注入酒样的评酒杯置于明亮处，举杯齐眉，用眼观察杯中酒的透明度、澄清度，以及有无沉淀和聚集物等，做好详细记录。

（三）闻香——香气评价

手握酒杯的杯柱，慢慢将酒杯置于鼻孔下方，嗅闻其挥发香气，慢慢摇动酒杯，嗅闻香气。用手握酒杯腹部2min，摇动后，再嗅闻其香气。依次上述程序，判断是原料的香或其他异香，写出评语。

（四）尝味——口味评价

饮入适量酒样于口中，尽量均匀分布于味觉区，仔细品评口感，有了明确感觉后咽下，再回味口感及后味，记录口感特征。

笔记随笔

（五）品格——风格评价

依据外观、香气、口味的特征，综合评价酒样的风格及典型性程度，写出评价结论。

四、完成评定记录表

根据所学知识进行黄酒感官品质评定，并完成评定记录表2-16。

表2-16 黄酒感官评定记录表

品鉴方案	品鉴用具： 品鉴过程：	
鉴别依据		
品鉴结果	外观：	
	香气：	
	口味：	
	风格：	
综合判定	风格分类：	糖度类型：

五、结果评价

按附录三“实施任务评价表”进行评价。

任务拓展

一、填空题

1. GB/T 13662—2018中黄酒按产品风格分为________、________、________。

2. GB/T 13662—2018中黄酒按含糖量分为________、________、________、________。

二、名词解释

1. GB/T 13662—2018黄酒（老酒）

笔记随笔

2. GB/T 13662—2018 酒龄
3. GB/T 13662—2018 标注酒龄
4. GB/T 13662—2018 聚集物
5. GB/T 13662—2018 清爽型黄酒
6. GB/T 13662—2018 特型黄酒
7. GB/T 13662—2018 传统型黄酒
8. GB/T 17946—2008 绍兴酒

三、判断题

1. GB/T 13662—2018 中清爽型黄酒氧化钙的理化指标是小于 1.0g/L。(　　)

2. GB/T 13662—2018 中清爽型黄酒 pH 的理化指标是 3.5~4.6g/L。(　　)

3. GB/T 13662—2018 中传统型半干稻米黄酒非糖固形物的理化指标是≥27.5g/L。(　　)

4. GB/T 13662—2018 中传统型半干黄酒酒精度的理化指标是≥10.0%vol。(　　)

5. GB/T 13662—2018 中传统型稻米黄酒分为三个等级。(　　)

6. GB/T 13662—2018 中清爽型稻米黄酒分为三个等级。(　　)

7. GB/T 13662—2018 中 B 类不合格有总酸、氨基酸态氮、氧化钙、总糖、pH。(　　)

8. GB/T 17946—2008 绍兴加饭酒优等品非糖固形物的理化指标是≥30.0g/L。(　　)

四、简答题

1. GB/T 13662—2018 中传统半干型优级黄酒的感官要求是什么?
2. GB/T 13662—2018 中清爽半干型一级黄酒的感官要求是什么?
3. GB/T 13662—2018 的原辅料要求是什么?

五、讨论题

学习了 GB/T 13662—2018、GB/T 17946—2008 这两个标准，你想到了什么?

笔记随笔

任务二
绍兴黄酒团体标准

任务要求

具体任务

根据教师提供的学习资料和网络教学资源，小组同学自学绍兴黄酒团体标准知识，在教师的指导下完成学习汇报 PPT。掌握绍兴黄酒团体标准中各项目中指标要求，依据绍兴黄酒团体标准，制订绍兴黄酒产品的品质判定依据。并按照绍兴黄酒企业的内控标准要求，完成对绍兴黄酒产品进行判定。

任务目标

①掌握绍兴黄酒团体标准中的感官与理化要求。

②掌握绍兴黄酒产品各个项目的判定依据。

③培养学生实事求是的检测，对结果进行公平公正判定的职业素养。

技能目标

①能正确填写绍兴黄酒产品检测记录单。

②能够对绍兴黄酒产品等级进行分级判定。

知识准备

浙江制造团体标准　T/ZZB 0301—2018《绍兴黄酒》节选

本标准适用于以鉴湖水、糯米、小麦为主料，符合《地理标志产品保护规定》要求的，经过独特工艺酿造，并在特定条件下陈酿而成的绍兴黄酒。

（一）规范性引用文件

凡是不注日期的引用文件，其最新版本（包括所有的修改单）适用本文件。

GB/T 191　包装储运图示标志

GB 1886.64　食品安全国家标准　食品添加剂　焦糖色

GB 2758　食品安全国家标准　发酵酒及其配制酒

笔记随笔

GB 2760　食品安全国家标准　食品添加剂使用标准

GB 4806.1　食品安全国家标准　食品接触材料及制品通用安全要求

GB 5009.225　食品安全国家标准　酒中乙醇浓度的测定

GB 5749　生活饮用水卫生标准

GB/T 6543　运输包装用单瓦楞纸箱和双瓦楞纸箱

GB 7718　食品安全国家标准　预包装食品标签通则

GB 12696　食品安全国家标准　发酵酒及其配制酒生产卫生规范

GB/T 13662　黄酒

GB 14881　食品安全国家标准　食品生产通用卫生规范

GB/T 17946　地理标志产品　绍兴酒（绍兴黄酒）

JJF 1070　定量包装商品净含量计量检验规则

国家质量监督检验检疫总局令［2005］第 75 号《定量包装商品计量监督管理办法》

（二）术语和定义

GB/T 17946 界定的以及下列术语和定义适用于本文件。

1. 绍兴黄酒（Shaoxing huangjiu）

以优质基地糯米、基地红皮小麦和《浙江省鉴湖水域保护条例》保护范围内的鉴湖水为主要原料，采用绍兴黄酒独特酿制技艺酿造而成的优质黄酒。

2. 酒龄（age）

发酵后的原酒在酒坛、酒缸、酒池或酒罐中贮存陈酿的年龄。销售包装标注的酒龄，以基酒的加权平均酒龄计算，其加权平均后的酒龄应大于或等于标注酒龄，其中所标注酒龄的基酒不得低于50%vol。

3. 绍兴黄酒酿制技艺（shaoxing huangjiu brewing techniques）

为国家非物质文化遗产，以麦曲、酒母为糖化发酵剂，用独特工艺酿造，并经较长时间陈贮的酿制技艺。

4. 聚集物（sediment）

成品酒在贮存过程中产生的凝聚沉淀物。

（三）产品分类

同 GB/T 17946 产品分类。

笔记随笔

（四）基本要求

1. 粮食原料基地管理

（1）企业应建立与企业生产需求相适应的粮食原料基地，基地周围环境应无污染源或远离污染源。

（2）基地应建立农药、化肥采购使用管理、基地文件及记录管理、基地植保员管理和稻米加工技术管理等各种管理制度，并按基地或地块建立种植档案，确保可追溯性。

（3）基地一般要求每1年一次对土壤、灌溉用水按国家相关标准要求进行污染物的检测。

2. 原料要求

（1）糯米、小麦　应采用粮食原料基地生产的优质糯米和红皮软质小麦为原料，品质应符合 GB/T 17946 规定要求，并符合食品安全的相关要求。

（2）酿造用水　绍兴黄酒酿造过程中浸米、配料、制曲、制酒母等所用的水必须为鉴湖水；酿造用鉴湖水应采自《浙江省鉴湖水域保护条例》保护范围且符合 GB 5749 标准的相关要求。

3. 酿造工艺要求

（1）制曲　应符合 GB/T 12696 要求的绍兴地区酿造环境内制作。

（2）浸米　确保吸水完全，适于蒸饭，并产生适量乳酸。

（3）蒸饭投料　确保米饭熟而不糊，严格按工艺配方进行投料，根据气温、环境等掌握好温度。

（4）开耙　酿酒师按绍兴黄酒的酿制技艺控制发酵温度和发酵程度，确保发酵正常。

（5）后发酵　前发酵结束后应进行低温较长时间的后发酵。

（6）压榨、勾兑　将发酵成熟的酒醅进行压榨，可对不同特点的酒醅和压榨所有的生清酒进行重新调配，以达到不同批次间产品质量的统一，勾兑时可以按 GB 2760 的规定适量添加符合 GB 1886.64 要求的焦糖色。

（7）煎酒、封坛　将生清酒进行高温杀菌，以陶坛为贮存容器，然后采用天然的荷叶、竹壳作为封口的包材，将坛口扎实，再用田泥封坛。

（8）陈酿　绍兴酒应在阴凉、干燥的仓库中，较长时间存储。

4. 能源控制

(1) 水资源控制

①现有企业取水定额应符合表 2-17 的要求。

表 2-17　现有企业千升绍兴黄酒取水定额

生产类型	千升绍兴黄酒取水量/（m^3/kL）
酿造	≤9.5
灌装	≤6.5

②新建企业取水定额应符合表 2-18 的要求。

表 2-18　新建企业千升绍兴黄酒取水定额

生产类型	千升绍兴黄酒取水量/（m^3/kL）
酿造	≤6.5
灌装	≤4.5

(2) 能耗控制

①现有企业能耗定额：应符合表 2-19 的要求。

表 2-19　现有企业千升绍兴黄酒能耗定额

生产类型	千克标准煤每千升/（kgce/kL）
酿造	≤58
灌装	≤70

②新建企业能耗定额：应符合表 2-20 的要求。

表 2-20　新建企业千升绍兴黄酒能耗定额

生产类型	千克标准煤每千升/（kgce/kL）
酿造	≤53
灌装	≤58

③企业能耗定额先进值：应符合表 2-21 的要求。

表 2-21　企业千升绍兴黄酒能耗定额先进值

生产类型	千克标准煤每千升/（kgce/kL）
酿造	≤48
灌装	≤53

笔记随笔

5. 酿酒关键岗位技术人员要求

企业应配备与企业规模相适应的酿酒关键岗位技术人员：开耙、勾兑技工应具有一级黄酒酿酒工职业等级要求，制曲、制酒母、煎酒技工应具有二级及以上黄酒酿造工职业等级要求，品酒师应具有二级及以上黄酒评酒师职业资格要求。

6. 检测能力要求

（1）应具备与生产、质量控制要求相符的检测能力。

（2）应配备独立、规范的黄酒感官品评试验室。

（五）技术要求

1. 感官要求

应符合表 2-22 的规定。

表 2-22 感官要求

项目	品种			
	绍兴加饭（花雕）酒	绍兴元红酒	绍兴善酿酒	绍兴香雪酒
色泽	橙黄色、清亮透明，有光泽。允许瓶（坛）底有微量聚集物			
香气	具有绍兴酒特有的香气，醇香浓郁，无异香、异气。三年陈以上的陈酒应具有与酒龄相符的陈酒香和酯香			
味感	具有绍兴加饭（花雕）酒特有的口味，醇厚、柔和、鲜爽、无异味	具有绍兴元红酒特有的口味，醇和、爽口、无异味	具有绍兴善酿酒特有的口味，醇厚、鲜甜爽口、无异味	具有绍兴香雪酒特有的口味，鲜甜、醇厚、无异味
风格	酒体组分协调，具有绍兴酒的独特风格			

2. 理化指标

（1）绍兴加饭（花雕）酒　应符合表 2-23 的要求。

表 2-23 绍兴加饭（花雕）酒理化指标

项目		指标
总糖（以葡萄糖计）/（g/L）		15.1~40.0
酒精度（20℃）/（%vol）	新酒（当年酿造的酒）　≥	17.0
	酒龄 1a~3a 以下（不含 3a）　≥	15.5
	酒龄 3a~5a（不含 5a）　≥	15.0
	酒龄 5a 以上　≥	14.0

续表

项目		指标
总酸（以乳酸计）/（g/L）		4.5~7.5
非糖固形物/（g/L）	≥	30.0
氨基酸态氮/（g/L）		0.60~1.00
pH（25℃）		3.8~4.6
氧化钙/（g/L）	≤	0.5
挥发酯（以乙酸乙酯计）/（g/L）	酒龄3a以下（不含3a）　≥	0.15
	酒龄3a~5a（不含5a）　≥	0.18
	酒龄5a~10a（不含10a）　≥	0.20
	酒龄10a及以上　≥	0.25

（2）绍兴元红酒　应符合表2-24的要求。

表2-24　绍兴元红酒理化指标

项目		指标
总糖（以葡萄糖计）/（g/L）	≤	15.0
酒精度（20℃）/（%vol）	≥	13.0
总酸（以乳酸计）/（g/L）		4.0~7.0
非糖固形物/（g/L）	≥	20.0
氨基酸态氮/（g/L）		0.50~1.00
pH（25℃）		3.8~4.5
氧化钙/（g/L）	≤	0.5

（3）绍兴善酿酒　应符合表2-25的要求。

表2-25　绍兴善酿酒理化指标

项目		指标
总糖（以葡萄糖计）/（g/L）		40.1~100.0
酒精度（20℃）/（%vol）	≥	12.0
总酸（以乳酸计）/（g/L）		5.0~8.0
非糖固形物/（g/L）	≥	30.0
氨基酸态氮/（g/L）		0.50~1.00
pH（25℃）		3.5~4.5
氧化钙/（g/L）	≤	0.5

（4）绍兴香雪酒　应符合表 2-26 的要求。

表 2-26　绍兴香雪酒理化指标

项目		指标
总糖（以葡萄糖计）/（g/L）	>	100.0
酒精度（20℃）/（%vol）	≥	15.0
总酸（以乳酸计）/（g/L）		4.0~8.0
非糖固形物/（g/L）	≥	26.0
氨基酸态氮/（g/L）		0.40~0.90
pH（25℃）		3.5~4.5
氧化钙/（g/L）	≤	0.5

笔记随笔

3. 净含量

应符合国家质量监督检验检疫总局令［2005］第 75 号《定量包装商品计量监督管理办法》的要求。大坛黄酒净含量可以用质量［单位为千克（kg）］表示。

4. 食品安全要求

应符合 GB 2758 的规定。

（六）试验方法

1. 感官

按 GB/T 13662 中感官检查规定测定。

2. 总糖、总酸、氨基酸态氮、非糖固形物、pH、氧化钙

按 GB/T 13662 规定的方法测定。

3. 酒精度

按 GB 5009.225 规定的方法测定。

4. 挥发酯

按 GB/T 17946 规定的方法测定。

5. 净含量

按 JJF 1070 中规定的方法测定。

（七）检验规则

1. 出厂检验

（1）产品出厂需经工厂检验部门逐批检验合格，附产品合格

笔记随笔

证方能出厂。

（2）出厂检验项目包括感官、总糖、酒精度、总酸、非糖固形物、氨基酸态氮、pH、氧化钙、挥发酯（绍兴加饭、花雕酒）、净含量和标签。

2. 型式检验

（1）一般情况下，型式检验每半年进行一次　有下列情况之一时，也应进行型式检验。

①新产品试制鉴定；

②正式生产时，如原料、工艺有较大改变可能影响到产品的质量；

③出厂检验的结果与上次型式检验有较大差异时；

④国家质量监督机构提出要求时。

（2）型式检验项目　包括要求中的全部项目。

3. 组批

同一生产日期生产的，相同原材料，相同配方、工艺生产的产品。

4. 抽样方法和抽样数量

按 GB/T 13662 抽样。

5. 判定规则

（1）微生物指标如有一项不符合要求，判整批产品不合格，不得复检。

（2）净含量、感官、理化指标及食品安全要求（除微生物指标外）中，如有一项不符合要求，可以在同批产品中抽取二倍量的样品复查，以复检结果为准，如仍有一项指标不合格，则判整批产品不合格。

（八）标志、标签、包装、运输和贮存

1. 标志、标签

产品标签应符合 GB 7718、GB 2758 等标准和法规的要求。包装储运图示标志应符合 GB/T 191 的规定。

2. 包装

（1）产品应采用清洁、干燥、无毒，符合 GB 4806.1 等相关国家食品卫生标准要求的材料进行包装。包装应牢固、密封、不得泄漏，正常运输中不得松散。

笔记随笔

（2）包装箱应符合 GB/T 6543 要求，封装、捆扎牢固。

3. 运输

（1）运输工具应清洁、卫生，产品不得与有毒、有害、有腐蚀性、易挥发或有异味的物品混装混运。

（2）搬运时应轻拿轻放，不得扔摔、撞击、挤压。

（3）运输过程中不得暴晒、雨淋、受潮。

4. 贮存

（1）产品不得与有毒、有害、有腐蚀性、易挥发或有异味的物品同库贮存。

（2）产品应贮存于阴凉、干燥、通风的库房中，不得露天堆放、日晒、雨淋或靠近热源，接触地面的包装箱底部应垫有100mm 以上的间隔材料。

（3）产品应在常温下贮存，若气温较低或较高，应做好防冻或降温工作。

（九）质量承诺

（1）制造商严格按绍兴黄酒酿制技艺酿造，精选原料，强调酿造过程的质量控制，严格年份酒的标识。

（2）在正常贮存的条件下，制造商承诺保质期不低于 3 年。

任务实施

绍兴黄酒感官评定

一、要点

通过感官对绍兴黄酒的外观、香气与口味、风格进行鉴别与评价。

二、原料与用具

（一）原料

绍兴黄酒。

笔记随笔

（二）用具

评酒杯、白炽灯、倒酒容器、白纸。

三、工作过程

（一）酒样的准备

将绍兴黄酒酒样密码编号，调温至15~25℃。将洁净的评酒杯对应酒样编号，对号注入适量酒样。

（二）观色——外观评价

将注入绍兴黄酒酒样的评酒杯置于明亮处，举杯齐眉，用眼观察杯中酒的透明度、澄清度以及有无沉淀和聚集物等，做好详细记录。

（三）闻香——香气评价

手握酒杯的杯柱，慢慢将酒杯置于鼻孔下方，嗅闻其挥发香气，慢慢摇动酒杯，嗅闻香气。用手握酒杯腹部2min，摇动后，再嗅闻其香气。依次上述程序，判断是原料的香或其他异香，写出评语。

（四）尝味——口味评价

饮入适量酒样于口中，尽量均匀分布于味觉区，仔细品评口感，有了明确感觉后咽下，再回味口感及后味，记录口感特征。

（五）品格——风格评价

依据外观、香气、口味的特征，综合评价酒样的风格及典型性程度，写出评价结论。

四、完成评定记录表

根据所学知识进行绍兴黄酒感官品质评定，并完成评定记录表2-27。

表 2-27　绍兴黄酒感官评定记录表

品鉴方案	品鉴用具： 品鉴过程：
鉴别依据	
品鉴结果	外观： 香气： 口味： 风格：
综合判定	糖度类型：

笔记随笔

五、结果评价

按附录三“实施任务评价表”进行评价。

任务拓展

一、填空题

1. T/ZZB 0301—2018 中绍兴黄酒按品种分为______、______、______、______。

2. T/ZZB 0301—2018 中绍兴黄酒按含糖量分为______、______、______、______。

3. 粮食原料基地一般要求每______年一次对______、______按国家相关标准要求进行污染物的检测。

二、名词解释

1. T/ZZB 0301—2018 绍兴黄酒

2. T/ZZB 0301—2018 标注酒龄

三、判断题

1. T/ZZB 0301—2018 绍兴加饭酒新酒酒精度≥17%vol。(　　)

2. T/ZZB 0301—2018 绍兴黄酒氧化钙的理化指标是 ≤0. 5g/L。

笔记随笔

(　　)

3. T/ZZB 0301—2018 绍兴加饭酒非糖固形物的理化指标是≥30.0g/L。(　　)

4. T/ZZB 0301—2018 绍兴元红酒非糖固形物的理化指标是≥25.0g/L。(　　)

5. T/ZZB 0301—2018 绍兴元红酒不分等级。(　　)

6. T/ZZB 0301—2018 绍兴加饭酒为三个等级。(　　)

7. T/ZZB 0301—2018 绍兴元红酒酒精度≥13%vol。(　　)

8. T/ZZB 0301—2018 绍兴加饭酒挥发酯理化指标（以乳酸乙酯计)。(　　)

四、简答题

1. T/ZZB 0301—2018 绍兴加饭酒的味感要求是什么?
2. T/ZZB 0301—2018 绍兴元红酒的味感要求是什么?
3. T/ZZB 0301—2018 的原料要求是什么?

五、讨论题

学习了 T/ZZB 0301—2018 绍兴黄酒团体标准，你想到了什么?

项目三

黄酒原辅料检验

情境导入

假如你是一个黄酒生产过程中质量监管的检测分析人员，现在黄酒生产过程中的原辅料要质量监控，你需要安排检测人员进行监控管理。所谓原辅料是主要原料和辅助材料的意思，是生产黄酒用的基础物质。黄酒原辅料包括稻米、黍米、玉米、小米、小麦、酿造用水、曲、酒药、活性干酵母等，那么该如何检测出合格的黄酒原辅料，每种原辅料的检测环节如何操作？检测要点是什么？怎样判定它们质量的优劣呢？检验人员要了解哪些知识呢？这就是接下来我们需要学习的内容。

水稻之父袁隆平

曲

笔记随笔

任务一
大米、小麦检验

任务要求

具体任务

根据教师提供的学习资料和网络教学资源，学生自学大米、小麦分析的知识，在教师的指导下完成学习汇报PPT。根据大米、小麦检测的方法，制订大米、小麦分析的检测方案，按照黄酒企业的规范操作，完成对大米、小麦的检测任务，并填写检验报告。

任务目标

①掌握大米、小麦中水分测定的检测方法。

②掌握大米中小碎米、粗淀粉、蛋白质含量的检测方法。

③掌握大米外观的鉴别与大米互混的测定。

④掌握小麦容重、杂质的测定。

⑤培养学生热爱劳动、珍惜粮食、团队协作的意识。

⑥培养学生具有一丝不苟的工匠精神与坚持不懈的职业素养。

技能目标

①能测定大米、小麦中的水分含量。

②能测定大米中的互混、小碎米、淀粉、蛋白质含量。

③从大米外观形状能鉴别出大米品种。

④能测定小麦容重、杂质的含量。

⑤能熟练使用分析天平、电热恒温干燥箱、干燥器等设备的操作技术。

知识准备

一、大米

对于黄酒企业来讲大米是主要的原料，因此必须要抓好大米的质量，尽量减少大米处理过程中产生的废物。黄酒酿造使用的大米有糯米、粳米、籼米三大类。大米中直链淀粉的含量是评价黄酒原料蒸煮品质的重要指标。对黄酒酿造来说，大米原料其直链淀粉含

笔记随笔

量越少越好，以不含直链淀粉的粳糯为大米黄酒的最佳原料。大米的颜色主要为乳白色或半透明乳白色，还有黑色的黑米与红棕色的红米，都可用于酿酒。黄酒企业严禁使用农残超标的原辅料及黄陈米。

（一）大米的物理性质

1. 色泽、气味

正常的新米一般呈白色且有光泽，有清新香气。黑糯、血糯、香粳等是特殊的品种，有浓郁的香气和鲜艳的色泽。成熟度不够的大米是发青的，因米粒中含有叶绿素。收割或贮存条件差，米会发黄变褐，并会污染上黄曲霉毒素。陈米的色泽变暗，有霉味，失去大米原有的香气，黏性降低。

2. 粒形、千粒重、相对密度和体积质量

一般大米粒长约 5mm、宽 3mm、厚 2mm，粳米长宽比小于 2，籼米长宽比大于 2。

大米的千粒重一般为 20~30g，大于 26g 的为大粒米。短而圆的米粒出米率高，破碎率低。充分成熟的米，粒大饱满，适于酿酒。

大米的相对密度在 1.40~1.42，一般粳米的体积质量为 800kg/m^3。籼米的体积质量约为 780kg/m^3。

3. 心白和腹白

在米粒中心部位有白色不透明的部分是心白；若白色不透明部分在米的腹部边缘是腹白。心白米是由于发育条件良好，粒子充实而形成的，故米粒内含物丰富。心白部分是淀粉少的柔和部分，它的周围是淀粉多的坚硬部分，软硬连接处孔隙多，吸水好，酶易渗入，容易糊化、糖化，酿酒要选用心白多的米。腹白米强度低，易碎，精白时出米率低。

4. 米粒硬度

米粒硬度可用硬度计测定。米粒硬度是由蛋白质的含量决定的，米的硬度越强，蛋白质含量越高，角质率（透明度）也越高。一般新米比陈米硬，水分低的米比水分高的米硬，晚稻米比早稻米硬。

（二）大米的化学成分

大米是我国酿酒的原料之一，也是作为人们的主食之一。大米

笔记随笔

中不但含有大量的蛋白质、脂肪、碳水化合物、纤维素，还含有人体需要的各种矿物质和维生素等营养素。

1. 水分

一般谷物含水在 13.5%~14.5%，不得超过 15%，过大易霉变。测定方法依据 GB 5009.3—2016《食品安全国家标准　食品中水分的测定》。

2. 淀粉及糖分

淀粉为黄酒原料的主要成分，测定原料中的淀粉含量具有重要的意义。原料中淀粉的测定常用酸水解法和酶水解法两种，酸水解法操作方便，但由于酸不但能水解淀粉，同时也能水解原料中的一些其他多糖，如半纤维素、多缩戊糖等成为木糖、阿拉伯糖、半乳糖及糖醛酸等还原糖，而使结果偏高。故只能代表粗淀粉的含量，适用于谷类、薯类原料。酶水解法虽然测定结果较准确，能代表纯淀粉含量，适宜于含有半纤维素、多缩戊糖较多的原料。同时因为酶具有专一性，其他多糖不被水解。但是操作很麻烦，所以现今黄酒企业一般都采用酸水解法。

糙米含淀粉约 70%，精白米含淀粉约 78%，淀粉含量随精白而提高，应选用淀粉含量高的米酿造黄酒。大米中还含有 0.37%~0.53%的糖分，其中还原糖极少。测定方法依据 GB 5009.9—2016《食品安全国家标准　食品中淀粉的测定》。

3. 蛋白质

米中各类蛋白质由蛋白酶分解成肽、各种氨基酸，是酵母的营养成分及黄酒的呈味成分；氨基酸在酵母作用下转变为高级醇，一部分进一步转变为相应的酯，构成黄酒的香气成分，其余部分留在酒液中形成黄酒的营养成分。但若米粒的蛋白质含量较高，则饭粒的消化性较差；细菌在发酵醪中的产酸量增多，使酒的酸度升高，并使黄酒色度和杂味加重，使酒的风味变差，酒的稳定性也受到影响。一般糙米含蛋白质 7%~9%，白米含蛋白质量为 5%~7%，主要是谷蛋白。测定方法依据 GB 5009.5—2016《食品安全国家标准　食品中蛋白质的测定》。

4. 脂肪

脂肪主要分布于糠层中，其含量为糙米质量的 2% 左右，含量随米的精白而减少。大米脂肪多为不饱和脂肪酸，容易氧化变质，影响风味，故大米不宜久贮。测定方法依据 GB 5009.6—2016《食

笔记随笔

品安全国家标准　食品中脂肪的测定》。

5. 纤维素、灰分、维生素

精白大米纤维素含量仅0.4%；灰分0.5%~0.9%，主要是磷酸盐；维生素主要分布于糊粉层和胚，以水溶性的B族维生素为最多，也含有少量的维生素A。

（三）大米质量要求

1. 相关定义

(1) 籼米　用籼型非糯性稻谷制成的大米。

(2) 粳米　用粳型非糯性稻谷制成的大米。

(3) 糯米　用糯性稻谷制成的大米，包括籼糯米和粳糯米。

①籼糯米：用籼型糯性稻谷制成的大米。米粒一般呈长椭圆形或细长形，乳白色，不透明，也有的呈半透明状（阴糯米），黏性大。

②粳糯米：用粳型糯性稻谷制成的大米。米粒一般呈椭圆形，乳白色，不透明，也有的呈半透明状（阴糯米），黏性大。

(4) 碎米　长度小于同批试样完整米粒平均长度3/4、留存在直径1.0mm圆孔筛上的不完整米粒。

①大碎米：长度小于同批试样完整米粒平均长度3/4、留存在直径2.0mm圆孔筛上的不完整米粒。

②小碎米：通过直径2.0mm圆孔筛，留存在直径1.0mm圆孔筛上的不完整米粒。

(5) 平均长度　试样中完整米粒长度的算术平均值。

(6) 完整米粒　除胚外其余部分未破损的完善米粒。

(7) 加工精度　加工后米胚残留以及米粒表面和背沟残留皮层的程度，包括精碾和适碾。

①精碾：背沟基本无皮，或有皮不成线，米胚和粒面皮层去净的占80%~90%；或留皮度；在2.0%以下。

②适碾：背沟有皮，粒面皮层残留不超过1/5的占75%~85%，其中粳米、优质粳米中有胚的米粒在20%以下；或留皮度为2.0%~7.0%。

③留皮度：试样平放，残留皮层、米胚投影面积之和占试样投影面积的百分率。

(8) 不完善粒　包括未熟粒、虫蚀粒、病斑粒、生霉粒和糙米粒等尚有食用价值的米粒。

笔记随笔

①未熟粒：米粒不饱满，外观全部呈粉质的米粒。

②虫蚀粒：被虫蛀蚀的米粒。

③病斑粒：粒面有病斑的米粒。

④生霉粒：粒面有霉斑的米粒。

⑤糙米粒：稻谷经脱壳、完全未脱皮层的米粒。

（9）杂质　除米粒之外的其他物质，包括有机杂质和无机杂质等。

①有机杂质：糠粉、带壳稗粒、稻谷粒、异种粮粒及其他动、植物源有机物质。

②无机杂质：泥土、砂石、砖瓦块及其他无机物质。

③糠粉：通过直径 1.0mm 圆孔筛的筛下物，以及黏附在筛上的粉状物质。

（10）黄粒米　胚乳呈黄色，与正常米粒色泽明显不同、与大米颜色黄度指数标准样品（LS/T 1533）颜色一致或更深的米粒。

（11）互混率　试样中混入的粒型，外观与本批次大米不同的这类米粒占试样的质量分数。

（12）垩白度　胚乳中有白色不透明部分（包括腹白、心白和背白）的米粒为垩白粒，垩白粒试样平放时垩白投影面积总和占试样投影面积的百分率。

（13）品尝评分值　试样在规定条件下制得米饭的气味、色泽、外观结构、滋味等各项因素评分值的总和。

（14）直链淀粉含量　试样所含直链淀粉的质量占试样总质量的百分率。

2. 大米质量指标

依据 GB/T 1354—2018《大米》，各类大米和优质大米质量指标见表 3-1 与表 3-2 所示。大米的卫生标准应符合 GB 2715—2016《食品安全国家标准　粮食》。

表 3-1　大米质量指标

品种		籼米			粳米			籼糯米		粳糯米	
等级		一级	二级	三级	一级	二级	三级	一级	二级	一级	二级
碎米	总量/% ≤	15.0	20.0	30.0	10.0	15.0	20.0	15.0	20.0	10.0	15.0
	其中：小碎米含量/% ≤	1.0	1.5	2.0	1.0	1.5	2.0	2.0	2.5	1.5	2.0

续表

品种		籼米			粳米			籼糯米		粳糯米	
等级		一级	二级	三级	一级	二级	三级	一级	二级	一级	二级
加工精度		精碾	精碾	适碾	精碾	精碾	适碾	精碾	适碾	精碾	适碾
不完善粒含量/% ≤		3.0	4.0	6.0	3.0	4.0	6.0	4.0	6.0	4.0	6.0
水分含量/% ≤		14.5			15.5			14.5		15.5	
杂质	总量/% ≤	0.25									
	其中：无机杂质含量/% ≤	0.02									
黄粒米含量/% ≤		1.0									
互混率/% ≤		5.0									
色泽、气味		正常									

表 3-2　优质大米质量指标

品种		优质籼米			优质粳米		
等级		一级	二级	三级	一级	二级	三级
碎米	总量/% ≤	10.0	12.5	15.0	5.0	7.5	10.0
	其中：小碎米含量/% ≤	0.2	0.5	1.0	0.1	0.3	0.5
加工精度		精碾	精碾	适碾	精碾	精碾	适碾
垩白度/% ≤		2.0	5.0	8.0	2.0	4.0	6.0
品尝评分值/分 ≥		90	80	70	90	80	70
直链淀粉含量/%		13.0~22.0			13.0~20.0		
水分含量/% ≤		14.5			15.5		
不完善粒含量/% ≤		3.0					
杂质限量	总量/% ≤	0.25					
	其中：无机杂质含量/% ≤	0.02					
黄粒米含量/% ≤		0.5					
互混率/% ≤		5.0					
色泽、气味		正常					

（四）大米的特点

凡是大米都能酿酒，其中以糯米最好。目前除糯米外，粳米、籼米也常作为黄酒酿造的主要原料。糯米、粳米、籼米我们从外观与遇碘液呈色情况来加以区别，如表 3-3 所示。

表 3-3 籼米、粳米、糯米比较表

名称	籼米	粳米	籼糯	粳糯
米粒形状	长而窄	椭圆	长椭圆	椭圆
腹白度	大	小	少数或没有	少数或没有
透明度	半透明	透明或半透明	不透明	不透明
色泽	灰白无光	蜡白有光泽	蜡白或乳白	乳白
热水溶解度	慢	中	快	快
遇碘呈色反应	蓝	深蓝	红褐（紫红）	红褐（紫红）
直链淀粉含量/%	20~28	13~18	0~5	0~5

笔记随笔

二、小麦

（一）小麦分类

按国家标准（GB 1351—2023《小麦》）规定：小麦按籽粒硬度和种皮颜色分类如下。

1. 硬质白小麦

种皮为白色或黄白色的籽粒不低于 90%，小麦硬度指数不低于 60 的小麦。

2. 硬质红小麦

种皮为深红色或红褐色的籽粒不低于 90%，小麦硬度指数不低于 60 的小麦。

3. 软质白小麦

种皮为白色或黄白色的籽粒不低于 90%，小麦硬度指数不高于 45 的小麦。

4. 软质红小麦

种皮为深红色或红褐色的籽粒不低于 90%，小麦硬度指数不高于 45 的小麦。

5. 混合小麦

不符合以上规定的小麦。

注：种皮为紫色，黑色等颜色的小麦为特殊品种小麦。

（二）质量要求

1. 相关定义

（1）容重　单位容积内小麦籽粒的质量［以克每升（g/L）表示］。

笔记随笔

（2）不完善粒　受到损伤但尚有使用价值的小麦籽粒，包括虫蚀粒、病斑粒、热损伤粒、破损粒、生芽粒和生霉粒。

①虫蚀粒（insect-bored kernel）：是指被虫蛀蚀，伤及胚或胚乳的籽粒。

②病斑粒（diseased kernel；Mottled kernel）：是指粒面带有病斑，伤及胚或胚乳的籽粒；病斑粒包括黑胚粒（Blackpoint kernel），赤霉病粒（fusarium damaged kernel）。黑胚粒是指胚部或其他部位的种皮呈明显的深褐色或黑色，伤及胚或胚乳的籽粒。赤霉病粒是指籽粒皱缩、呆白，或粒面呈紫色，或有明显的粉红色霉状物，间有黑色子囊壳。

③热损伤粒（heat-damaged kernel）：是指由于微生物或其他原因产热或受热而改变了正常颜色或受到损伤的籽粒。

④破损粒（broken kernel）：是指压扁、破碎，伤及胚或胚乳的籽粒。

⑤生芽粒（sprouted kernel）：是指芽或幼根虽未突破种皮但胚部种皮已破裂，或芽或幼根突破种皮但不超过本颗粒长度的籽粒。

⑥生霉粒（mouldy kernel）：是指籽粒生霉的颗粒。

（3）杂质　除小麦以外的其他物质及无使用价值的小麦，其他物质包括筛下物、无机杂质和有机杂质。

①筛下物（screenings）：是指通过直径 1.5mm 圆孔筛的物质。

②无机杂质（inorganic impurities）：是指泥土、砂石、砖瓦块及其他无机类物质。

③有机杂质（organic impurities）：是指异种粮粒、无使用价值小麦及除小麦以外的其他有机类物质。

④无使用价值的小麦为不能作为小麦原料进行利用的籽粒，包括：完全变色变质的小麦、芽长超过本颗粒长度的小麦、线虫病小麦、腥黑穗病小麦等。

（4）小麦硬度　小麦籽粒抵抗外力作用下发生变形和破碎的能力。

（5）小麦硬度指数　在规定条件下粉碎小麦样品，留存在筛网上的样品占试样的质量分数。

注：用 HI 表示。

2. 小麦质量指标

各类小麦质量指标如表 3-4 所示。其中容重为定等指标，3 等为中等，低于 5 等的小麦为等外小麦。

表 3-4 小麦质量指标

等级	容重/(g/L)	不完善粒/%	杂质/%		水分/%	色泽、气味
			总量	其中无机杂质		
1	≥790	≤6.0	≤1.0	≤0.5	≤12.5	正常
2	≥770					
3	≥750	≤8.0				
4	≥730					
5	≥710	≤10.0				
等外	<710	—				

笔记随笔

（三）物理性质

小麦的物理特性有容重、千粒重、散落性、自动分级性及结构力学等性质。

容重是检查麦粒饱满充实的程度，容重愈大，质量愈好，淀粉和蛋白质含量较高，皮层（麸皮）含量相对较低。容重以 g/L 或 kg/m^3 表示，我国净麦的容重一般为 705~810g/L。

（四）化学成分

小麦粒由胚乳 78%~84%，胚 2%~3%，皮层（麸皮）5%~18%组成。全小麦的蛋白质有 72%存在于胚乳中，麸皮部分占 20%，胚仅占 8%。

（五）小麦的特点

小麦含淀粉比大米少，而蛋白质比大米多。碳水化合物中还含有 2%~3%的糊精和 2%~4%的蔗糖，葡萄糖和果质较丰富。麸胶蛋白质中的氨基酸以谷氨酸为最多，它是产生黄酒鲜味来源之一。

任务实施

大米（小麦）检测

一、要点

大米（小麦）在感官检验的基础上，理化检验是实验室常用

笔记随笔

的检验方法，对于黄酒企业而言，大米主要检测项目是小碎米、水分、淀粉含量、互混率；小麦主要检测项目是水分、容重、杂质。

二、工作过程

（一）大米（小麦）感官检验

本方法采用 GB 5492—2008《粮油检验　粮食、油料的色泽、气味、口味鉴定》中色泽、气味鉴定。

1. 原理

取一定量的样品，去除其中的杂质，在规定条件下，按照规定方法借助感觉器官鉴定其色泽、气味、口味，以“正常”或“不正常”表示。

2. 仪器和用具

天平（感量 1g），谷物筛选器，广口瓶，水浴锅。

3. 操作步骤

大米感官鉴定

小麦感官鉴定

黄酒原料分析：大米品种鉴别

（1）色泽鉴定　分取 20~50g 已去除杂质样品，放在手掌中均匀地摊平，在散射光线下仔细观察样品的整体颜色和光泽。籼米与粳米分别如图 3-1、图 3-2 所示，籼糯米与粳糯米分别如图 3-3、图 3-4 所示。黄酒原料大米应色泽清白，有光泽，米粒大小均匀、丰满光滑，很少有碎米、爆腰（米粒上有裂纹）、腹白，无虫，不含杂质。呈暗黄色或失去光泽者不适于酿酒，如图 3-5 所示。夹有杂色的大米常含有较多的蛋白质与脂肪，也不利于酿酒。制麦曲用原料小麦，应籽粒饱满，颜色淡黄或淡红，富有光泽，不得有呈褐色、灰色和虫蛀的现象。小麦如图 3-6 所示。

图 3-1　籼米

图 3-2　粳米

笔记随笔

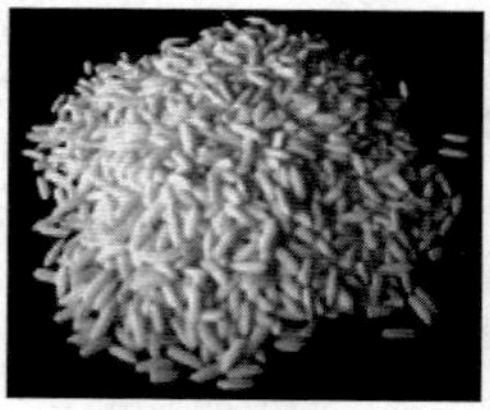

图 3-3 籼糯米

图 3-4 粳糯米

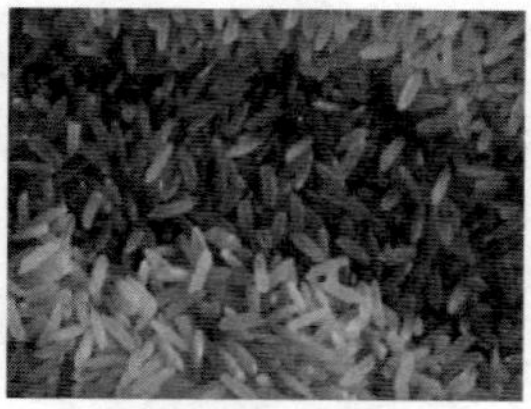

图 3-5 陈糯米

图 3-6 小麦

（2）气味鉴定 分取 20~50g 样品，简易的检验方法是取少许试样放在手掌中紧握或用哈气或摩擦的方法，提高样品的温度后，立即嗅其气味。对气味不易鉴定的样品，分取 20g 样品，放入广口瓶中，置于 60~70℃的水浴锅中，盖上瓶塞，保温 8~10min，开盖后，嗅其气味。优质大米具有正常的清香味，无其他异味。微有异味或有霉变气味、酸臭味、腐败味和不正常气味的为次质、劣质大米。正常的麦粒具有小麦特有的香味，绝不应有腐败气味及霉味。

4. 结果表示

正常的大米、小麦具有固有的色泽、气味，鉴定结果以“正常”或“不正常”表示。

（二）小麦杂质、不完善粒检验

夹杂物是指混在原料中没有利用价值的，甚至影响酒的品质的物质。

小麦杂质的测定

1. 原理

本测定按照 GB/T 5494—2019《粮油检验 粮食、油料的杂质、不完善粒检验》中所述之法。

2. 仪器和用具

（1）天平 感量 0.01g、0.1g、1g。

笔记随笔

（2）谷物选筛。

（3）电动筛选器（图 3-7）。

（4）分样器和分样板。

（5）分析盘、镊子等。

图 3-7　电动筛选器

3. **照明要求**

操作过程中照明条件应符合 GB/T 22505—2008《粮油检验 感官检验环境照明》的要求。

4. **操作步骤**

（1）样品制备　检验杂质的试样分大样、小样两种。大样是用于检验大样中的杂质，包括上层筛的大型杂质和下层筛的筛下物；小样是从检验过大样杂质的样品中分出少量试样，检验与粮粒大小相似的杂质、不完善粒等。检验小麦中杂质的试样用量：大样质量约 500g，小样质量约 50g。

（2）筛选　电动筛选器选法：按质量标准中规定的套上筛层（大孔筛在上，小孔筛在下，套上筛底），按规定称取试样放入上层筛上，盖上筛盖，放在电动筛选器上，接通电源，打开开关，选筛自动地向左向右各转 1min（110~120r/min），筛后静止片刻，将上层筛的筛上物和下层筛的筛下物分别倒入分析盘内。卡在筛孔中间的颗粒属于筛上物。

（3）大样杂质检验

①操作方法：从平均样品中，称取大样用量 500g，精确至 1g，按规定的筛选法分两次进行筛选，然后拣出上层筛的筛上大型杂质和下层筛的筛下物合并，称重（m_1），精确至 0.01g（小麦大型杂质在 4.5mm 筛上拣出）。

②结果计算：大样杂质含量（ω_1）以质量分数（%）表示，按式（3-1）计算。

$$\omega_1 = \frac{m_1}{500} \times 100 \tag{3-1}$$

笔记随笔

式中 ω_1——大样杂质百分率,%;

m_1——大样杂质质量，g;

500——大样质量，g。

在重复条件下，获得的两次独立测试结果的绝对差值不超过0.3%，求其平均数，即为检验结果。检验结果取小数后一位。

（4）小样杂质检验

①操作方法：从检验过大样杂质的试样中，称取小样用量50g，精确至0.01g，倒入分析盘中，按质量标准的规定拣出杂质，称重（m_2），精确至0.01g。

②结果计算：小样杂质含量（ω_2）以质量分数（%）表示，按式（3-2）计算。

$$\omega_2 = (100 - \omega_1) \times \frac{m_2}{50} \tag{3-2}$$

式中 ω_2——小样杂质百分率，%;

m_2——小样杂质的质量，g;

50——小样质量，g;

ω_1——大样杂质百分率，%。

在重复条件下，获得的两次独立测试结果的绝对差值不超过0.3%，求其平均数，即为检验结果。检验结果取小数后一位。

（5）杂质总量计算　杂质总量（ω）以质量分数（%）表示，按式（3-3）计算。

$$\omega = \omega_1 + \omega_2 \tag{3-3}$$

式中 ω——杂质总量，%;

ω_1——大样杂质百分率，%;

ω_2——小样杂质百分率，%。

计算结果取小数点后一位。

（6）不完善粒检验

①操作方法：在检验小样杂质的同时，按质量标准的规定挑出不完善粒，称重（m_3），精确至0.01g。

②结果计算：不完善粒（C）以质量分数（%）表示，按式（3-4）计算。

$$C = (100 - \omega_1) \times \frac{m_3}{50} \tag{3-4}$$

式中 m_3——小样杂质质量，g;

50——小样质量，g;

笔记随笔

C——不完善粒百分率，%；

ω_1——大样杂质百分率，%。

在重复条件下，获得的两次独立测试结果的绝对差值不超过 0.5%，求其平均数，即为检验结果。检验结果取小数后一位。

（三）碎米测定

本测定按照 GB/T 5503—2009《粮油检验　碎米检验法》中所述之法。

1. 原理

以筛分法和人工挑选相结合的方法，分选出样品中的碎米，称量碎米质量计算碎米含量。

2. 仪器和用具

（1）天平　感量 0.01g。

（2）谷物选筛　1.0mm、1.2mm、1.5mm 和 2.0mm 圆孔筛，配有筛底和筛盖，可配合筛选器使用。

（3）筛选器　转速 110~120r/min，可自动控制以 1min 为间隔按顺时针或逆时针各转动 1 次。

（4）分样板　长方形平整木板或塑料板，厚约 2mm，一条长边加工成斜口，便于分样。

（5）表面皿、分析盘、镊子等。

3. 样品制备

按 GB/T 5491—1985《粮食、油料检验　扦样、分样法》的规定扦样和分样，按 GB/T 5494—2019 的规定除去样品中的杂质。以四分法分取除去杂质的样品约 10g（m，精确至 0.01g）作为检验用试样。

4. 操作步骤

（1）大米碎米含量的检验

①大米小碎米的检验：先由上至下将 2.0mm、1.0mm 筛和筛底套装好，再将试样置于直径 2.0mm 圈孔筛内，盖上筛盖，安装于筛选器上进行自动筛选，将选筛静置片刻，收集留存在 1.0mm 圆孔筛上的碎米和卡在筛孔中的米粒，称量（m_1），精确至 0.01g。

大米碎米检验法

②大米碎米的检验：将检验小碎米后留存于 2.0mm 圆孔筛上的米粒连同卡在筛孔中的米粒倒入分析盘，手工拣出小于整米平均长度 3/4 的米粒，将拣出的碎米与①检出的小碎米合并称量

笔记随笔

(m_2)，精确至0.01g。

(2) 小米、高粱米、黍米、稷米中碎米含量的检验　先由上至下将1.5mm（小米为1.2mm），1.0mm筛和筛底套装好，再将试样置于直径1.5mm圆孔筛（小米为1.2mm）内，盖上筛盖，安装于筛选器上进行自动筛选，将选筛静置片刻，收集留存在1.0mm圆孔筛上的碎米和卡在筛孔中的米粒，称量（m_3），精确至0.01g。

5. 结果计算

(1) 大米小碎米率及碎米率的计算

①小碎米率 X_1 计算见式（3-5）：

$$X_1=\frac{m_1}{m}\times100 \quad (3-5)$$

式中　X_1——小碎米率，%；

m_1——小碎米质量，g；

m——试样质量，g。

②碎米率 X_2 计算见式（3-6）：

$$X_2=\frac{m_2}{m}\times100 \quad (3-6)$$

式中　X_2——小碎米率，%；

m_2——小碎米质量，g；

m——试样质量，g。

测定结果以平行试验结果的平均值表示，保留小数点后一位。平行试验结果绝对差不得超过0.5%。

(2) 小米、高粱米、黍米、稷米碎米率的计算　具体见式（3-7）。

$$X_3=\frac{m_3}{m}\times100 \quad (3-7)$$

式中　X_3——碎米率，%；

m_3——碎米质量，g；

m——试样质量，g。

测定结果以平行试验结果的平均值表示，保留小数点后一位。平行试验结果绝对差不得超过0.5%。

（四）小麦容重测定

容重是原料颗粒在单位容积内的质量，以g/L表示。通常容重大的，其颗粒饱满整齐，淀粉含量相对来说也高些。容重愈大，质量愈好，表示虫蛀空壳的、瘪瘦的颗粒愈少。小麦容重的评判标准

笔记随笔

按表 3-4 小麦质量要求进行。

1. 原理

本法采用中华人民共和国国家标准 GB/T 5498—2013《粮食、油料检验　容重测定法》国家标准。图 3-8 所示的容重器是旧式的容重器，用称量原理手动称量；图 3-9 所示的是现在新式的容重器，它是电子天平称量。

本法采用 GB/T 5498—2013《粮油检验　容重测定》。

2. 仪器和用具

（1）HGT-1000 型容重器　即增设专用底板的 61-71 型容重器，如图 3-8（2）所示。

（1）旧式容重器　（2）HGT-1000型容重器

图 3-8　容重器

（2）天平　感量 0.1g。

（3）谷物选筛　不同粮种选用的筛层如下规定。

①小麦：上筛层 4.5mm，下筛层 1.5mm。

②高粱：上筛层 4.0mm，下筛层 2.0mm。

③粟：上筛层 3.5mm，下筛层 1.2mm。

图 3-9　GHCS-1000 电子谷物容重器

3. 测定步骤与方法

（1）试样制备　从平均样品中分取试样约 1000g，按谷物筛选规定的筛层，分 4 次进行筛选，拣出上层筛上的大型杂质并弃除下层筛筛下物，合并上、下层筛上的粮食籽粒混匀作为测定容重的试样。

小麦容重的测定（一）

小麦容重的测定（二）

笔记随笔

（2）容重器安装与调零（HGT-1000型容重器操作方法）

①打开箱盖，取出所有部件，盖好箱盖。

②在箱盖的插座上安装立柱，将横梁支架安装在立柱上，并用螺丝固定，再将不等臂式横梁安装在支架上。

③将放有排气砣的容量筒挂在吊环上，将大、小游锤移至零点处，检查空载时的零点。如不平衡，则捻动平衡调整砣调整至平衡。

④取下容量筒，倒出排气砣，将容量筒安装在铁板底座上，插上插片，放上排气砣，套上中间筒。

（3）检测　将制备的试样倒入谷物筒内，装满刮平。再将谷物筒套在中间筒上，打开漏斗开关，待试样全部落入中间筒后关闭漏斗开关。握住谷物筒与中间筒接合处，平稳地抽出插片，使酒样与排气砣一同落入容量筒内，再将插片准确地插入豁口槽中，依次取下谷物筒，拿起中间筒和容量筒，倒净插片上多余的试样，抽出插片，将容量筒挂在吊环上称重并记录读数。称量的质量即为试样容重。

（4）平行试验　按上步骤重新检测一次。平行试验结果允许差不超过3g/L。

4. 结果计算

两次称量数值求其平均数即为测定结果，测定结果取整数。

（五）大米（小麦）水分检测

1. 直接干燥法

（1）原理　利用谷物中水分的物理性质，在101.3kPa（一个大气压），温度101~105℃下采用挥发方法测定样品中干燥减失的重量，包括吸湿水，部分结晶水和该条件下能挥发的物质，再通过干燥前后的称量数值计算出水分的含量。

（2）仪器和用具

①电热恒温干燥箱。

②分析天平：感量0.1mg。

③实验室用电动粉碎机：如图3-10所示。

④备有变色硅胶的干燥器。

⑤谷物选筛。

⑥铝盒（内径4.5cm，高2cm）或玻璃制称量瓶。

笔记随笔

(3) 试样制备　用四分法从平均样品中分取 30~50g 样品，除去大样杂质和矿物质，粉碎细度通过 1.5mm 圆孔筛的不少于 90%。

图 3-10　电动粉碎机

(4) 测定方法　取洁净铝盒或玻璃制的扁形称量瓶，置于 101~105℃ 干燥箱中，瓶盖斜支于瓶边，加热 1.0h，取出盖好，置干燥器内冷却 0.5h，称量，并重复干燥至前后两次质量差不超过 3mg，即为恒重。将混合均匀的试样迅速磨细至颗粒小于 2mm，称取 2g 试样（精确至 0.0001g），放入此称量瓶中，加盖，精密称量后，置于 101~105℃ 干燥箱中，瓶盖斜支于瓶边，干燥 2~4h 后，盖好取出，放入干燥器内冷却 0.5h 后称量。然后再放入 101~105℃ 干燥箱中干燥 1h 左右，取出，放入干燥器内冷却 0.5h 后再称量。并重复以上操作至前后两次质量差不超过 3mg，即为恒重（企业一般烘 5h 为恒重）。

(5) 结果计算　大米与小麦含水量按式（3-8）计算。

$$X = \frac{m_1 - m_2}{m_1 - m_0} \times 100 \tag{3-8}$$

式中　X——水分的含量，%；

m_0——铝盒的质量，g；

m_1——烘前试样和铝盒的质量，g；

m_2——烘后试样和铝盒的质量，g。

大米水分的测定

在重复条件下，获得的两次独立测试结果的绝对差值不超过算术平均值的 10%，求其平均数，即为检验结果。检验结果保留三位有效数字。

(6) 注意事项　一般情况下，烘干后称量的最佳时间为 30min。烘箱一定要用带鼓风装置的烘箱，样品要在盒子内摊开。

2. **快速水分测定仪测定水分（红外干燥法）**

(1) 原理　红外干燥法是利用物料吸收有一定穿透性的远红外线使内部自身发热、温度升高导致失水。

红外线快速水分测定仪采用热解重量原理设计，是一种新型快速水分检测仪器。水分测定仪在测量样品重量的同时，红外加热单元和水分蒸发通道快速干燥样品，在干燥过程中，水分仪持续测量

笔记随笔

并即时显示样品丢失的水分含量，干燥程序完成后，最终测定的水分含量值被锁定显示。与传统的烘箱加热法相比，红外加热可以最短时间内达到最大加热功率，在高温下样品快速被干燥，大大加快了测量时间，一般样品只需几分钟即可完成测定。该仪器操作简单，测试准确，显示部分采用红色数码管，示值清晰可见，分别可显示水分值，样品初值、终值，测定时间，温度初值、最终值等数据。具有保质、干燥快速和节能等特点。

（2）仪器　快速水分测定仪如图 3-11 所示。

图 3-11　快速水分测定仪

（3）测定方法　一般按说明书操作。

（4）注意事项

①本法测定较为迅速是优点，但易受操作时条件影响，精密度较差，故测定时应与电热干燥箱法作对照，以选择合适的灯距与干燥时间。

②需平行测定 2 份样品，取其平均值（两者误差小于 0.2%）。

（六）大米粗淀粉的测定

大米粗淀粉测定方法（一）

大米粗淀粉测定方法（二）

1. 原理

淀粉经酸或酶水解成具有还原性的单糖，然后按还原糖测定，并折算成淀粉。

$$(C_6H_{10}O_5)_n + nH_2O \xrightarrow{H^+或酶} nC_6H_{12}O_6$$

2. 仪器和用具

（1）实验室用电动粉碎机。

（2）电子天平（精度 0.01g）。

（3）锥形瓶　150、250mL。

（4）电炉。

（5）1m 长具塞玻璃管。

（6）容量瓶　500mL。

（7）酸式滴定管　50mL。

3. 试剂

（1）1+4 的盐酸溶液　1 份浓盐酸加入到 4 份水中。

笔记随笔

（2）200g/L 氢氧化钠溶液　称取 200g 氢氧化钠，加蒸馏水溶解并稀释至 1000mL。

（3）10g/L 亚甲基蓝指示剂　称取 1.0g 亚甲基蓝，加水溶解并定容至 100mL。

（4）10g/L 酚酞指示剂　称取 1g 酚酞，溶于乙醇（95%），用乙醇（95%）稀释至 100mL。

（5）费林溶液　参见项目一任务二“黄酒检测试剂”中费林溶液配制与标定。

4. 测定方法

（1）大米试样水解液制备　从上述试样中用电子天平准确称取 2.0g 试样，置于 250mL 锥形瓶中，加 1+4 盐酸溶液 50mL，轻轻摇动锥形瓶，使试样充分湿润。在瓶口加上长约 1m 的长玻璃管，在电炉上加热，保持微沸半小时（图 3-12）。冷却后加酚酞指示剂 2 滴，用 20%氢氧化钠溶液中和至中性。用脱脂棉过滤，滤液用 500mL 容量瓶接收，用水充分洗涤残渣，洗液并入容量瓶中，然后用蒸馏水定容，摇匀，得到大米试样水解液。

（2）试样水解液糖度测定

①水解液预滴定：准确吸取费林甲、乙液各 5mL 于 250mL 锥形瓶中，加水 30mL，混合后置于电炉上加热至沸腾。滴入试样水解液，保持沸腾，待试液蓝色即将消失时，加入 10g/L 亚甲基蓝指示液两滴，继续用试样水解液滴定至蓝色刚好消失为终点。记录消耗试样水解液的体积（V）。

图 3-12　淀粉酸水解

②水解液正式滴定：准确吸取费林甲、乙液各 5mL 于 150mL 锥形瓶中，加水 30mL，混匀后加入比预滴定体积（V）少 1mL 的水解液，置于电炉上加热至沸，加入亚甲基蓝指示液 2 滴，保持沸腾 2min，继续用水解液滴定至蓝色刚好消失为终点，记录消耗水解液的体积（V_1）。全部滴定操作须在 3min 内完成。

5. 结果计算

淀粉含量按式（3-9）计算：

笔记随笔

$$淀粉(\%)=\frac{500\times F}{V_1\times m}\times 0.9\times 100 \tag{3-9}$$

式中 F——费林甲、乙液各5mL相当的葡萄糖的质量，g；

V_1——滴定消耗糖液的体积，mL；

m——试样的质量，g；

500——滤液总体积，mL；

0.9——葡萄糖与淀粉的换算系数。

6. 注意事项

（1）本法严格要求在规定的操作条件下进行，加热的温度以600W电炉为好。在电炉上微沸时，要严格做到气体不冲出回流的玻璃管。米粉不要黏贴在锥形瓶壁上。每次滴定时均应保持相同程度的沸腾，如果沸腾程度相差悬殊，则会造成误差。

（2）由于亚甲基蓝也能被空气氧化成为蓝色，同时反应生成的氧化亚铜也易被氧化，因此滴定操作必须在试液沸腾状况下进行，以逐出瓶中的空气，故不能从电炉上取下滴定。

（3）葡萄糖与费林溶液反应需要一定的时间，因此滴定速度不能太快，一般以每2秒1滴为宜。严格掌握滴定时间，做预滴定的目的就是便于控制时间，以免造成较大误差。

（4）试样经水解、中和后，应立即定糖，不能久置，否则糖易腐败而导致结果偏低。

（5）葡萄糖与淀粉换算系数：淀粉的相对分子质量（162）÷葡萄糖相对分子质量（180）=0.9，即0.9g淀粉水解后生成1g葡萄糖。

（6）费林甲、乙溶液在临用时量取等容量相混合，否则酒石酸钾钠铜络合物长期在碱性条件下，会缓慢分解。如果贮存过久，在使用前须检查是否适用。方法是吸取费林甲、乙溶液各5mL于锥形瓶中，加蒸馏水30mL，摇匀煮沸数分钟，若仍属清澈，则可以继续使用；如若发现有红色氧化亚铜析出，即使是微量，也应重新配制或标定。

（7）亚甲基蓝指示剂的用量也应一定，不然也会造成误差。

（七）大米中粗蛋白质的检测（凯氏定氮法）

1. 原理

原料大米与浓硫酸和催化剂（五水硫酸铜）共同加热消化，使蛋白质分解，产生的氨与硫酸结合生成硫酸铵，留在消化液中，然

笔记随笔

后加碱蒸馏使氨游离，用硼酸吸收后中，再用盐酸标准溶液滴定，根据盐酸的消耗量，再乘以蛋白质换算系数，即得蛋白质含量。依据 GB 5009.5—2016《食品安全国家标准　食品中蛋白质的测定》。

2. 仪器与试剂

(1) 定氮蒸馏装置　如图 3-13 所示。

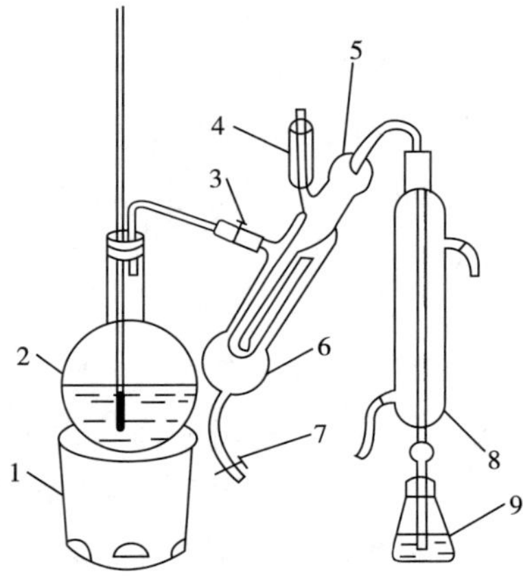

图 3-13　定氮蒸馏装置

1—电炉　2—水蒸气发生器（2L 烧瓶）　3—螺旋夹　4—小漏斗及棒状玻璃（样品入口处）　5—反应室　6—反应室外层　7—橡皮管及螺旋夹　8—冷凝管　9—蒸馏液接收瓶

(2) 硫酸铜（$CuSO_4 \cdot 5H_2O$）。

(3) 硫酸钾。

(4) 硫酸（密度为 1.8419g/mL）。

(5) 40g/L 硼酸溶液。

(6) A 混合指示剂　1g/L 甲基红乙醇与 1g/L 亚甲基蓝乙醇溶液，临用时按 2∶1 的比例混合。

(7) B 混合指示剂　1g/L 甲基红乙醇溶液与 1g/L 溴甲酚绿乙醇溶液，临用时按 1∶5 比例混合。

(8) 400g/L NaOH 溶液。

(9) 甲基红乙醇溶液（1g/L）　称取 0.1g 甲基红，溶于 95%乙醇，用 95%乙醇稀释至 100mL。

(10) 0.1mol/L HCl 标准溶液　量取浓盐酸 9mL 加水稀释至 1000mL。

标定：准确称取经 270～300℃灼烧至恒重的基准无水碳酸钠

笔记随笔

0.17g（准确至0.0002g）。溶于50mL水中，加5滴溴甲酚绿–甲基红混合指示液，用配制好的盐酸溶液滴定至溶液由绿变为灰红色，煮沸2min，冷却后继续滴定至溶液再呈灰红色。同时做空白试验。

计算见式（3–10）：

$$c_{HCl}\ (\text{mol/L}) = \frac{m}{(V_1 - V_2) \times 0.05299} \tag{3-10}$$

式中 m——无水碳酸钠的质量，g；

V_1——消耗HCI溶液的体积，mL；

V_2——空白试验消耗HCI溶液的体积，mL；

0.05299——消耗1mL 1mol/L HCl标准溶液相当于无水碳酸钠质量，g/mmol。

大米蛋白质测定

3. 操作步骤

（1）样品消化　准确称取粉碎样品1~2g，移入干燥的250mL凯氏烧瓶中。加入1g硫酸铜、10g硫酸钾及25mL浓硫酸，小心的摇匀后，于瓶口置一小漏斗，瓶颈45°角倾斜置电炉上，在通风橱内加热消化。先以小火缓慢加热，待到内容物完全炭化、泡沫消失后，加大火力，消化至溶液透明呈蓝绿色。取下漏斗，继续加热0.5h，冷却至室温。

（2）蒸馏、吸收　安装好蒸馏装置，冷凝管下端浸入接收瓶液面之下（瓶内预先装有50mL 40g/L硼酸溶液及混合指示剂5~6滴）。在凯氏烧瓶内加入100mL水、玻璃珠数颗，从安全漏斗中慢慢加入70mL 400g/L NaOH溶液，溶液应呈蓝褐色。将定氮瓶连接好，加热蒸馏30min，然后将蒸馏装置出口离开液面继续蒸馏1min，用水淋洗尖端后停止蒸馏。

（3）滴定　将接收瓶内的硼酸液用0.1mol/L HCl标准溶液滴定至终点。如用A混合指示剂，终点颜色为灰蓝色；如用B混合指示剂，终点颜色为浅灰红色。同时做空白试验（除不加样品外，从消化操作开始完全相同）。

4. 结果计算

蛋白质含量按式（3–11）计算：

$$蛋白质含量\ (\%) = (V - V_0) \times c \times 0.014 \times \frac{1}{m} \times F \times 100 \tag{3-11}$$

式中 c——HCl标准溶液的浓度，mol/L；

V——试样滴定消耗HCl标准溶液的体积，mL；

V_0——空白滴定消耗HCl标准溶液的体积，mL；

笔记随笔

m——样品的质量，g；

0.014——消耗 1mL 1mol/LHCl 标准溶液相当于氮的质量，g/mmol；

F——氮换算为蛋白质的系数（5.95）；

100——换算系数。

5. 讨论

（1）所用试剂应用无氨水配制。

（2）消化过程应注意转动凯氏烧瓶，利用冷凝酸液将附在瓶上炭粒冲下，以促进消化完全。

（3）硫酸铜起到催化作用，加速氧化分解。硫酸铜也是蒸馏时样品液碱化指示剂，若所加碱量不足，分解液呈蓝色不生成氢氧化铜沉淀，需再增加 NaOH 用量。

（4）消化时硫酸与硫酸钾作用生成硫酸氢钾，可提高沸点达400℃从而加快消化速度。

（5）一般消化至呈透明后，继续消化 30min，使杂环氨基酸上的氮分解释放。

（6）若样品消化液不澄清透明，可将凯氏烧瓶冷却，加 2～3mL 30%过氧化氢后再加热。

（7）蒸馏过程应注意接头处不要漏，蒸馏完毕，先将蒸馏出口离开液面，继续蒸馏 1min，将附着在尖端的吸收液都洗入吸收瓶内，再将吸收瓶移开，最后关闭电源，否则吸收液将发生倒吸。

（八）大米互混率测定

检测依据是 GB/T 5493—2008《粮油检验　类型及互混检验》。

1. 原理

直链淀粉遇碘显蓝色，支链淀粉遇碘显棕红色，糯米中几乎全是支链淀粉，遇碘显棕红色，粳米与籼米直链淀粉占 20%～30%，粳米与籼米遇碘显蓝色。

糯米互混测定方法

2. 试剂

0.1%碘乙醇溶液：0.1 克固体碘加入少量 75%乙醇溶解，再加 75%乙醇到 100mL。

黄酒原料分析：淀粉遇碘显色原理

3. 操作步骤

非糯性与糯性米粒互混不易鉴别时，不加挑选地取出 200 粒完整粒，用清水洗涤后，用 0.1%碘酒溶液浸泡 1min 左右，然后用蒸馏水洗净，观察米粒着色情况。糯性米粒呈棕红色，非糯性米粒呈

笔记随笔

蓝色。拣出混有异类型的粒数 n。

4. 结果计算

互混率按式（3-12）计算：

$$互混率（\%）=\frac{n}{200}\times 100 \quad (3-12)$$

式中 n——异粒数，粒；

200——试样数，粒。

在重复性条件下，获得的两次独立测试结果的绝对差值不大于1%，求其平均数即为测试结果。检验结果保留到整数位。

（九）食品中有机磷农药残留量的测定（GB/T 5009.20—2003《食品中有机磷农药残留量的测定》）

1. 原理

含有机磷的样品在富氢焰上燃烧，以 HPO 碎片的形式，放射出波长 526nm 的特性光。这种光通过滤光片选择后，由光电倍增管接收，转换成电信号，经过微电流放大器放大后被记录下来。试样的峰面积或峰高与标准品的峰面积或峰高进行比较定量。

2. 仪器与试剂

（1）仪器

①气相色谱仪：附有火焰光度检测器（FPD），用于检测含磷含硫化合物。

②粉碎机。

③旋转蒸发仪。

④组织捣碎机。

（2）试剂

①丙酮。

②二氯甲烷。

③氯化钠。

④无水硫酸钠。

⑤助滤剂 Celite545。

⑥农药标准品：敌敌畏：纯度≥99%，速灭磷：顺式纯度≥60%、反式纯度≥40%，久效磷：纯度≥99%，甲拌磷：纯度≥98%，巴胺磷：纯度≥99%，二嗪农：纯度≥98%，乙嘧硫磷：纯度≥97%，甲基嘧啶硫磷：纯度≥99%等。

笔记随笔

⑦ 农药标准溶液的配制：分别准确称取农药标准品，用二氯甲烷为溶剂，分别配制成 1.0mg/mL 的标准储备液，贮于冰箱（4℃）中，使用时用二氯甲烷稀释配成单一品种的标准使用液（1.0μg/mL）。再根据各农药品种的食品相应值或最小检测限，吸取不同量的标准储备液，用二氯甲烷稀释成混合标准使用液。

3. 操作步骤

（1）试样的制备　取粮食样品经粉碎，过 20 目筛制成粮食试样。

（2）提取　称取 25.00g 试样，置于 300mL 烧杯中，加入 50mL 水和 100mL 丙酮（提取液总体积为 150mL），用组织捣碎机提取 1~2min。匀浆液经铺有二层滤纸和约 10g Celite545 的布氏漏斗减压抽滤。从滤液中分取 100mL 移至 500mL 分液漏斗中。

（3）净化　向滤液中加入 10~15g 氯化钠，使溶液处于饱和状态。猛烈振摇 2~3min 静置 10min，使丙酮从水相中分层，水相用 50mL 二氯甲烷振摇 2min，再静置分层。

将丙酮与二氯甲烷提取液合并，经装有 20~30g 无水硫酸钠的玻璃漏斗脱水，滤入 250mL 圆底烧瓶中，再以约 40mL 二氯甲烷分数次洗涤容器和无水硫酸钠。洗涤液也并入烧瓶中，用旋转蒸发器浓缩至约 2mL，浓缩液定量转移至 5~25mL 容量瓶中，加二氯甲烷定容至刻度线。

（4）气相色谱测定条件

①色谱柱：

a. 玻璃柱 2.6m×3mm（i. d），填装涂有 4.5%（质量分数）DC-200+2.5%（质量分数）OV-17 的 Chromosorb W A W DMCS（80~100 目）的担体。

b. 玻璃柱 2.6m×3mm（i. d），填装涂有 1.5%（质量分数）QF-1 的 Chromosorb W A W DMCS（60~80 目）的担体。

②气体速度：氮气（N_2）50mL/min，氢气（H_2）100mL/min，空气 50mL/min。

③温度：柱箱 240℃，气化室 260℃，检测器 270℃。

（5）测定　吸取 2~5μL，混合标准液及试样净化液注入气相色谱中，以保留时间定性。以试样的峰高或峰面积与标准比较定量。

4. 计算

组分中有机磷农药的含量按式（3-13）计算：

$$X_i = \frac{A_i \times V_1 \times V_3 \times E_i}{A_{0i} \times V_2 \times V_4 \times m} \tag{3-13}$$

笔记随笔

式中 X_i——i 组分有机磷农药的含量，mg/kg；

A_i——试样中 i 组分的峰面积，积分单位；

A_{0i}——混合标准液中 i 组分的峰面积，积分单位；

V_1——试样提取液的总体积，mL；

V_2——净化用提取液的总体积，mL；

V_3——浓缩后的定容体积，mL；

V_4——进样体积，mL；

E_i——注入色谱仪中的 i 标准组分的质量，ng；

m——样品的质量，g。

计算结果保留两位有效数字。

5. 精密度

在重复条件下获得的两次独立测定结果的绝对差值不得超过算术平均值的 15%。

三、完成检验记录单

根据所学知识进行大米（小麦）检验，并及时完成检验记录单（表 3-5、表 3-6）。

表 3-5 大米检验原始记录单

检测日期： 年 月 日 No：

品名		供应单位	
订单号		送货单号	
数量		车牌号	
抽样数量		色泽、气味	
指标	项目	1	2
水分 ≤15.0%	铝盒号		
	盒和样的质量（m_1）/g		
	恒重后空盒的质量（m_0）/g		
	试样的质量/g		
	烘后的质量（m_2）/g		
	检测结果 $=\frac{m_1-m_2}{m_1-m_0}\times100$/%		
	结果（平均值）/%		

续表

指标	项目	1	2
互混率≤5%	试样数/200 粒		
	异粒数/粒		
	互混率=异粒数/200×100/%		
	结果（平均值）/%		
小碎米率≤0.5%	试样的质量（m）/g		
	小碎米的质量（m_1）/g		
	小碎米率=m_1/m×100/%		
	结果（平均值）/%		
总碎米率≤7.5%	试样的质量（m）/g		
	碎米的质量（m_2）/g		
	碎米率=m_2/m×100/%		
	总碎米率=小碎米率+碎米率/%		
	结果（平均值）/%		
淀粉	试样的质量（m）/g		
	滴定消耗体积（V）/mL		
	F 值		
	检测结果=$\frac{500\times F}{V\times m}\times 0.9\times 100$/%		
	结果（平均值）/%		
综合判定		备　注	
检验员		复　核	

表 3-6　小麦检验原始记录单

检测日期：　　　年　　月　　日　　　　　　　　　　No：

品名		供应单位	
订单号		送货单号	
数量		车牌号	
抽样数量		色泽、气味	
指标	项目	1	2
水分≤13.0%	铝盒号		
	盒和样的质量（m_1）/g		
	恒重后空盒的质量（m_0）/g		

续表

指标	项目	1	2
水分 ≤13.0%	试样的质量/g		
	烘后的质量（m_2）/g		
	检测结果 $=\dfrac{m_1-m_2}{m_1-m_0}\times100$/%		
	结果（平均值）/%		
杂质 ≤1.0%	大样试样重/g	500	500
	大样杂质的质量（m_1）/g		
	大样杂质含量（w_1）$=\dfrac{m_1}{500}\times100$/%		
	小样试样的质量/g		
	小样杂质的质量（m_2）/g		
	小样杂质含量（w_2）=（$100-w_1$）$\times\dfrac{m_2}{50}$/%		
	杂质总量（w）$=w_1+w_2$/%		
	结果（平均值）/%		
容重 ≥740g/L	检测结果/（g/L）		
	结果（平均值）/（g/L）		
综合判定		备注	
检验员		复核	

笔记随笔

四、结果评价

按附录三“实施任务评价表”进行评价。

任务拓展

一、填空题

1. 大米的小碎米是通过直径________圆孔筛，留存在直径________圆孔筛上的不完整米粒。

2. 谷物选筛小麦规定的筛层上筛层________，下筛层________分________次进行筛选。

3. 直链淀粉遇碘显________，支链淀粉遇碘显________。

4. 物质烘干称量恒重时，二次称量差不超过________。

二、名词解释

1. 容重

笔记随笔

2. 互混率

3. 碎米

4. 糙米粒

5. 硬质红小麦

三、判断题

1. 检验小麦中杂质的试样用量：大样质量约 500g，小样质量约 100g。（　　）

2. 大米水分测定时直接干燥法规定称量容器的铝盒内径 4.5cm，高 2cm。（　　）

3. 碎米含量测定时以四分法分取除去杂质的样品约 10g 作为检验用试样。（　　）

4. 小麦容重测定时平行试验结果允许差不超过 3g/L。（　　）

5. 食品淀粉含量计算时，葡萄糖与淀粉的换算系数为 0.9。（　　）

四、简答题

1. 大米试样水解液制备方法。

2. 酿酒原料大米（小麦）气味鉴定的方法。

五、计算题

用酸水解法测定粗淀粉含量时，称取 2.0g 米粉经酸水解处理后得到水解液，测定时消耗水解液 17.5mL。费林溶液的（F 值是 0.0532g），求粗淀粉的含量是多少？

六、讨论题

黄酒企业检测大米互混率指标的主要原因是什么？

职业技能拓展

本任务中原料大米与小麦检验，部分知识点是一带一路暨金砖国家技能发展与技术创新大赛——粮油食品加工与质量检测竞赛项目的内容。同学们务必要掌握相关知识点与操作技能。相关知识到浙江省高等学校在线开放课程共享平台“黄酒检测技术”课程学习资源中去学习。

大米灰分测定

笔记随笔

任务二
酿造用水检验

任务要求

具体任务

根据教师提供的学习资料和网络教学资源，学生自学黄酒酿造用水检验的基本知识，在教师的指导下完成学习汇报 PPT。根据黄酒酿造用水检验的方法，制订黄酒酿造用水的检验方案，按照黄酒企业的规范操作，完成检验任务，填写检验报告。

任务目标

①掌握酿造用水浊度的检测方法。

②掌握酿造用水硬度的表示方法与检测方法。

③了解酿造用水余氯、氯化物的检测方法。

④培养学生具有珍惜水资源、保护环境的社会责任意识。

⑤培养学生具有工匠精神与公平公正、实事求是的职业素养。

技能目标

①能检测水浊度。

②会表示与检测水的硬度。

③会检测水中的氯化物。

知识准备

一、水质标准

GB 5749—2022《生活饮用水卫生标准》已于 2023 年 4 月 1 日起正式实施，与之配套的检验标准 GB/T 5750—2023《生活饮用水标准检验方法》在 2023 年 10 月 1 日起正式实施。此次颁布与实施的新标准，对实验室及实验工作者来说将会是一个全新的挑战！

二、黄酒酿造用水要求

在黄酒生产中，人们形象地将水比喻为“酒之血”。水是黄酒的主要成分，含量达 80%以上（半甜黄酒、甜黄酒除外），所以对

笔记随笔

黄酒的品质影响极大。黄酒生产用水量很大，每生产 1t 黄酒需耗水 10~20t。按用途可将酿制黄酒所用的水分成洗涤用水、锅炉用水、制曲用水和酿造用水等。不同用途的水有不同的质量要求，浸米和制曲以及投料用水的要求较高，最好选择泉水，也可用湖心或河水，以及井水。用自来水作发酵用水时，预先采用活性炭过滤去除 Fe^{3+} 和游离 Cl^-，但是适量的 Ca^{2+} 和 Cl^- 能促进发酵。

酿造用水应基本符合我国生活饮用水的标准，某些项目还应符合酿造黄酒的专业要求：pH 理想值为 6.8~7.2，最高极限 6.5~7.8；总硬度理想要求 35.7~89.3mg/L，最高极限 214mg/L；硝酸态氮的理想要求 0.2mg/L 以下，最高极限 0.5mg/L；游离余氯量理想要求 0.1mg/L，最高极限 0.3mg/L；铁含量要求 0.5mg/L 以下；锰含量要求在 0.1mg/L 以下等。黄酒酿造用水的水质要求高于日常的饮用水，对水的感官指标、硬度、pH、无机盐、有机物含量等项目有较高的要求，还要求无病原体、细菌菌落总数小于 50 个/mL、大肠杆菌不得检出。

三、绍兴鉴湖水水质及成因

绍兴黄酒采用水质优良的地理保护范围内的鉴湖水，形成了绍兴黄酒的独特品质。绍兴鉴湖水具有清澈透明、水色度低（色度 10）、透明度高（平均透明度为 0.96m，最高达 1.4m）、溶解氧高（平均为 8.75mg/L）、耗氧量少（平均 BOD 为 2.53mg/L）等优点。又因为上游集雨面积较大，雨量充沛，山水补给量较多，故水体常年更换频繁。据估算，每年平均更换次数为 47.5 次，平均 7.5d 更换一次。更特别的是，湖区还广泛地埋藏着上下两层泥煤。下层泥煤埋在湖底 4m 深处，分布比较零散，对湖水仅有间接作用。上层泥煤分布在湖岸和裸露在湖底，直接与水体相接触，其长度约占鉴湖水域的 78%，湖底覆盖面积约 30%。这些泥煤含有多种含氧官能团，能吸附湖水中的金属离子和有害的物质等污染物。研究结果表明，岸边泥煤层所吸附的污染物质高于上下土层，说明它的吸污能力远胜于一般土壤。而实测的结果又表明，甚至这些泥煤层所吸附的污染物的含量还是很低，仍有巨大的吸污容量。这是特殊的地质条件所形成，是其他湖泊水体所没有的。

绍兴鉴湖水域的保护范围

因此离开了鉴湖水也就酿不成绍兴黄酒了。清代文人梁章钜在《浪迹续谈》中就曾说过：“盖山阴、会稽之间，水最宜酒，易地

笔记随笔

则不能为良，故他府皆有绍兴人如法制酿，而水既不同，味即远逊。”绍兴酒只能是绍兴产，非外地所能仿造，其中一个最重要的原因就在于他们没有鉴湖水。

四、部分检测指标

（一）色度

水的色度是对天然水或处理后的各种水进行颜色定量测定时的指标。

纯净的水是无色透明的，但一般的天然水经常显示出浅黄、浅褐或黄绿等不同的颜色。产生颜色的原因是由溶于水的腐殖质、有机物或无机物质所造成的。另外，当水体受到工业废水的污染时也会呈现不同的颜色。这些颜色分为真色与表色，真色是由水中溶解性物质引起的，也就是除去水中悬浮物后的颜色，表色是没有除去水中悬浮物时产生的颜色。这些颜色的定量程度就是色度。测定水样的真色还是表色，须在报告结果时给予注明。一般洁净的天然水，其色度在15°~25°，自来水的色度多在5°~10°。水质标准中规定，色度不得超过15°。

测定水的色度的方法有铂钴标准比色法和铬钴标准比色法。

相同点：两种方法的精密度和准确度相同。

不同点：前者是测定水色度的标准方法，操作简便，色度稳定，标准比色系列保存时间适宜，可长时间使用。但是氯铂酸钾太贵，大量使用时不经济。后者用重铬酸钾代替氯铂酸钾，便宜而且易于保存，只是标准比色系列保存时间较短。

（二）浊度

水的浊度是可溶或不溶的有机物和无机物以及其他微生物等悬浮物质所造成的。浊度将直接影响水的感官质量和卫生质量。水质标准中规定，浊度不得超过1度。

浊度是水样光学性质的一种表达语，表示水中悬浮物质对光线透过时所产生的阻碍程度。测定水的浊度方法有目视法和分光光度法。

（三）硬度

水质的硬度原指沉淀肥皂的程度。使肥皂沉淀的原因主要是水中的钙、镁离子，此外铁、铝、锰、锶、锌等金属离子也有同样的作用。

总硬度可将上述离子的浓度相加进行计算。此法准确，但比较麻烦，而且在一般情况下钙、镁离子以外的其他金属离子浓度都很低，所以多采用乙二胺四乙酸二钠容量法测定钙、镁离子的总量，并经过换算，以每升水中碳酸钙的毫克数表示。酿造用水硬度的检测方法为 EDTA 络合滴定法。水样的 pH 对本法滴定结果影响很大，碱性增大可使滴定终点明显，但有析出碳酸钙和氢氧化镁沉淀的可能，故将溶液的 pH 控制在 10 为宜。对于某些普通金属离子的干扰作用，滴定的时候铜离子、铅离子等重金属离子可用硫化钠掩蔽，铁离子、铝离子可用三乙醇胺掩蔽消除。在缓冲溶液中加入足量的镁盐，可使滴定终点明显。

任务实施

黄酒酿造用水的检验

一、要点

酿造用水在感官检验的基础上，理化检验是实验室常用的检验方法。对于黄酒企业而言，酿造用水主要检测项目根据企业的实际情况而定，一般检测色度、浊度、硬度、氯化物、化学需氧量等项目。

二、工作过程

（一）酿造用水色度的检测——铂钴标准比色法

1. 原理

将水样与用氯铂酸钾和氯化钴试剂配制成已知浓度的标准比色系列进行目视比色测定，以氯铂酸盐离子的形式 1mg/L Pt 产生的颜色规定为 1 个色度单位。

2. 试剂

（1）标准储备液　准确称取 1.2456g 氯铂酸钾（K_2PtCl_6 相对分子质量 486，相当于 500mgPt）和 1.0000g 氯化钴（$CoCl_2 \cdot 6H_2O$

笔记随笔

相对分子质量 237.93）溶于每升含 100mL 盐酸的水中，然后移入 1000mL 的容量瓶中，用蒸馏水定容到刻度，摇匀。此溶液为 500 单位色度。

注 1：配制测色度的标准溶液，规定 1L 水中含有 2.419mg 的氯铂酸钾和 2.00mg 氯化钴时，将铂（Pt）的浓度为 1mg/L 时所产生的颜色深浅定为 1 度（1°）。

注 2：如果买不到有效的氯铂酸钾，可用金属铂来制备氯铂酸（氯铂酸极容易吸水，可使铂含量变化）。准确称取 0.500g Pt，溶解于适量的王水（1 份浓硝酸与 3 份浓盐酸混合）中，在石棉网上加热助溶，反复地加入数份新的浓盐酸，蒸发去除硝酸。按（1）的步骤将产物与 1.0000g $CoCl_2 \cdot 6H_2O$ 结晶一起溶解。

（2）标准颜色系列液　吸取 0、0.5、1.0、1.5、2.0、2.5、3.0、3.5、4.0、4.5、5.0mL 标准储备液，分别于已编号的比色管中，用水稀释定容至 50mL，加塞摇匀各管。则各管色度依次为 0°、5°、10°、15°、20°、25°、30°、35°、40°、45°、50°。此系列液在做好防止蒸发和污染的情况下，可长期使用。

3. 测定步骤

将水样置于与标准比色系列管规格一致的 50mL 比色管中，在白瓷板或白纸上同标准系列进行比较。

在观察时，要调整好比色管的角度，使光线向上反射时通过液柱，同时，眼睛自管口向下垂直观察。水样品管与标准系列管中某个颜色相同时，这个标准管的颜色就是水样的颜色。如果是两个标准管颜色之间，可取中间值，如果超过标准管的颜色时，可将水样稀释。

4. 计算

水样色度按式（3-14）计算。

$$\text{水样色度} = \text{标准管色度的度数} \times \text{水样稀释倍数} \tag{3-14}$$

（二）酿造用水浊度的检测

酿造用水浊度测定

1. 原理

水中的浊度是天然水和饮用水的一项重要水质指标。在适当温度下，硫酸肼与六次甲基四胺聚合形成白色高分子聚合物，以此作为浊度标准液，在一定条件下与水样浊度相比较。规定硫酸肼 1.25mg/L 和六次甲基四胺 12.5mg/L 水中形成的白色高分子聚合物所产生的浊度为 1 度（浊度单位：FTU 是 ISO 标准所用的测量单

笔记随笔

位，FTU 与 NTU 一致）。

2. 仪器与试剂

（1）分光光度计，30mm 比色皿。

（2）50mL 具塞的比色管。

（3）无浊度水　将蒸馏水通过 0.2μm 滤膜过滤，收集于用滤过水淋洗 2~3 次的烧瓶中。

（4）浊度标准储备液配制

①1g/100mL 硫酸肼溶液：准确称取 1.000g 硫酸肼（$N_2H_4 \cdot H_2SO_4$），用少量无浊度水溶解于 100mL 容量瓶中，并稀释至刻度。

②10g/100mL 六亚甲基四胺溶液：准确称取 10.00g 六亚甲基四胺［$(CH_2)_6N_4$］，用少量无浊度水溶解于 100mL 容量瓶中，并稀释至刻度。

③浊度标准储备液：准确吸取 5.00mL 硫酸肼溶液与 5.00mL 六亚甲基四胺溶液于 100mL 容量瓶中，混匀。在（25±3）℃条件下，静置 24h，用无浊度水稀释至刻度，混匀。该储备溶液的浊度为 400 度（0.4 度/mL），可保存 1 个月。

3. 测定步骤

（1）标准曲线绘制　准确吸取 0、0.50、1.25、2.50、5.00、10.00、12.50mL 浊度标准储备液（0.4 度/mL）分别置于 50mL 比色管中，加无浊度水稀释至刻度，摇匀。即得到浊度分别为 0、4、10、20、40、80、100 度的标准系列。然后于 680nm 波长，用 30mm 比色皿测定吸光度，并做记录，绘制标准曲线。

注：在 680nm 波长下测定，天然水中存在淡黄色、淡绿色无干扰。

（2）水样的测定　吸取 50.00mL 摇匀水样（无气泡，如浊度超过 100 度可酌情少取，用无浊度水稀释至 50.0mL），于 50mL 比色管中，按绘制标准曲线步骤测定吸光度，由标准曲线上查得水样对应的浊度，以无浊度水作空白。

4. 数据处理

浊度按式（3-15）计算：

$$浊度（度）= \frac{(C - C_0) \times 50}{V} \qquad (3-15)$$

式中　C——已稀释水样标准曲线上查得的浊度，度；

C_0——空白水样标准曲线上查得的浊度，度；

V——原水样的体积，mL；

笔记随笔

50——水样最终稀释的体积，mL。

（1）数据记录　如表 3-7 所示。

表 3-7　水样吸光度数据记录表

标准溶液体积/mL	0	0.50	1.25	2.50	5.00	10.00	12.50
浊度/度	0	4	10	20	40	80	100
吸光度							
水样吸光度							
空白吸光度							

（2）标准曲线绘制　以水中浊度为横坐标，对应的吸光度为纵坐标绘制标准曲线。由测得水样吸光度，在标准曲线上查出对应的浊度。

5. 注意事项

（1）分光光度法适用于饮用水、天然水及高浊度水，最低检测浊度为 3 度。

（2）水中应无碎屑和易沉颗粒，如所用器皿不清洁，或水中有溶解的气泡和有色物质时干扰测定。

（3）样品应收集到具塞玻璃瓶中，取样后尽快测定。如需保存，可保存在冷暗处不超过 24h。测试前需剧烈摇动并恢复到室温。

（4）所有与样品接触的玻璃器皿必须清洁可用盐酸或表面活性剂清洗。

（5）硫酸肼有毒、致癌！

（三）酿造用水硬度的检测

1. 原理

将水样的 pH 调到 10 后，乙二胺四乙酸二钠（简称 EDTA-Na_2）可与水中钙、镁离子形成无色可溶性络合物，铬黑 T 指示剂则能与钙、镁离子形成酒红色络合物。由于 EDTA-Na_2 络合能力比铬黑 T 强，用 EDTA-Na_2 滴定钙，镁到达终点时，钙、镁离子全部与 EDTA-Na_2 络合而使铬黑 T 游离，溶液由酒红色变为蓝色。由消耗 EDTA-Na_2 溶液的体积，便可计算出水样钙离子与镁离子的总量。

笔记随笔

2. 试剂与仪器

（1）缓冲溶液（pH10）　称取 5.4g 氯化铵，加水 20mL 溶解后，加浓氨溶液 36mL，再加水稀释定容到 100mL。

（2）0.5% 铬黑 T 指示剂　称取 0.5g 铬黑 T，溶于乙醇（95%），用乙醇（95%）稀释至 100mL，放在冰箱中保存，此指示剂可稳定一个月。

用下法配制的固体指示剂可较长期保存：称取 0.5g 铬黑 T，加 100g 分析纯氯化钠，研磨均匀，贮于棕色瓶内，密封备用。

（3）0.010mol/L 乙二胺四乙酸二钠标准溶液　称取 3.72g 分析纯乙二胺四乙酸二钠（$Na_2H_2C_{10}H_{12}O_8N_2 \cdot 2H_2O$）溶于蒸馏水中，并稀释至 1L。按下述方法标定乙二胺四乙酸二钠的准确浓度。

①锌标准溶液：准确称取 0.6~0.7g 分析纯锌粒，溶于 20mL 1∶1 的盐酸中，置于水浴上温热直到完全溶解后，移入容量瓶中，用蒸馏水稀释，定容到 1000mL。锌标准溶液浓度按式（3-16）计算。

$$c_1 = \frac{m}{65.39} \tag{3-16}$$

式中　c_1——锌标准溶液的浓度，mol/L；

m——锌的质量，g；

65.39——锌的摩尔质量，g/mol。

②吸取 25.00mL 锌标准溶液于 150mL 锥形瓶中，加入 25mL 蒸馏水，加氨水调节溶液至近中性，再加 2mL 缓冲溶液及 5 滴铬黑 T 指示剂，用 EDTA-Na_2 溶液滴定至溶液由酒红色变为蓝色即达终点。记下所消耗的体积，平行标定三次，按式（3-17）计算 EDTA-Na_2 标准溶液的浓度。

$$c_2 = \frac{c_1 V_1}{V_2} \tag{3-17}$$

式中　c_2——EDTA-Na_2 溶液的浓度，mol/L；

c_1——锌标准溶液的浓度，mol/L；

V_1——25mL 锌标准溶液的体积，mL；

V_2——滴定消耗 EDTA-Na_2 溶液的体积，mL。

（4）5%硫化钠溶液　称取 5.0g 硫化钠（$Na_2S \cdot 9H_2O$），溶于 100mL 蒸馏水中。

（5）1%盐酸羟胺溶液　称取 1.0g 盐酸羟胺（$NH_2OH \cdot HCl$），溶于 100mL 蒸馏水。

笔记随笔

（6）10%氰化钾溶液　称取 10.0g 氰化钾（KCN）溶于蒸馏水中，并稀释至 100mL。

3. 测定步骤

（1）吸取 50mL 水样（若硬度过大，可少取水样，用蒸馏水稀释至 50mL）置于 150mL 锥形瓶中。

（2）加入 1~2mL 缓冲溶液，5 滴铬黑 T 指示剂（或一小勺固体指示剂），立即用 EDTA-Na_2 标准溶液滴定，充分振摇，至溶液由紫红色变为纯蓝色，记下消耗的体积 V_1，同时做空白试验，记下消耗的体积 V_0。

（3）若水样中含有金属干扰离子使滴定终点延迟或颜色发暗，可另取水样加入 1%盐酸羟胺溶液 0.5mL 及 5%硫化钠溶液 1mL 或者 10%氰化钾溶液 0.5mL，再进行滴定。

4. 计算

水样的总硬度按式（3-18）计算：

$$C = \frac{(V_1 - V_0) \times C_1 \times 100.09 \times 1000}{V} \tag{3-18}$$

式中　C——水样的总硬度（$CaCO_3$），mg/L；

V_1——水样滴定消耗 EDTA-Na_2 标准溶液的体积，mL；

V_0——空白滴定消耗 EDTA-Na_2 标准溶液的体积，mL；

V——水样体积，mL；

C_1——EDTA-Na_2 标准溶液的摩尔浓度，mol/L；

100.09——碳酸钙的摩尔质量，g/mol；

1000——毫升转换成升。

5. 注意事项

（1）因 EDTA 络合滴定较酸碱反应慢得多，故滴定时速度不可过快。接近终点时，每加一滴 EDTA 溶液都应充分振荡，否则会使终点过早出现，测定结果偏低。

（2）水样中加缓冲溶液后，为防止 Ca^{2+}、Mg^{2+} 产生沉淀，必须立即进行滴定，并在 5min 内完成滴定过程。

（3）若水样中有较多高价锰离子，滴定终点模糊，需加少量（5 滴）1%盐酸羟胺溶液，使之还原 Mn^{2+} 溶于溶液中。

（4）总硬度除用碳酸钙表示外，尚可用德国度及毫摩尔/升（mmol/L）表示。每升水中含 10mg 氧化钙称为 1 个德国度（°dH），其换算方法如表 3-8 所示。

表 3-8　水质硬度单位换算表

硬度单位	毫摩尔/升（mmol/L）	德国度	碳酸钙/（mg/L）
毫摩尔/升（mmol/L）	1	2.804	50.045
德国度	0.3563	1	17.847
碳酸钙/（mg/L）	0.01998	0.0560	1

（四）酿造用水中氯化物的检测

笔记随笔

1. 原理

水样中 Cl^- 与 $AgNO_3$ 反应生成白色氯化银沉淀，过量的 $AgNO_3$ 与 K_2CrO_4 反应，形成砖红色铬酸银沉淀，以 $AgNO_3$ 消耗体积求得 Cl^- 的含量。

2. 试剂与仪器

（1）50g/L 铬酸钾指示液　称取 5.0g K_2CrO_4 溶于水并稀释至 100mL。

（2）硝酸银标准溶液　称取 17g 硝酸银，溶于 1000mL 水中，贮存于棕色瓶中。

标定：准确称取 0.15 g 氯化钠（预先 500～600℃灼烧），置入 250mL 锥形瓶中，加 100mL 蒸馏水溶解，加 1mL 50g/L 铬酸钾指示剂，在强烈摇动下，用 0.1mol/L 硝酸银标准溶液滴定到砖红色。

$AgNO_3$ 浓度按式（3-19）计算：

$$AgNO_3\ 浓度\ (mol/L) = \frac{m}{58.5 \times V} \times 1000 \tag{3-19}$$

式中　m——氯化钠称取量，g；

V——消耗硝酸银标准溶液体积，mL；

58.5——氯化钠的摩尔质量，g/mol；

1000——毫升转换成升。

（3）3%H_2O_2 溶液　30% H_2O_2 与水质量比为 1∶9。

（4）高锰酸钾晶体。

（5）碳酸钠。

酿造用水氯化物的分析

3. 测定步骤

吸取水样 50mL，置入 250mL 锥形瓶中，加约 1mL 50g/L 铬酸钾指示剂，在强烈摇动下，用 0.1mol/L 硝酸银标准溶液滴定到砖红色，记录硝酸银溶液的消耗体积 V_1（mL）。另取 50mL 蒸馏水作为空白，并记录空白消耗硝酸银溶液的体积 V_0（mL）。

笔记随笔

4. 计算

Cl^-浓度按式（3-20）计算：

$$Cl^-\text{浓度}(g/L)=\frac{c(V_1-V_0)}{V}\times 35.5 \qquad (3-20)$$

式中 c——$AgNO_3$ 溶液的摩尔浓度，mol/L；

V_1——滴定水样时消耗 $AgNO_3$ 标准溶液的体积，mL；

V_0——滴定空白时消耗 $AgNO_3$ 标准溶液的体积，mL；

V——所取水样的体积，mL；

35.5——氯离子的摩尔质量，g/mol。

5. 注意事项

（1）此测定的滴定终点不易掌握。为便于判断，可以拿一个按同样操作滴定到临近等当点的水样作对照颜色，滴定进行到黄色中略带红色即为终点（同对照作比较）。

（2）滴定含 Cl^-很少的水样时，终点更不易判断，如改在白瓷皿内进行则比较好观察。

（3）亚硫酸根（SO_3^{2-}）及硫离子（S^{2-}）对滴定有干扰，将水样用氢氧化钠溶液调节至中性或弱碱性，可以在滴定前加 3%H_2O_2 1mL，将其氧化后再滴定。

（4）含量低于 10mg/L 的水样，需加碳酸钠碱化后蒸发浓缩，否则测定的误差大。滴定时可将硝酸银标准溶液稀释一倍再用。

（5）水样的耗氧量超过 15mg/L 时，可取 100mL 水样，加入少许高锰酸钾晶体煮沸，再滴加乙醇还原过量的高锰酸钾，过滤后进行测定。

（五）化学需氧量的测定（重铬酸钾法）

1. 原理

在强酸性溶液中，准确加入过量的重铬酸钾标准溶液，加热回流，将水样中还原性物质（主要是有机物）氧化，过量的重铬酸钾，以试亚铁灵指示液作为指示剂，用硫酸亚铁铵标准溶液回滴，根据所消耗的重铬酸钾标准溶液量来计算水样化学需氧量。

2. 仪器

（1）500mL 全玻璃回流装置。

（2）加热装置（电炉）。

（3）25mL 或 50mL 酸式滴定管，锥形瓶，移液管，容量瓶等。

笔记随笔

3. 试剂

（1）重铬酸钾标准溶液（$\frac{1}{6}K_2Cr_2O_7=0.2500mol/L$）　称取预先在120℃烘干2h的基准重铬酸钾12.258g溶于水中，移入1000mL容量瓶，稀释至标线，摇匀。

（2）试亚铁灵指示液　称取1.485g邻菲罗啉（$C_{12}H_8N_2 \cdot H_2O$）0.695g，硫酸亚铁（$FeSO_4 \cdot 7H_2O$）溶于水中，稀释至100mL，贮于棕色瓶中。

（3）硫酸亚铁铵标准溶液［$c(NH_4)Fe(SO_4)_2 \cdot 6H_2O \approx 0.1mol/L$］　称取39.5g硫酸亚铁铵溶于水中，边搅拌边缓慢加入20mL浓硫酸，冷却后移入1000mL容量瓶中，加水稀释至标线，摇匀。临用前，用重铬酸钾标准溶液标定。

标定方法：准确吸取10.00mL重铬酸钾标准溶液于500mL锥形瓶中，加水稀释至110mL左右，缓慢加入30mL浓硫酸，摇匀。冷却后，加入3滴试亚铁灵指示液（约0.15mL），用硫酸亚铁铵溶液滴定，溶液的颜色由黄色转变成蓝绿色至红褐色即为终点。记录硫酸亚铁铵的消耗量V（mL）。硫酸亚铁铵标准溶液浓度按式（3-21）计算：

$$c=\frac{0.2500\times10.00}{V} \quad (3-21)$$

式中　c——硫酸亚铁铵标准溶液浓度，mol/L；

V——硫酸亚铁铵标准溶液的用量，mL。

（4）硫酸-硫酸银溶液　于500mL浓硫酸中加入5g硫酸银放置1~2d，不时摇动使其溶解。

（5）硫酸汞　结晶或粉末。

4. 测定步骤

（1）取20.00mL混合均匀的水样（或适量水样稀释至20.00mL）于250mL磨口的回流锥形瓶中摇匀，准确加入10mL重铬酸钾标准溶液及数粒小玻璃珠或沸石，连接磨口回流冷凝管，从冷凝管上口慢慢地加入30mL硫酸-硫酸银溶液，轻轻摇动锥形瓶使溶液混匀，加热回流2h（自开始沸腾计时）。

对于化学需氧量高的废水样，可先取上述操作所需体积的1/10的废水样和试剂于（15×150）mm硬质玻璃试管中，摇匀，加热后观察是否呈绿色。如果溶液呈绿色，再适当减少废水取样量，直至溶液不变绿色为止，从而确定废水样分析时应取用的体积。稀释时，取废水检测样品量不得少于5mL，如果化学需氧量很高，则废

笔记随笔

水检测样应多次稀释。废水中氯离子含量超过 30mg/L 时，应先把 0.4g 硫酸汞加入回流锥形瓶中，再加入 20.00mL 废水（或适量废水稀释至 20.00mL），摇匀。

（2）冷却后，用 90.00mL 水冲洗冷凝管壁，取下锥形瓶。溶液总体积不得少于 140mL，否则因酸度太大，滴定终点不明显。

（3）溶液再度冷却后，加 3 滴试亚铁灵指示液，用硫酸亚铁铵标准溶液滴定，溶液的颜色由黄色经蓝绿色至红褐色即为终点，记录消耗硫酸亚铁铵标准溶液的用量为 V_1。

（4）测定水样的同时，取 20.00mL 重蒸馏水，按同样操作步骤作空白实验。记录滴定空白时消耗硫酸亚铁铵标准溶液的用量为 V_0。

5. 计算

水样化学需氧量按式（3-22）计算：

$$COD_{Cr}(O_2, mg/L)=\frac{(V_0-V_1)\times c\times 8\times 1000}{V} \tag{3-22}$$

式中　c——硫酸亚铁铵标准溶液的浓度，mol/L；

V_0——滴定空白时硫酸亚铁铵标准溶液的用量，mL；

V_1——滴定水样时硫酸亚铁铵标准溶液的用量，mL；

V——水样的体积，mL；

8——氧（1/2）的摩尔质量，g/mol；

1000——克转换成毫克。

6. 注意事项

（1）使用 0.4 g 硫酸汞络合氯离子的最高量可达 40mg，如取用 20.00mL 水样，即最高可络合 2000mg/L 氯离子浓度的水样。若氯离子的浓度较低，也可少加硫酸汞，使保持硫酸汞：氯离子 = 10：1（质量比）。若出现少量氯化汞沉淀，并不影响测定。

（2）水样取用体积可在 10.00~50.00mL 内，但试剂用量及浓度需按表 3-9 进行相应调整，也可得到较满意的结果。

表 3-9　水样取用量和试剂用量表

水样体积/mL	0.2500mol/L $K_2Cr_2O_7$ 溶液/mL	H_2SO_4-Ag_2SO_4/mL	$HgSO_4$/g	$(NH_4)_2Fe(SO_4)_2$/(mol/L)	滴定前总体积/mL
10.0	5.0	15	0.2	0.050	70
20.0	10.0	30	0.4	0.100	140
30.0	15.0	45	0.6	0.150	210

续表

水样体积/mL	0.2500mol/L $K_2Cr_2O_7$ 溶液/mL	H_2SO_4-Ag_2SO_4/mL	$HgSO_4$/g	$(NH_4)_2Fe(SO_4)_2$/(mol/L)	滴定前总体积/mL
40.0	20.0	60	0.8	0.200	280
50.0	25.0	75	1.0	0.250	350

笔记随笔

（3）对于化学需氧量小于 50mg/L 的水样，应改用 0.0250mol/L 重铬酸钾标准溶液。回滴时用 0.01mol/L 硫酸亚铁铵标准溶液。

（4）水样加热回流后，溶液中重铬酸钾剩余量应为加入量的 1/5~4/5 为宜。

（5）邻苯二甲酸氢钾标准溶液检查试剂的质量和操作技术时，由于每克邻苯二甲酸氢钾的理论 COD_{Cr} 为 1.176 g，所以溶解 0.4251g 邻苯二甲酸氢钾（$HOOCC_6H_4COOK$）于重蒸馏水中，转入 1000mL 容量瓶，用重蒸馏水稀释至标线，使之成为 500mg/L 的 COD_{Cr} 标准溶液。用时新配。

（6）COD_{Cr} 的测定结果应保留三位有效数字。

（7）每次实验时，应对硫酸亚铁铵标准滴定溶液进行标定，室温较高时尤其注意其浓度的变化。

三、完成检验记录单

根据所学知识进行酿造用水检验，并及时完成检验记录单（表 3-10）。

表 3-10　酿造用水检验记录单

采样日期				
采样地点				
采样人				
报告日期				
检验项目	测量方法	计量单位	限值	检验结果
色度		度	≤15	
浊度		NTH	≤1	
臭味		—	无	
pH		—	6.5~7.8	
总硬度（$CaCO_3$ 计）		mg/L	≤214	
氯化物		mg/L	≤250	
需氧量（以 COD_{Cr} 计）		mg/L	≤15	

笔记随笔

任务拓展

一、填空题

1. 一般洁净的天然水，其色度在________，自来水的色度多在________。水质标准中规定，色度不得超过________。

2. 测定水的色度的方法有________和________。

3. 绍兴鉴湖水具有清澈透明、水色________（色度 10）、透明度________（平均透明度为 0.96m，最高达 1.4m）、溶解氧________（平均为 8.75mg/L）、耗氧量________（平均 BOD 为 2.53mg/L）等优点。

4. 酿造黄酒用水的专业要求：pH 理想值为________，最高极限________；总硬度理想要求________，最高极限________。

二、名词解释

1. 浊度

2. 1 个德国度（°dH）

三、判断题

1. 水质标准中规定，浊度不得超过 1 度。(　　)

2. 测定水的浊度方法有目视法和分光光度法。(　　)

3. 在黄酒生产中，人们形象地将水比喻为“酒之肉”。(　　)

4. 黄酒酿造用自来水作发酵用水时，预先采用黄沙过滤去除 Fe^{3+} 和流离 Cl^-。(　　)

5. 酿造用水中适量的 Ca^{2+} 和 Cl^- 能促进发酵。(　　)

6. 2023 年 4 月 1 日，GB 5749—2022《生活饮用水卫生标准》正式实施。(　　)

7. 2023 年 10 月 1 日，GB/T 5750—2023《生活饮用水标准检验方法》正式实施。(　　)

四、简答题

为什么只有绍兴鉴湖水才能酿造出好的绍兴酒？

笔记随笔

任务三
曲、酒药检验

任务要求

具体任务

根据教师提供的学习资料和网络教学资源，学生自学曲分析的知识，在教师的指导下完成学习汇报 PPT。根据曲检测的方法，制订企业曲分析的检测方案，按照黄酒企业的规范操作，完成对曲的检验任务，填写检验记录。

任务目标

①掌握麦曲感官鉴定及麦曲水分、原始酸度、糖化率的检测方法。

②熟悉麦曲中液化力、蛋白酶活力的检测方法。

③掌握小曲（酒药）原始酸度、发酵酸度、发酵率检测方法。

④培养学生的民族自信、文化自信、家国情怀与爱国精神。

技能目标

①能对麦曲、小曲（酒药）进行感官鉴定

②能检测麦曲的水分、糖化力、酸度。

③能检测小曲（酒药）的原始酸度、发酵酸度、发酵率。

④能使用滴定管、天平、电热恒温干燥箱、干燥器等设备的操作技术。

知识准备

在黄酒生产中，曲被称为“酒之骨”。黄酒曲，随各地的习惯和酿制方法不同，种类繁多。黄酒生产用曲主要分为大曲（麦曲、麸曲和米曲等）和小曲（白药、酒药）两种，统称为糖化发酵剂。它的主要功能不仅是液化与糖化，而且是形成黄酒独特香味和风格的主体之一。

大曲种类很多，名称也不一致。根据制曲原料可以分为麦曲、米曲和麸曲；根据制曲方式可分为手工曲和机制曲；根据制作工艺的不同也可分为生麦曲、爆熟麦曲、炒焦麦曲；根据曲的

笔记随笔

外形还可分为散曲和块曲等。如绍兴酒原来采用草包曲，但自1973年起改用块曲。酿造机械化黄酒时则将块曲和熟麦曲一起按比例混合使用。根据制曲用菌种来源不同也可分为天然（自然）培养曲和纯菌培养曲。而其中的米曲根据菌种孢子颜色的不同可分为黄色米曲、红曲、乌衣红曲和黄衣红曲。虽然每种曲的性能不同，但每一种黄酒色、香、味、格的典型性主要取决于所用的曲。

曲的感官性状主要通过色泽与气味进行鉴定。

一、块状麦曲

块状麦曲（图3-14）是自然培养曲，黄酒企业一般在伏天酿制此曲。块曲酸度在0.6~1.35g/L左右，含水量在13%以下，糖化力800~1000mg/（g·h）。块状麦曲感官检验的要点如下。

图3-14 块状麦曲

（1）色泽 主要从断面检查。把曲块从中间打断，观察断面的颜色，白色或灰白色菌丝茂密均匀，无黑心，烂心。

（2）气味 应具有麦曲的特有香味，无霉味或生腥味。

（3）触感 曲屑坚韧触手，曲块坚韧而疏松，手掂感觉较轻。

注：目前有框子麦曲是通过人为控制温度、湿度培养出来的麦曲。框子麦曲比块状麦曲松散。

二、纯种麦曲

纯种麦曲（图3-15）是现代机械化新工艺黄酒生产常用的麦曲，它是通过纯种培养生产的根霉曲。有的企业做箱子曲，有的企业做池子曲。通过人工纯种接种的方式，在人为控制的条件下制成的曲，它比自然培养的麦曲，酶活性高，用曲量少。对原料的糖化与液化能力强，能提高出酒率。纯种麦曲酸度在1.2~1.8g/L，含水量在24%以下。纯种麦曲感官检验要点如下。

笔记随笔

(1) 色泽　呈该曲应有的颜色（黄绿色、黄浅绿色），菌丝稠密，无黑色和白色杂菌生长。

(2) 气味　无酸味及不正常气味，具有纯种麦曲特有香气。

图 3-15　纯种麦曲

三、酒药（小曲）

图 3-16　绍兴酒药

在南方，使用酒药较为普遍，不论是传统黄酒生产或小曲米酒生产都要用酒药。酒药（小曲）中含有根霉、毛霉、酵母、细菌等糖化菌和发酵菌，主要糖化菌是根霉。在糖化阶段，主要是根霉、毛霉生长，分泌出淀粉酶及蛋白酶等多种酶类，将淀粉及蛋白质等分解为糖类及氨基酸等成分，将糖化液加水稀释后，酵母菌才会大量繁殖，醪液的酒精含量逐渐上升，抑制其他菌类生存，并陆续被淘汰。绍兴酒药如图 3-16 所示。

（一）感官检验的要点

1. 色泽

酒药的剖面应呈现一致的颜色，白色或稍显淡黄色，如有其他杂色，皆不是好的酒药。

2. 气味

具有酒药的清香味，不得带有霉酸味。

3. 菌丝

酒药应疏松，中心应有微小的菌丝生长。

酒药的感官要求

（二）酒药扩大培养

1. 大米醅

称取 50.0g 大米于 500mL 锥形瓶中，加入水 50mL，浸米 10h，用油纸包裹棉塞于常压下蒸料 40min（或 0.1MPa 灭菌 20min）。取出，稍冷，在无菌室中用玻璃棒搅散饭团。待冷却至 30℃时，小心撒入酒药粉末梢 0.25g（0.5%），搅拌匀。置于 30℃培养箱中培

笔记随笔

养26~30h，酿制成大米醅。大米醅感官：米饭黏成棉絮似的团状，一般为好的酒药。如米粒松散，则质量欠佳。

2. 发酵酒醅

在30℃培养26~30h后取出，加无菌水100mL，再继续培养至全部时间为120h，酿制成发酵酒醅。

任务实施

曲、酒药检验

一、要点

在感官检验的基础上，理化检验是实验室常用的曲检验方法，对于黄酒企业而言，曲常规检测项目是水分、酸度、糖化力；而对曲的液化力、蛋白酶活力检测相对较少。本任务主要是学习曲的水分、酸度、糖化力检测。

二、工作过程

（一）曲的感官检验

1. 要点

通过感觉器官对曲的色泽、气味进行鉴别并加以判定。

块状麦曲的颜色主要从断面检查。把曲块从中间打断，观察断面的颜色，应布满灰白色菌丝。不得有黑心、烂心。爆麦曲（熟麦曲）的色泽应为浅黄绿色，布满分生孢子。

米曲根据菌种孢子颜色的不同可分为黄色米曲、红曲、乌衣红曲和黄衣红曲。

2. 气味

应具有曲的特有的香味，不得有臭味、霉烂味。

（二）曲水分的测定

1. 成品曲水分测定

（1）原理　试样经（103±2）℃的鼓风电热干燥，其中的水分被蒸发，称重减少的质量，就是麦曲中水分的含量。

笔记随笔

(2) 设备与试剂

①电热恒温干燥箱。

②天平：感量0.01g。

③小瓷盒。

(3) 操作步骤　称取5.0g糖化曲在(103±2)℃的鼓风电热干燥箱中烘3h后冷却，称重记为m，算得其的水分含量。

麦曲水分测定

(4) 计算　水分含量按式(3-23)计算：

$$水分含量(\%)=\frac{5.0-m}{5.0}\times 100 \tag{3-23}$$

式中　m——烘干后曲的质量，g；

100——换算成百分率。

2. 小麦加水量水分测定(油煎法)

(1) 原理　根据水与油沸点不同的原理。

(2) 试剂与仪器

①500mL锥形瓶。

②25mL量筒。

③冷凝管、冷却装置。

④菜油。

⑤200℃水银温度计。

(3) 操作步骤　称取拌匀且有代表性的麦曲25.0g于500mL锥形瓶中，加入已经在200℃处理过的菜油约150mL，塞好装有200℃水银温度计及玻璃弯管的橡皮塞，接好冷凝管(冷凝管预先用水冲洗一下)，用25mL量筒盛接冷凝管下端，并加热至200℃，停止加热，冷却至170℃，先取下锥形瓶，再取下冷凝管下端的25mL量筒，读出盛接的水分毫升数。

(4) 计算　麦曲水分按式(3-24)计算：

$$麦曲水分(\%)=\frac{V}{25.0}\times 100 \tag{3-24}$$

式中　V——蒸馏所得水分，mL；

25.0——试样质量，g；

100——换算成百分率。

结果保留一位小数。

笔记随笔

（三）曲糖化力的测定

1. 原理

糖化酶有催化淀粉水解的作用，能从淀粉分子非还原性末端开始，分解α-1,4 葡萄糖苷键，生成葡萄糖。然后通过测得葡萄糖的含量来计算糖化力的大小。

2. 试剂和仪器

（1）费林溶液

①费林甲液：称取硫酸铜（$CuSO_4 \cdot 5H_2O$）69. 28g，加蒸馏水溶解并定容到 1000mL，摇匀备用。

②费林乙液：称取酒石酸钾钠 346g 及氢氧化钠 100g，加蒸馏水溶解并定容到 1000mL，摇匀备用。

（2）2. 5g/L 葡萄糖标准溶液　称取经 103～105℃ 烘干至恒重的无水葡萄糖 2. 5g（精确至 0. 0001g），加水溶解，并加浓盐酸 5mL，再用蒸馏水定容到 1000mL。

（3）pH＝4. 6 醋酸-醋酸钠缓冲溶液

①醋酸溶液：吸取冰醋酸 11. 8mL，加蒸馏水定容到 1000mL。

②醋酸钠溶液：称取醋酸钠（$CH_3COONa \cdot 3H_2O$）27. 2g 加蒸馏水定溶到 1000mL。

将醋酸溶液与醋酸钠溶液等体积混合即可为 pH＝4. 6 的缓冲溶液。

可溶性淀粉配制

（4）20g/L 可溶性淀粉溶液　称取 2. 00g 经 100～105℃ 烘 2h 的可溶性淀粉，加 10mL 蒸馏水调匀，徐徐倾入 60mL 沸水中，用 10mL 蒸馏水洗净烧杯，洗液并入沸水中，搅匀，煮沸至透明，冷却后用蒸馏水定容到 100mL，此溶液需要当天配制。

（5）0. 1mol/L NaOH 溶液。

（6）10g/L 亚甲基蓝指示剂　称取 1g 亚甲基蓝，溶于 100mL 水中。

（7）150mL 锥形瓶，250mL 锥形瓶，50mL 容量瓶，100mL 容量瓶。

（8）5、10mL 的吸管各一支，50mL 滴定管。

（9）恒温水浴锅。

3. 测定方法与步骤

（1）糖化曲浸出液的制备　称取 5. 0g 糖化曲（以绝对干曲计）放入 250mL 锥形瓶中，加水 $90-\left(\frac{5}{1-曲水分\%}-5\right)$ mL 及 pH＝

笔记随笔

4.6 的醋酸-醋酸钠缓冲溶液 10mL，搅拌均匀，于 30℃水溶液中保温浸取 1h，每隔 15min 搅拌一次，用脱脂棉过滤，滤液为 5%固体曲浸出的酶液。

注：总的水分体积是 100mL，10mL 为醋酸-醋酸钠缓冲溶液体积，90mL 的水中要减去麦曲中的水分，用公式表示为 $90-\left(\frac{5}{1-曲水分\%}-5\right)$ mL。

麦曲浸出液与糖化液制备

（2）糖化　吸取 20g/L 可溶性淀粉溶液 25.0mL 于 50mL 容量瓶中，加 pH=4.6 的醋酸-醋酸钠缓冲溶液 5mL，于 30℃水浴预热 10min，准确加入 5.0mL 酶液，立即摇匀计时，于 30℃水浴准确保温糖化 1h，迅速加入 15mL 0.1mol/L NaOH 溶液，终止酶解反应。冷却至室温后，用蒸馏水定容到 50mL，摇匀，得到糖化液。

同时做空白试验：吸取 20g/L 淀粉溶液 25.0mL，置入 50mL 容量瓶中，加 pH=4.6 的醋酸-醋酸钠缓冲溶液 5mL。先加入 15mL 0.1mol/L NaOH 溶液，然后再准确加入 5.0mL 酶液，立即摇匀计时，于 30℃水浴准确保温糖化 1h，再用蒸馏水定容到 50mL，摇匀，得到糖化液。

（3）测定

①空白液预滴定：吸取费林溶液甲、乙液各 5.0mL 于 150mL 锥形瓶中，加水 30mL，准确加入 5.0mL 空白液于锥形瓶中摇匀，在电炉上加热至沸，用滴定管逐滴加入 2.5g/L 标准葡萄糖溶液，滴定时溶液保持沸腾，待溶液蓝色即将消失时加入 2 滴 10g/L 亚甲基蓝指示剂，溶液复呈蓝色，继续滴定葡萄糖液至蓝色消失，此滴定在 1min 内完成。糖度滴定操作如图 3-17 所示。

图 3-17　糖度滴定操作

②空白液正式滴定：吸取费林溶液甲、乙液各 5.0mL 于 150mL 锥形瓶中，加水 30mL，准确加入 5.0mL 空白液于锥形瓶中，并用滴定管加入比预滴定少 1mL 的 2.5g/L 标准葡萄糖溶液，在电炉上加热至沸，滴入 2 滴 10g/L 亚甲基蓝指示剂，保持沸腾 2min 后，继续滴定 2.5g/L 标准葡萄糖溶液至蓝色消失。此滴定在 1min 内完成。记录消耗葡萄糖标准溶液的总体积 V_0。

笔记随笔

③糖化液测定：吸取5.0mL糖化液代替5.0mL空白液，其余操作步骤同上①、②。得到糖化液正式滴定时消耗2.5g/L标准葡萄糖溶液体积V。

4. 计算

糖化曲的糖化力：1g绝干曲在30℃、pH4.6、糖化1h内酶解可溶性淀粉为葡萄糖的质量（mg），具体按式（3-25）计算：

$$糖化力\ [以葡萄糖计，mg/(g \cdot h)] = (V_0 - V) \times c \times \frac{100}{5} \times \frac{50}{5} \times \frac{1}{m_s} \times \frac{1}{t} \tag{3-25}$$

式中 V_0——5mL空白液滴定消耗标准葡萄糖的体积，mL；

V——5mL糖化液滴定消耗标准葡萄糖的体积，mL；

c——2.5g/L葡萄糖标准溶液的浓度，g/L；

m_s——以绝对干曲计的试样称取量（5.00g），g；

t——酶解时间，h；

50/5——5为测定时吸取糖化液的体积，50为总糖化液的体积，mL；

100/5——5为糖化时吸取麦曲浸出稀释液的体积，100为曲总浸出稀释液的体积，mL。

5. 注意事项

（1）要严格控制糖化温度与时间，以免影响结果。

（2）空白试验用以消除糖化酶本身和可溶性淀粉中所含有的还原物质的影响。

（3）糖化酶活力与所用可溶性淀粉质量有关，故需注明淀粉品牌与厂名（一般现在用国药试剂）。

固定曲糖化液定糖测定（一）

固定曲糖化液定糖测定（二）

麦曲酸度测定

（四）曲酸度的测定

1. 原理

利用酸碱中和原理。用酚酞作指示剂，用0.1mol/L氢氧化钠标准溶液进行滴定检测曲中的含酸量。

2. 试剂与仪器

0.1mol/L氢氧化钠标准溶液、50mL碱式滴定管、500mL锥形瓶、150mL锥形瓶、水浴锅、玻璃漏斗、脱脂棉、10mL吸管、100mL量筒。

3. 测定方法与步骤

称取成品曲（纯种曲、酒药）10.0 g（以绝对干曲计）于

笔记随笔

500mL锥形瓶中，加水100mL于30℃水浴锅中保温30min，每隔15min搅拌一次，用脱脂棉过滤，吸取滤液10mL于150mL锥形瓶中，加水30mL，加酚酞指示剂3滴，用0.1mol/L氢氧化钠滴定至溶液呈微红色，0.5min不褪色为终点，并记录氢氧化钠消耗毫升数。

4. 计算

原始酸度：以1 g绝对干曲（10mL滤液）所消耗0.1mol/L氢氧化钠毫升数表示，见式（3-26）。

$$\text{原始酸度} = c \times \frac{V}{0.1} \tag{3-26}$$

式中　c——氢氧化钠标准溶液浓度，mol/L；

V——10mL滤液消耗氢氧化钠标准溶液毫升数，mL；

0.1——标准0.1mol/L氢氧化钠溶液的数值。

（五）曲液化力测定

1. 第一法：碘反应法

（1）原理　α-淀粉酶（α-1,4-糊精酶）能将淀粉水解产生大量糊精及少量麦芽糖和葡萄糖，使淀粉浓度下降，黏度降低。由于碘液对不同分子质量的糊精呈现不同颜色，因此在水解过程中，对碘液的呈色反应为蓝色→紫色→红色→无色。常以蓝色消失所需时间来衡量液化力的大小。

（2）试剂

①20g/L可溶性淀粉溶液：见糖化率测定。

②原碘液：称取2.2g碘与4.4g碘化钾，加少量蒸馏水溶解后，加蒸馏水定容到100mL，贮于棕色瓶中。

③稀碘液：吸取原碘液0.4mL，添加碘化钾4g，加蒸馏水定容到100mL，贮于棕色瓶中。

④标准终点色溶液：

甲液：准确称取40.2439g氯化钴（$CoCl_2 \cdot 6H_2O$），0.4878g重铬酸钾（K_2CrO_7）溶于蒸馏水中，加蒸馏水定容到500mL。

乙液：准确称取40mg铬黑T（$C_{20}H_{12}N_{13}NaO_7S$）溶于蒸馏水中，加蒸馏水定容到100mL。

使用时吸取甲液40mL与乙液5mL混合。此混合液宜冰箱保存，使用7d后需要重新配制。

笔记随笔

⑤酶液制备：见糖化力测定。

（3）测定方法

①取 2 滴标准终点色溶液于白瓷板空穴内，作为比较颜色的标准。

②准确吸取 2g/L 可溶性淀粉溶液 10mL 及水 35mL 于 50mL 容量瓶中，置于 30℃恒温水浴中保温 10min 。

③准确吸取酶液 5mL 于上述保温淀粉溶液中，立刻计时，摇匀。以后定时取出液化液 1 滴于预先放有稀碘液 1 滴的白瓷板空穴内。颜色由紫色逐渐变为红棕色，当与标准终点色相同时，即为反应终点，记录所需时间（min）。

（4）计算　液化力以每克绝对干麦曲在 30℃作用 1h 能液化淀粉的克数表示，按式（3-27）计算：

$$液化力 = \frac{60}{t} \times \frac{0.2}{0.25} \qquad (3-27)$$

式中　t——加酶液后到遇稀的碘液呈现标准终点色所需的时间，min；

60——换算成 1h 的作用时间；

0.2——10mL 20g/L 可溶性淀粉溶液相当于 0.2g 淀粉；

0.25——5mL 酶液相当于 0.25g 绝对干麦曲。

（5）注意事项

①曲中液化酶与糖化酶同时存在，碘反应时间随糖化酶含量增加而缩短，所以结果有一定的误差。但由于此法简便、迅速，常被采用。

②注明淀粉的品牌、厂名。

2. 第二法：比色法

（1）原理　当淀粉被 α-淀粉酶作用后，产生不同分子质量的糊精，当葡萄糖残基在 20 个左右时，遇碘呈紫色或暗红色。本法选择碘液与糊精呈紫红色为反应终点，规定波长在 650nm 时，其透光度为 60%。

（2）试剂与仪器

①原碘液：称取 5.5g 碘和 11.0g 碘化钾，用少量蒸馏水溶解后，加蒸馏水定容到 250mL。

②稀碘液：吸取原碘液 2.0mL，10%盐酸溶液 25mL，混匀后加蒸馏水定容到 500mL。此溶液不易保存，用时现配。

笔记随笔

③20g/L 可溶性淀粉溶液：见糖化力测定。

④10%盐酸溶液：量取浓盐酸（相对密度 1.19）10mL，用蒸馏水稀释到 100mL。

⑤酶液制备：见糖化力的测定。

⑥722 型分光光度计。

（3）测定方法

①取 10 个 25mL 比色管，准确吸取 5mL 稀碘液于各比色管中。

②准确吸取 20g/L 可溶性淀粉液 20mL 于大试管（25mm×200mm）中，置于 30℃恒温水浴中保温 10min。

③量取酶液 25mL 于另一大试管中，置于 30℃恒温水浴中保温 10min。

④准确吸取保温酶液 10mL 于上述保温淀粉溶液中，立刻计时，摇匀。并准确吸取混合液 1mL 于盛有稀碘液的比色管中，以后每隔 0.5min（1.0min）吸取液化液 1mL 分别注入盛有稀碘液的比色管中，得一列呈现不同颜色的试管。

⑤准确吸取 20mL 水于大试管中，置于 30℃恒温水浴中保温 10min，再准确加入保温的酶液 10mL，摇匀。立即吸取混合液 1mL 于盛有稀碘液的比色管中，摇匀后作为空白液。

⑥以空白液透光度 100%，在波长 650nm 下，用 1cm 比色皿进行透光度测定。

⑦做透光度与反应时间曲线（注意不是直线，而是光滑曲线），从中找出透光度为 60%的反应时间。

（4）计算

液化力：1g 绝对干麦曲在 30℃，作用 30min，所能液化 20g/L 淀粉溶液的毫升数，按式（3-28）计算。

$$液化力 = \frac{30}{t} \times \frac{20}{0.5} \qquad (3-28)$$

式中　t——酶液反应的时间，min；

30——换算成 30min 的作用时间，min；

20——20g/L 可溶性淀粉溶液的体积，mL；

0.5——10mL 酶液相当于 0.5g 绝对干麦曲，g。

（5）注意事项

①实验所得的透光度在 25%~80%为宜，否则应稀释酶液或延长反应时间。

笔记随笔

②注明淀粉的品牌、厂名。

（六）曲蛋白质分解力（蛋白酶活力）测定

1. 原理

福林试剂在碱性条件下可被酚类化合物还原呈蓝色（钼蓝和钨蓝混合物）。由于蛋白质分子中有含酚基的氨基酸（如酪氨酸、色氨酸），可使蛋白质及其水解产物呈上述反应，因此可以用此原理来测定蛋白酶活力。一般以酪蛋白为底物，在一定 pH 和温度条件下，与酶反应，经过一定时间后终止酶促反应，经过离心或过滤取其上清液，用 Na_2CO_3 碱化，再加入福林试剂显色，蓝色的深浅与滤液中生成的产物酪氨酸量成正比，酪氨酸的含量用分光光度计在 660nm 波长处测定，从而计算出蛋白酶的活力。

2. 试剂与仪器

（1）福林试剂　取钨酸钠（$Na_2WO_4 \cdot 2H_2O$）50g，钼酸钠（$Na_2M_0O_4 \cdot 2H_2O$）12.5g 与水 350mL 于 1000mL 磨口圆底烧瓶中，溶解后加入 85%磷酸 25mL 及浓盐酸 50mL 装上磨口回流冷凝管，小火沸腾回流 10 h，除去冷凝器，加入硫酸锂（Li_2SO_4）50g，水 25mL 及浓溴水（99%）数滴，摇匀。开口煮沸 15min，以除去多余的溴（在通风柜内进行）。此时溶液必须呈金黄色（若溶液仍带绿色，于冷却后再加溴水数滴，再煮沸除溴）。冷却后加蒸馏水定容到 500mL，混匀，过滤，制得的试剂储存于棕色瓶中。

福林试剂稀释液：取 1 份福林试剂与 2 份蒸馏水混匀。

（2）0.4mol/L 碳酸钠溶液　称取无水碳酸钠（Na_2CO_3）42.4g，用蒸馏水溶解后，加蒸馏水定容到 1000mL。

（3）0.05mol/L 乳酸-乳酸钠缓冲液（pH=3）

①乳酸溶液：称取 10.6g 乳酸（80%~90%），加蒸馏水溶解并定容到 1000mL。

②乳酸钠溶液：称取 16.0g 乳酸钠（70%~80%），加蒸馏水溶解并定容到 1000mL。

取乳酸溶液 8mL 与乳酸钠溶液 1mL，用蒸馏水稀释 1 倍，即成 pH=3 的缓冲溶液。

（4）0.4mol/L 三氯醋酸溶液　称取 65.4g 三氯醋酸用蒸馏水溶解，加蒸馏水定容到 1000mL。

（5）2%酪素溶液　称取酪素 2.000g，用几滴乳酸润湿，加入

笔记随笔

适量的乳酸-乳酸钠缓冲溶液，在沸水浴中加热（不断搅拌），使完全溶解，冷却后移入100mL容量瓶内，用乳酸-乳酸钠缓冲溶液定容至刻度。

（6）酶液制备　称取10.0g绝干曲试样，加乳酸-乳酸钠缓冲溶液100mL，在30℃浸出1h（每隔15min搅拌1次），用滤纸或脱脂棉过滤。

（7）酪氨酸标准溶液（100μg/mL）　精确称取经105℃烘2~3h的L-酪氨酸0.1000g，逐步加1mol/L盐酸溶液6mL，使其溶解。用0.2mol/L的盐酸溶液定容至100mL。吸取溶液10mL，用0.2mol/L盐酸溶液定容至100mL，即成100μg/mL酪氨酸标准溶液。

（8）0.2mol/L盐酸溶液　量取1.7mL浓盐酸（相对密度1.19）用蒸馏水稀释到100mL。

（9）6mol/L盐酸溶液　量取50mL浓盐酸（相对密度1.19）用蒸馏水稀释到100mL。

（10）722型分光光度计。

3. 测定方法与步骤

（1）标准曲线绘制　取7支试管，按表3-11稀释酪氨酸标准溶液。

表3-11　稀释酪氨酸标准溶液

编号	0	1	2	3	4	5	6
100μg/mL的酪氨酸溶液/mL	0	1	2	3	4	5	6
水/mL	10	9	8	7	6	5	4
酪氨酸溶液浓度/（μg/mL）	0	10	20	30	40	50	60

从上述各管中各吸取1mL于另外7支试管中，分别准确加入5mL 0.4mol/L碳酸钠溶液，1mL福林试剂稀释液，于40℃恒温水浴中显色20min，在680nm波长下测定各管。

以吸光度作纵坐标，酪氨酸浓度作横坐标，绘制标准曲线。求出斜率K，即标准曲线中吸光度为1时相当的酪氨酸的量（μg/mL）。

（2）试样测定

①吸取5mL酶液，用水稀释（2~5倍）成酶稀释液。

②分别吸取1mL酶稀释液于3支编号试管中，放入40℃恒温水浴中预热3~5min，然后严格准确地按表3-12顺序加入试剂。

表 3-12 溶液加入顺序表

试剂	空白	试样	
	0 号管	1 号管	2 号管
0.4mol/L 三氯醋酸/mL	2	0	0
2%酪素溶液/mL	1	1	1
40℃恒温水解 10min			
0.4mol/L 三氯醋酸/mL	0	2	2

笔记随笔

加入三氯醋酸溶液后，立即摇匀，以终止酶的作用。

③分别吸取 1mL 滤液于另 3 支试管中，各管准确加入 0.4mol/L 碳酸钠溶液 5mL 及福林试剂稀释液 1mL，摇匀，于 40℃恒温水浴中显色 20min，在 680nm 波长下，以 0 号管为空白，测定吸光度，取其平均值。

4. 计算

蛋白质分解力：1g 绝对干麦曲在 40℃每分钟分解酪蛋白为酪氨酸的微克数，按式（3-29）计算。

$$蛋白质分解力 = \frac{K \times A \times 100 \times 4 \times n}{10 \times 10} \quad (3-29)$$

式中 K——标准曲线中吸光度为 1 时相当的酪氨酸的量，μg/mL；

A——试样管的平均吸光度；

100——麦曲总浸出液的体积，mL；

4——酶水解时总体积，mL；

10——绝对干麦曲称取量，g；

10——酶水解时间，min；

n——酶液的稀释倍数。

5. 注意事项

（1）黄酒麦曲酶系中蛋白酶吸收高峰为 pH 3 及 pH 6 左右。如考虑到酿酒 pH 条件，可采用 pH3。也可根据具体情况选定合适的 pH，但在测定结果中必须注明。

（2）测定中，水解温度、时间、吸取量都需准确，以减小误解差。

（3）配制酪素定容时，泡沫过多，可加几滴酒精消泡。酪素溶液需于 4℃冰箱中保存。发现变质，应重新配制。

（4）注明酪素的品牌、厂名（一般采用国药试剂分析纯）。

笔记随笔

（七）酒药原始酸度测定

1. 原理

利用酸碱中和原理。用酚酞作为指示剂，用0.1mol/L氢氧化钠标准溶液进行滴定。

2. 试剂

（1）10g/L酚酞指示剂　称取10.0g酚酞溶于1000mL 95%乙醇中。

（2）0.1mol/L氢氧化钠标准溶液。

酒药酸度的测定

3. 测定方法

（1）称取酒药10g，放入烧杯中，加100mL水在30℃水浴中浸泡1h（中间每隔15min搅拌1次），用滤纸或脱脂棉过滤。

（2）吸取滤液20mL于150mL锥形瓶中，加2滴10g/L酚酞指示剂，用0.1mol/L氢氧化钠标准溶液滴至呈现微红色，0.5min内不褪色为止。

4. 计算

原始酸度：以100g酒药消耗1.0mol/L氢氧化钠溶液的毫升数表示，按式（3-30）计算。

$$\text{原始酸度} = c \times V \times \frac{100}{20} \times \frac{100}{10} \tag{3-30}$$

式中　c——氢氧化钠标准溶液的摩尔浓度，mol/L；

V——20mL滤液消耗氢氧化钠标准溶液的体积，mL；

100/20——20是测定时吸取滤液的体积，mL，100是酒药总浸出液的体积，mL；

100/10——10g酒药换算成100g酒药的倍数。

（八）酒药发酵酸度测定

1. 原理

同酒药原始酸度测定。

2. 试剂

同酒药原始酸度测定。

酒药发酵酸度的测定

3. 测定方法

（1）首先观察瓶内生长状态和气味，如果米饭黏成棉絮似的团状，一般为好的酒药。如米粒松散，则质量欠佳。

笔记随笔

（2）在 50.0g 大米扩大培养酿制的大米醅中加入 100mL 水，浸泡 1h（中间每 15min 搅拌 1 次）用滤纸或脱脂棉过滤。吸取滤液 25mL 于 250mL 锥形瓶中，加入 1%酚酞指示剂 2 滴，用 0.1mol/L 氢氧化钠标准溶液滴定至微红色，0.5min 内不消失为止。

4. 计算

发酵酸度：100g 大米经酒药作用后所生成的酸量，以 1.0mol/L 氢氧化钠溶液的毫升数表示。即 100g 大米经酒药作用后消耗 1mL、1.0mol/L 氢氧化钠溶液称为 1 度，按式（3-31）计算：

$$\text{发酵酸度} = c \times V \times \frac{100}{25} \times \frac{100}{50} \quad (3\text{-}31)$$

式中　c——NaOH 溶液的摩尔浓度，mol/L；

V——滴定消耗 NaOH 的体积，mL；

25——测定时吸取滤液的体积，mL；

100——总的浸出液的体积，mL；

100/50——50g 大米换成 100g。

所得结果保留至一位小数。

（九）酒药发酵率（淀粉利用率）测定

1. 原理

以蒸馏法得到酒精度，通过公式换算后得到发酵率。

2. 试剂与设备

（1）碳酸钠（粉末）。

（2）1%酚酞指示剂。

（3）酒精蒸馏装置一套　蒸馏瓶 1000mL，直形冷凝管（规格：50cm 长，24×29）。

（4）量筒　100mL。

（5）精密酒精计　标准温度 20℃，分度值为 0.1%vol。

（6）水银温度计　50℃，分度值为 0.1℃。

3. 测定方法

50g 大米经酒药作用酿成酒醅，将锥形瓶中的酒醅倒入 1000mL 圆底烧瓶中，用 100mL 水洗涤锥形瓶，洗液并入圆底烧瓶中，加 2 滴 1%酚酞指示剂，用碳酸钠粉末中和至微酸性蒸馏，待馏出液达 95mL 时停止蒸馏。加水定容到刻度，摇匀，将容量瓶中馏出液倒入 100mL 量筒中，用酒精计测定酒精度示值（以弯月下

笔记随笔

缘为准），温度计测量馏出液的温度，并记录读数。

4. 计算

（1）酒精含量计算　查附录一将酒精度校正为20℃时酒精度，再查附录二求出100mL中所含的酒精克数。

（2）发酵率计算　按式（3-32）计算：

$$发酵率（\%）=\frac{纯酒精}{50\times大米中淀粉的含量\%\times0.5678}\times100 \qquad (3-32)$$

式中　50——大米质量，g；

0.5678——1g淀粉理论上产生纯酒精的量，g；

100——换算成百分率。

三、完成检验记录单

根据所学知识进行曲、酒药检验，并及时完成检验记录单（表3-13、表3-14）。

表3-13　曲检验原始记录单

检测日期：　　　年　　月　　日　　　　　　　　　　　　No：

品名		数量	
批号		抽样数量	
色泽、气味			
理化指标	项目	1	2
水分	小瓷盒号		
	试样重/g	5.00	5.00
	烘后重（m）/g		
	水分含量$=\frac{5.0-m}{5.0}\times100/\%$		
	结果（平均值）/%		
原始酸度/mL	吸取滤液体积V/mL	10.0	10.0
	氢氧化钠标准液浓度c/（mol/L）		
	滴定终点耗氢氧化钠标准液体积V_1/mL		
	原始酸度$=c\times V_1\div0.1$/mL		
	结果（平均值）/mL		

续表

理化指标	项目	1	2
糖化力/[mg/(g·h)]	试样重（W）/g	5.00	5.00
	葡萄糖标准溶液的浓度 c/（g/mL）		
	5mL 空白消耗葡萄糖的体积 V_0/mL		
	5mL 糖化液消耗葡萄糖的体积 V/mL		
	糖化力 $=(V_0-V)\times c\times 400$/[mg/(g·h)]		
	结果（平均值）/[mg/（g·h）]		
综合判定		备注	
检验员		复核	

表 3-14　酒药检验原始记录单

检测日期：　　　年　　月　　日　　　　　　　　　　　　No：

品名		数量	
批号		抽样数量	
色泽、气味			
理化指标	项目	1	2
原始酸度/mL	吸取滤液体积 V/mL	20.0	20.0
	氢氧化钠标准液浓度 c/（mol/L）		
	滴定终点耗氢氧化钠标准液体积 V_1/mL		
	原始酸度 $=c\times V_1\times 50$/mL		
	结果（平均值）/mL		
发酵酸度/mL	吸取滤液体积 V/mL	25.0	25.0
	氢氧化钠标准液浓度 c/（mol/L）		
	滴定终点耗氢氧化钠标准液体积 V_1/mL		
	原始酸度 $=c\times V_1\times 8$/mL		
	结果（平均值）/mL		
发酵率/%	酒精计示值/（%vol）		
	温度计示值/℃		
	查表得酒精度（20℃）/（%vol）		
	纯酒精/（g/100mL）		
	发酵率 $=\frac{纯酒精}{50\times 米淀粉含量\%\times 0.5678}\times 100$/%		
	结果（平均值）/%		
综合判定		备注	
检验员		复核	

笔记随笔

四、结果评价

按附录三“实施任务评价表”进行评价。

任务拓展

一、填空题

1. 麦曲水分测定时称取________麦曲，在（103±2）℃的鼓风电热干燥箱中烘________后冷却。

2. 麦曲糖化力测定可溶性淀粉的浓度是________g/L，糖化时在________℃水浴准确保温糖化________h。

二、名词解释

1. 曲的糖化力
2. 酒药发酵酸度

三、判断题

1. 麦曲酸度测定时，称取成品麦曲是10.0g（以绝对干曲计）。（　　）

2. 酒药发酵率测定计算时不用换算成纯酒精。（　　）

3. 酒药发酵酸度与原始酸度的计算公式是一样的。（　　）

4. 酒药发酵酸度测定时用的是大米醋。（　　）

5. 酒药的发酵率计算时，1g淀粉理论上产生纯酒精的量是0.5678。（　　）

四、简答题

麦曲糖化力测定的原理是什么？

职业技能拓展

曲与酒药是黄酒酿造中的糖化、发酵剂，同学们务必要掌握其

笔记随笔

中的知识点与操作技能。相关知识到浙江省高等学校在线开放课程共享平台“黄酒检测技术”课程学习资源中去学习。

酒药试饭糖化发酵力测定

样曲试饭糖分测定

麦曲水分测定——油煎法

焦糖色感官与吸光度检测

笔记随笔

任务四
活性干酵母检验

任务要求

具体任务

根据教师提供的学习资料和网络教学资源，学生自学黄酒活性干酵母的知识，在教师的指导下完成学习汇报 PPT。根据黄酒活性干酵母检测的方法，制订黄酒活性干酵母的检测方案，按照规范操作，完成对黄酒活性干酵母各项指标进行检测的任务，并填写检验记录。

任务目标

①掌握黄酒活性干酵母水分的检测方法。

②掌握黄酒活性干酵母活细胞率检测方法。

③培养学生探求真理的创新探索精神。

技能目标

①能测定黄酒活性干酵母水分含量与活细胞率。

②能操作使用水浴锅、显微镜等设备。

知识准备

活性干酵母是利用现代生物技术和先进设备将工业规模生产的酵母细胞，干燥压榨挤压而成细条状或小球状，含干物质 95%以上、水分 5%以下，并保持酵母发酵能力的产品。该产品被广泛用于食品工业和发酵工业。活性干酵母使用之前需恢复酵母的活性，使处于休眠干化状态的酵母予以有效激活，须对活性干酵母进行活化。

一、活化溶液

用 35~37℃的温开水作为活化用水，用量为黄酒活性干酵母重量的 20~25 倍；溶液的含糖量以 1%~2%为宜，即用糖量为黄酒活性干酵母的 1/4 左右。可用白糖、葡萄糖、红糖或饴糖，以饴糖为最好。例如，以 300g 饴糖或 400g 白糖，溶解于 25kg 水即可。

笔记随笔

二、活性干酵母活化制备

（一）活化操作方法

（1）首先，打开水浴锅，温度设定到36℃。

（2）量取200mL水倒入500mL烧杯中，在水浴锅中保温作为35~37℃的活化用水。

（3）用电子天平称取2.5g糖，加入活化水中，并使其溶解。

（4）再称取约10g黄酒用活性干酵母，当水浴锅温度达到36℃时加入所称量的黄酒用活性干酵母。保持活化温度36℃，活化时间为15~30min。

黄酒原料分析：活性干酵母活化制备

一般正常情况下，活性干酵母活化配比为黄酒活性干酵母：糖：活化用水=1：0.25：（20~25）。在活化过程中，用玻璃棒搅拌两次，静置到产生气泡后再保持1 ~2min，即可使用。

（二）活化时注意事项

（1）活化温度控制在35 ~37℃，如果温度过低，则细胞半透膜形成太慢，使浸出物增加而大大降低了活性干酵母的活力；如果温度过高，则酵母容易衰老。

（2）活化时间通常为15 ~30min，因为这时酵母刚开始增殖。若活化时间太长，则酿成的酒异味较重。

外购的活性干酵母，因种种原因，较难科学地决定其用量，故应通过测定它的含水量与活细胞率两个指标作为依据。水分测定使用烘干法，活细胞率检测一般用染色法。若采用平板培养法检测活性干酵母的细胞数，则结果更为可靠，还可根据菌落的形态，初步了解酵母的纯度。一般情况下，正常的活性干酵母活细胞率在80%以上，而含水量在5%以下。

任务实施

活性干酵母检验

一、要点

理化检验是活性干酵母实验室常用的检验方法，对于黄酒企业而言，活性干酵母常规检测项目是水分、活细胞率。

笔记随笔

二、工作过程

（一）水分测定

称取样品3g（精度0.0002g），置于已干燥至恒重的称量瓶中，记录读数 m_1。在（103±2）℃干燥箱中干燥至恒重（一般烘5～6h）后，移入干燥器中冷却30min，再精确地称重为 m_2，其计算见式（3-33）。

$$水分（\%）=\frac{m_1-m_2}{m_1-m_0}\times 100 \tag{3-33}$$

式中　m_0——空称量瓶恒重的质量，g；

m_1——干燥前称量瓶加样品的总质量，g；

m_2——干燥后称量瓶加样品的总质量，g。

黄酒原料分析：
酵母死活细胞的鉴别

（二）酵母活细胞率的检测

1. 原理

亚甲基蓝是一种无毒性的染料，它的氧化型呈蓝色，还原型无色，用亚甲基蓝染色酵母活细胞时，由于细胞新陈代谢的作用，细胞内具有较强的还原能力，能使亚甲基蓝从蓝色的氧化型变为无色的还原型。因此，具有还原能力的酵母活细胞是无色的，而死细胞或代谢作用微弱的衰老细胞则呈蓝色或淡蓝色。

2. 试剂与仪器

（1）无菌生理盐水的制法　称取0.85g NaCl，加蒸馏水至100mL，在0.1MPa的蒸汽压下灭菌20min即可。

（2）染色液　将0.025g亚甲基蓝，0.042g KCl，0.048g $CaCl_2 \cdot 6H_2O$，0.02g $NaHCO_3$，1.0g葡萄糖。用上述无菌生理盐水溶解并定容到100mL。

（3）血球计数板　25×16或16×25。

（4）血球计数板专用盖玻片　20mm×20mm。

3. 测定步骤

（1）活性干酵母的活化　称取活性干酵母0.1g（精度0.0002g），用无菌吸管吸取20mL 38℃的无菌生理盐水稀释后，在32℃恒温水浴中活化1h。这样的浓度适于死活酵母细胞的计数。

（2）检测　用无菌吸管吸取上述刚活化的酵母液0.1mL，加入上述染色液0.9mL摇匀；在20℃下染色10min后，立即在显微镜下用血球计数板检测，先低倍（10倍）物镜调整显微镜的视野，然后

笔记随笔

在高倍（40倍）物镜下计数。酵母细胞在计数范围内需分散均匀。凡呈现无色透明者，能将亚甲基蓝还原的为活细胞，被染上蓝色者为死细胞，可数对角线方位上的中方格或左上、右上、左下、右下和中心的中方格内的无色及蓝色酵母数，取平行试验的平均值，进行计算。

4. 计算

酵母活细胞率按式（3-34）计算：

$$酵母活细胞率（\%）=\frac{活细胞数}{活细胞数+死细胞数}\times 100 \quad (3-34)$$

三、完成检验记录单

根据所学知识进行活性干酵母检验，并及时完成检验记录单（表3-15）。

表3-15　活性干酵母检验原始记录单

检测日期：　　　年　　月　　日　　　　　　　　　　　　No：

品名		数量	
批号		抽样数量	
色泽、气味			
理化指标	项目	1	2
水分≤5.0%	铝盒号		
	盒和试样的质量（m_1）/g		
	恒重后空盒的质量（m_0）/g		
	试样的质量/g		
	烘后质量（m_2）/g		
	检测结果$=\frac{m_1-m_2}{m_1-m_0}\times 100/\%$		
	结果（平均值）/%		
酵母活细胞率≥80%	活细胞数/个		
	死细胞数/个		
	酵母活细胞率$=\frac{活细胞数}{活细胞数+死细胞数}\times 100/\%$		
	结果（平均值）/%		
综合判定		备注	
检验员		复核	

笔记随笔

四、结果评价

按附录三“实施任务评价表”进行评价。

任务拓展

一、填空题

1. 正常的活性干酵母活细胞率在________以上，而含水量在________以下。

2. 黄酒活性干酵母活化用糖可用白糖、葡萄糖、红糖或饴糖，但是以________为最好。

3. 活性干酵母活细胞率检测活化时，需在________恒温水浴中活化________。这样的浓度适于死活酵母细胞的计数。

4. 活性干酵母活细胞率检测，在________下染色________后，立即在显微镜下镜检。

二、简答题

酵母活细胞率的检测原理是什么？

三、讨论题

活化温度与活化时间对活性干酵母的活化的重要性？

项目四

黄酒半成品检验

情境导入

假如你是一个黄酒生产过程中质量监管的检测分析人员，现在黄酒生产过程中的半成品要质量监控，你需要安排检测人员进行米饭、发酵醪的监控管理，那么该如何检测黄酒半成品？每个检测环节如何操作？检测要点又是什么呢？首先我们来了解一下黄酒半成品，黄酒半成品包括米饭、酵母培养液（酒母）、发酵醪等。所谓酒母，指含有大量能将糖类发酵成酒精的人工酵母培养液。所谓发酵醪，是谷物发酵后但尚未进入压榨之前，所产生的一种浊酒，与酒酿极为类似。米饭质量、酵母培养液（酒母）与发酵醪质量的优劣直接影响到黄酒的品质。那么如何判定它们的优劣？要经过哪些检验项目？检验人员又要了解哪些知识呢？这是我们接下来需要学习的内容。

笔记随笔

任务一
米饭分析

任务要求

具体任务

根据教师提供的学习资料和网络教学资源，学生自学米饭分析的知识，在教师的指导下完成学习汇报PPT。根据米饭检测的方法，制订米饭分析的检测方案，按照黄酒企业的规范操作，完成对米饭的检测任务，并填写检验记录单位。

任务目标

①了解米饭水分测定的基本原理。

②掌握米饭水分测定的操作流程。

③掌握米饭出饭率及吸水率计算方法。

④掌握米饭生心率检测方法。

⑤培养团队协作精神与严谨的职业素养、爱惜粮食的意识。

技能目标

①能计算米饭出饭率及吸水率。

②能测定米饭的水分与生心率。

③会使用分析天平、电热恒温干燥箱、干燥器等设备。

知识准备

黄酒企业对米饭出饭率与吸水率检测的目的是掌握米饭中的含水量。通过米饭中的含水量来控制所需投料水的量，从而保证不同质量的大米，酿造时水的总量不变。米饭出饭率是指煮熟的米饭质量和所用生米的质量比。通过米饭出饭率来计算出米饭吸水率，通过米饭吸水率来算出米饭吸水量，利用米饭吸水量再来计算还需要添加酿造投料水的量。通过这样操作，保证不同批次黄酒品质尽可能统一。

一、取样

根据分析要求采集不同试样。蒸桶取样时，可从蒸桶的上、中、下部取样。蒸饭机取样时，从不同时间、不同位置取样。取样

笔记随笔

后装入磨口瓶中，应立即分析。

二、外观鉴定

米饭要有光泽，熟而不黏，内无生心（白心），软而不烂，颗粒分明。

三、水分测定

米饭中含水量超过16%时，先在60℃干燥箱内烘干到米饭含水量16%以下，测出的水分称为前水分。再将试样进行粉碎，在100~105℃干燥箱内烘干到恒重，测出水分称为后水分。由前水分及后水分计算出总水分。

四、出饭率及吸水率测定

出饭率及吸水率在传统工艺中可用称重法测定，在机械化连续生产中可用千粒重法、比较法测定。

（一）称重法

1. 测定方法

（1）称取白米的质量 m。

（2）蒸煮成饭后称重为 m_1。

2. 计算

出饭率与吸水率按式（4-1）、式（4-2）计算：

$$出饭率（\%）=\frac{m_1}{m}\times 100 \tag{4-1}$$

$$吸水率（\%）=\left(\frac{m_1}{m}-1\right)\times 100 \tag{4-2}$$

（二）千粒重法

1. 测定方法

（1）白米千粒重　称取白米的质量 m（约20.00g），分出整粒米数 n_0 和碎米数 n。分别称出整粒米的质量 m_A 及碎米的质量 m_B。碎米系数（K）与白米千粒重按式（4-3）、式（4-4）计算：

$$碎米系数（K）=\frac{m_B/n}{m_A/n_0} \tag{4-3}$$

$$白米千粒重=\frac{m\times 1000}{n\times K+n_0}=\frac{m\times 1000}{(m_B/m_A+1)\ n_0} \tag{4-4}$$

笔记随笔

（2）蒸饭千粒重　抽取蒸饭约28g放入称量瓶中，并迅速盖闭，称其质量为 m_1（准确至0.01g）。数出其中整粒饭的数值 n_2 称出其质量 m_{A_2}，碎饭质量为 m_{B_2}。由于操作过程中米饭水分的蒸发，因此要折算成初始质量 m_{A_1} 和 m_{B_1}，使 $m_{A_1}+m_{B_1}=m_1$，初始整粒饭重、初始碎粒饭重与蒸饭千粒重按式（4-5）~式（4-7）计算：

$$\text{初始整粒饭重 } m_{A_1}=\frac{m_{A_2}}{m_{A_2}+m_{B_2}}\times m_1 \tag{4-5}$$

$$\text{初始碎粒饭重 } m_{B_1}=\frac{m_{B_2}}{m_{A_2}+m_{B_2}}\times m_1 \tag{4-6}$$

$$\text{蒸饭千粒重}=\frac{m_1\times 1000}{(m_{B_1}/m_{A_1}+1)n_2} \tag{4-7}$$

2. 计算

蒸饭出饭率与蒸饭吸饭率按式（4-8）、式（4-9）计算：

$$\text{蒸饭出饭率（\%）}=\frac{\text{蒸饭千粒重}}{\text{白米千粒重}}\times 100 \tag{4-8}$$

$$\text{蒸饭吸水率（\%）}=\left(\frac{\text{蒸饭千粒重}}{\text{白米千粒重}}-1\right)\times 100 \tag{4-9}$$

3. 说明

一个批量的整粒米与碎粒米的碎米系数 K 是一个常数，只需标出一个 K 值即可。

（三）比较法

在实验室用锅蒸饭，求出饭率。再将锅蒸法的米饭含水量和机蒸法的米饭含水量相比较，用机蒸法的米饭含水量为准，校正锅蒸法出饭率，即为机蒸法出饭率。

1. 测定方法

取大生产的同批大米1kg，按大生产的浸米时间浸米，在铝锅中蒸成熟饭，按大生产工艺摊凉或淋水后称取其重量，得到锅蒸法的出饭率 A，同时抽取锅蒸法和机蒸法的米饭样各10g，用烘干法测定含水量，其数值锅蒸饭含水率为 m，机蒸饭含水率为 n。

2. 计算

机蒸法出饭率按式（4-10）计算：

$$\text{机蒸法出饭率（\%）}=A+(n-m) \tag{4-10}$$

例如：取大生产同批大米1000g，按大生产同样时间浸米，在实验室用铝锅蒸饭，按摊饭法生产工艺（风凉到机蒸饭同样温

笔记随笔

度)，称取饭重为1450g，同时抽取锅蒸饭和大生产机蒸饭各10g，用烘干法测得锅蒸饭含水率为156%，机蒸饭含水率为162%，大生产机蒸法出饭率是多少？

解：

$$锅蒸法出饭率=\frac{米饭质量}{大米质量}\times100\%=\frac{1450}{1000}\times100\%=145\%$$

$$\begin{aligned}机蒸法出饭率&=锅蒸法出饭率+（机蒸饭含水率-锅蒸法含水率）\\&=145\%+（162\%-156\%）\\&=145\%+6\%=151\%\end{aligned}$$

答：大生产机蒸法出饭率为151%。

五、生心率

生心率是检验米饭品质优劣的指标之一。蒸煮使白米的淀粉受热吸水糊化，或使米的淀粉结晶构造破坏而α化，有利于糖化发酵菌的生长和易受淀粉酶的作用，同时也进行了杀菌作用。通过染色情况来判断生心，亚甲基蓝或溴酚蓝溶液能使糊化处染上蓝色，而未糊化处不能染上颜色仍为白色。100粒米饭中其内心未染色的百分数即为生心率。

任务实施

米饭检测

一、要点

对于黄酒企业而言，米饭检测主要掌握米饭水分、生心率等指标。

二、工作过程

（一）米饭水分检测

1. 原理

采用比水的沸点稍高的温度（105℃）烘干一定的时间，让水分充分蒸发，根据试样减轻的质量计算水分含量。

2. 仪器与设备

恒温鼓风干燥箱，分析天平（感量0.001g），备有变色硅胶的干燥器，实验室用电动粉碎机（1.5mm圆孔筛），铝盒（内径

笔记随笔

4.5cm，高2cm）。

3. 检测方法

（1）前水分含量　称取米饭10.0g于60℃干燥箱内烘3~4h，使其烘干到含水量16%以下，测出前水分含量（%）。

（2）后水分含量　将测定前水分后的试样，进行粉碎，在100~105℃干燥箱中烘干至恒重，测出后水分含量（%）。

4. 结果计算

米饭前水分、后水分及总水分含量计算见式（4-11）~式（4-13）。

$$X_{前} = \frac{m_1 - m_2}{m_1} \times 100 \tag{4-11}$$

式中　$X_{前}$——米饭前水分含量，%；

m_1——10g米饭，g；

m_2——烘后米饭质量，g。

$$X_{后} = \frac{m_3 - m_4}{m_3} \times 100 \tag{4-12}$$

式中　$X_{后}$——米饭后水分含量，%；

m_3——粉碎后烘前米饭质量，g；

m_4——粉碎后烘后米饭质量，g。

米饭水分测定

$$X_{总} = X_{前} + X_{后} \times \frac{100 - X_{前}}{100} \tag{4-13}$$

式中　$X_{总}$——米饭总水分含量，%；

$X_{前}$——60℃烘的水分，%；

$X_{后}$——100~105℃烘的水分，%。

5. 完成检测记录单

根据检测结果完成米饭水分检测记录单（表4-1）。

（二）米饭生心率检测

1. 原理

亚甲基蓝溶液或溴酚蓝指示剂使未糊化的淀粉不能染上颜色，糊化的能染上颜色。根据着色情况来判断米饭生心。

2. 试剂

（1）1%亚甲基蓝溶液　称取1g亚甲基蓝，溶于95%乙醇中，并稀释至100mL。

（2）1%溴酚蓝指示剂　称取1g溴酚蓝，溶于95%乙醇中，并稀释至100mL。

表 4-1　米饭水分检测记录单

<table>
<tr><td colspan="3">前水分/%</td><td colspan="3">后水分/%</td><td colspan="2" rowspan="2">总水分/%</td></tr>
<tr><td>铝盒号</td><td>1</td><td>2</td><td>铝盒号</td><td>1</td><td>2</td></tr>
<tr><td>盒和样的
总质量（m_1）/g</td><td></td><td></td><td>盒和样的
总质量（m_3）/g</td><td></td><td></td><td rowspan="6">结果（平均值）/%
$X_{前}+X_{后}\times\frac{100-X_{前}}{100}$</td><td rowspan="6"></td></tr>
<tr><td>恒重后空盒的
质量（m_0）/g</td><td></td><td></td><td>恒重后空盒的
质量（m_0）/g</td><td></td><td></td></tr>
<tr><td>试样的质量/g</td><td></td><td></td><td>试样的质量/g</td><td></td><td></td></tr>
<tr><td>烘后的
质量（m_2）/g</td><td></td><td></td><td>烘后的
质量（m_4）/g</td><td></td><td></td></tr>
<tr><td>检测结果/%
$X_{前}=\frac{m_1-m_2}{m_1}\times100$</td><td></td><td></td><td>检测结果/%
$X_{后}=\frac{m_3-m_4}{m_3}\times100$</td><td></td><td></td></tr>
<tr><td>$X_{前}$结果
（平均值）/%</td><td colspan="2"></td><td>$X_{后}$结果
（平均值）/%</td><td colspan="2"></td></tr>
</table>

笔记随笔

3. 检测方法

（1）将测定的米饭放在培养皿中，加入 1% 亚甲基蓝溶液（或 1% 溴酚蓝指示剂），使米饭浸没。

（2）1min 后，倒去亚甲基蓝或溴酚蓝溶液，将每粒米饭用刀片切成两段，看其中心染色情况，在未糊化处，不能染上颜色。

4. 结果计算

生心率按式（4-14）计算：

$$生心率（\%）=\frac{内心未染色粒}{100}\times100\% \tag{4-14}$$

5. 完成检测记录单

根据检测结果完成米饭生心率记录单（表 4-2）。

表 4-2　米饭生心率记录单

测定次数/次	1	2
米饭粒数/粒	100	100
未染上色米饭粒数/粒		
生心率/%		
结果（平均值）/%		

笔记随笔

三、结果评价

按附录三“实施任务评价表”进行评价。

任务拓展

一、填空题

1. 米饭前水分检测的要求是在________干燥箱内烘________。

2. 米饭后水分检测的要求是粉碎后在________干燥箱内烘干至________。

3. 100 粒米饭中其内心未染色的百分数即为________。

4. 米饭的外观鉴定要__________、__________、__________、________。

5. 出饭率及吸水率在传统工艺中可用________测定。

6. 在机械化连续生产中可用________、________测定。

二、判断题

1. 实验室用电动粉碎机圆孔筛孔径是 1.5mm。(　　)

2. 米饭前水分测定米饭含水量烘干到 16%以下。(　　)

3. 烘干容器铝盒的标准是：内径 4.5cm，高 2cm。(　　)

三、计算题

取大生产同批大米 1000g，按大生产同样时间浸米，在实验室用铝锅蒸饭，按摊饭生产工艺（风凉至机蒸饭同样温度），称取饭重为 1440g，同时抽取锅蒸饭和大生产机蒸饭各 10g，用烘干法测得锅蒸饭含水率为 155%，机蒸饭含水率为 160%，大生产机蒸饭出饭率是多少？

四、讨论题

黄酒企业为什么要检测出饭率？

笔记随笔

任务二
酵母培养液检验

任务要求

具体任务

根据教师提供的学习资料和网络教学资源，学生自学酵母培养液分析的知识，在教师的指导下完成学习汇报 PPT。根据酵母培养液分析的方法，制订培养液分析的检测方案，按照黄酒企业的规范操作，完成对酵母培养液分析的检验任务，并填写检验记录单。

任务目标

①掌握酵母培养液分析方法。
②掌握显微镜的使用与维护。
③掌握酵母培养液中的酵母数、出芽率计算方法。
④培养学生具有懂得感恩、孝顺的道德意识。

技能目标

①能测定酵母培养液中的残糖含量。
②能测定酵母培养液中的酵母数、出芽率。

知识准备

一、培养液

培养液是供微生物（主要是酵母菌）生长和维持用的人工配制的养料，一般都含有碳水化合物、含氮物质、无机盐（包括微量元素）以及维生素和水等。它是企业员工自己人工配制的养料，企业里酵母扩大培养液是用米饭糖化后制备成糖液做成的。糖液中接入酵母菌培养成酵母培养液，酵母培养液再扩大培养成为酒母进行投料。酵母培养的过程中严格做到培养环境无菌，不能被杂菌污染。孕育优良的酵母培养液如同育人一样过程是相当艰辛的，工作人员要付出心血才能做好此项工作。

二、血球计数板

血球计数板（图 4-1）是一块特制的厚载玻片，载玻片上有四

笔记随笔

个槽构成三个平台。中间的平台较宽，其中间又被一短横槽分隔成两半，每个半边上面各刻有一小方格网，每个方格网共分九个大方格，中央的一大方格作为计数用，称为计数区。计数区的刻度有两种：一种是计数区分为 16 个中方格（大方格用三线隔开），而每个中方格又分成 25 个小方格称 16×25 规格；另一种是一个计数区分成 25 个中方格（中方格之间用双线分开），而每个中方格又分成 16 个小方格称 25×16 规格（图 4-2）。但是不管计数区是哪一种构造，计数区都由 400 个小方格组成。计数区边长为 1mm，则计数区的面积为 $1mm^2$，每个小方格的面积为 $1/400mm^2$。盖上盖玻片后，计数区的高度为 0.1mm，所以每个计数区的体积为 $0.1mm^3$，每个小方格的体积为 $1/4000mm^3$。使用血球计数板计数时，先要测定每个小方格中微生物细胞的数量，再换算成每毫升菌液（或每克样品）中微生物细胞的数量（$1mL=1000mm^3$）。

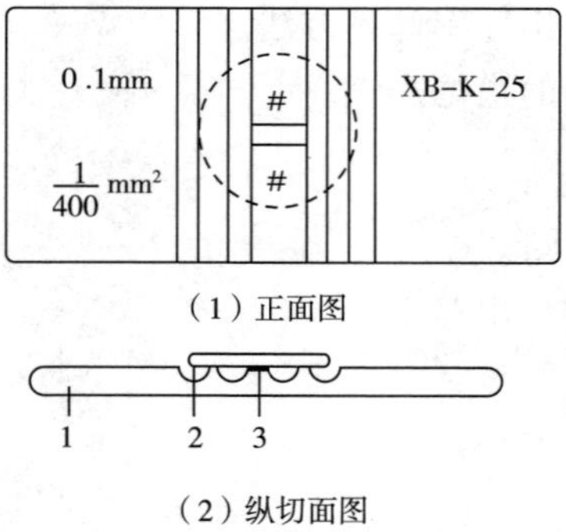

图 4-1　血球计数板构造

1—血细胞计数板　2—盖玻片　3—计数室

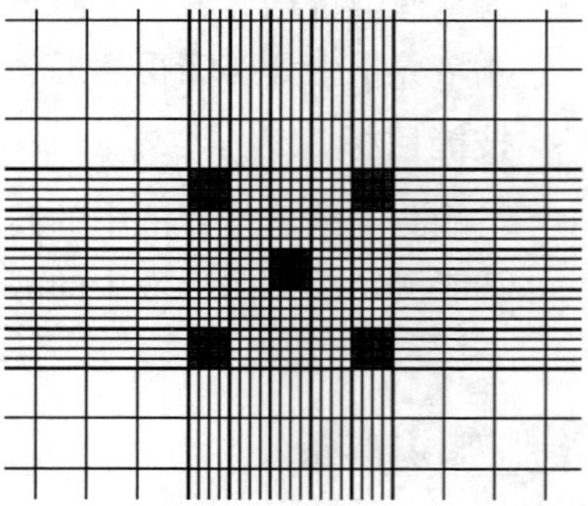

图 4-2　25×16 规格计数五个大方格

三、糖度计

糖度计是用于快速测定含糖溶液以及其他非糖溶液的浓度或折射率。广泛应用于制糖、食品、饮料等工业部门及农业生产和科研中。适用于酱油，番茄酱等各种酱类（调味料）产品的浓度测量；适用于果酱、糖稀、液糖等含糖分较多产品的糖度测量；适用于果汁、清凉饮料及碳酸饮料的生产线品质管理等；适用于水果从种植至销售的过程中，测定准确的收采时期，做甜度分级分类。黄酒企业糖度计主要用于酵母培养时，糖液制备与残糖含量的测定。手持糖度计如图 4-3 所示。

笔记随笔

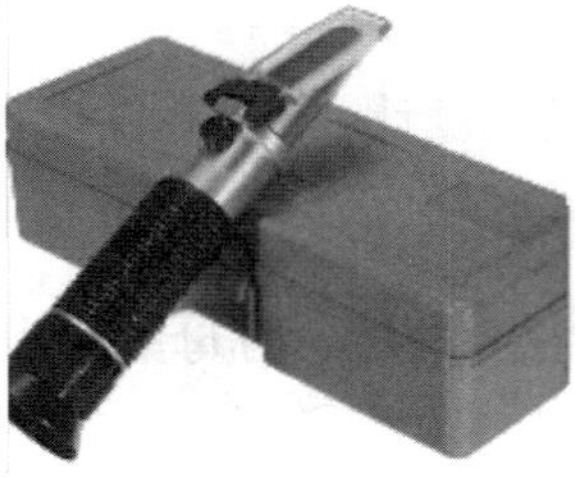

图 4-3　手持糖度计

任务实施

酵母培养液检验

取样：随机抽取，每天随机抽取待检的酵母培养液一瓶。

一、要点

对于黄酒企业而言，酵母培养液的检验主要是培养液残糖含量、酵母数、出芽率等项目检测。

二、工作过程

（一）酵母培养液残糖含量检验

1. 目的

通过酵母培养液残糖含量的检验来判断酵母菌的生长情况。

2. 相关器材

手持糖度计、5mL 吸管一支等。

3. 操作步骤

（1）仪器调零　先用蒸馏水调整手持糖度计的零位。

（2）吸取培养液滴入手持糖度计的棱镜镜面上，轻轻合上手持糖度计盖板，不要产生气泡，使溶液遍布棱镜表面。将仪器进光板对准光源或明亮处，用肉眼通过目镜观察视场，转动目镜调节手轮，使视场蓝白分界线清晰，分界线的刻度值即为溶液的糖度值（图 4-4），并

黄酒半成品分析：
酵母培养液
残糖含量测定

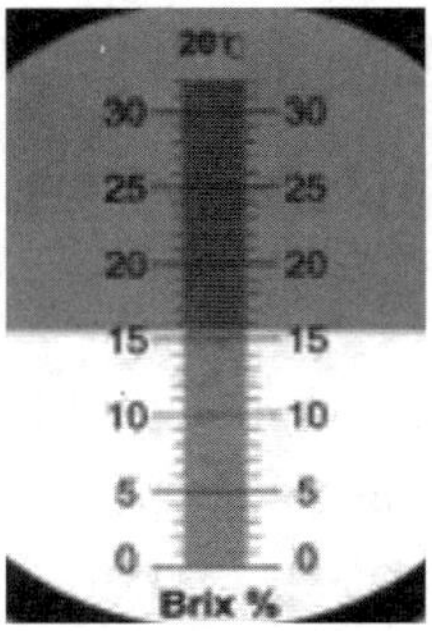

图 4-4　手持糖度计视场示值

笔记随笔

记录数值。

（3）冲洗干净手持糖度计，吸干水分，放回原处。

（4）判定标准　残糖糖度值≤10。

（二）酵母培养液（酒母）酵母数、出芽率测定

黄酒半成品分析：
酒母酵母数
含量测定

1. 目的

（1）掌握镜检制片的制作。

（2）掌握显微镜的操作方法。

（3）掌握酵母数、出芽率的计数方法。

2. 试剂及仪器

（1）蒸馏水。

（2）100mL 容量瓶。

（3）血球计数板、盖玻片。

（4）显微镜。

（5）1mL、10mL 移液管各 1 支。

3. 操作步骤

（1）稀释　吸取 10. 0mL 样品于 100mL 容量瓶中，加蒸馏水定容后摇匀，即为试样。

（2）加样　取洁净干燥的血球计数板一块，在计数区盖上一块盖玻片，用 1mL 移液管滴 1 小滴试样。

方法一：从计数板中间平台两侧的沟槽内沿盖玻片的下边缘滴入一小滴（不宜过多），让试样利用液体的表面张力充满计数区，勿使气泡产生，并用吸水纸吸去沟槽中流出的多余试样。

方法二：将试样直接滴加在计数区上（不要使计数区两边平台沾上试样，以免加盖盖玻片后，造成计数区深度的升高），然后加盖盖玻片（不能产生气泡）。

静置片刻，使细胞沉降到计数板上，不再漂移。将血球计数板放置于显微镜的载物台上夹稳，先在低倍镜下找到计数区后，再转换高倍镜观察并计数。镜检时应减弱光照的强度。静置 2min。

（3）镜检计数　用 400 倍显微镜观察。选用 10 倍目镜，物镜先用低倍（10 倍）物镜找到中格子的视野，然后换成高倍（40 倍）物镜，调节显微镜使计数室清晰（调节光圈增加亮度，调节

笔记随笔

细准焦螺旋)，计数时若计数区是由16个中方格组成，按对角线方位，数左上、左下、右上、右下的4个中方格（即100小格）的菌数。如果是25个中方格组成的计数区，除数上述四个中方格外，还需数中央1个中方格的菌数（即80个小格）。为了保证计数的准确性，避免重复计数和漏记，在计数时，对沉降在格线上的细胞的统计应有统一的规定。如菌体位于大方格的双线上，计数时则数上线不数下线，数左线不数右线，以减少误差。即位于本格上线和左线上的细胞计入本格，本格的下线和右线上的细胞按规定计入相应的格中。对于出芽的酵母菌，芽体达到母细胞大小一半时，即可作为两个菌体计算。每个样品重复计数2~3次（每次数值不应相差过大，否则应重新操作)，按以下公式计算出每毫升酵母培养液所含酵母数量。

（4）清洗　测数完毕，取下盖玻片，用水将血细胞计数板冲洗干净，切勿用硬物洗刷或抹擦，以免损坏网格刻度。洗净后自行晾干或用吹风机吹干，放入盒内保存。

（5）计算

①酵母数：16×25规格的计数板，按式（4-15）计算。

$$\text{酒母中的酵母数（个/mL）}=\frac{\text{100小格细胞酵母数}}{100}\times400\times10000\times\text{稀释倍数}\tag{4-15}$$

25×16规格的计数板，按式（4-16）计算。

$$\text{酒母中的酵母数（个/mL）}=\frac{\text{80小格细胞酵母数}}{80}\times400\times10000\times\text{稀释倍数}\tag{4-16}$$

②出芽率：按式（4-17）计算。

$$\text{出芽率（\%）}=\frac{\text{出芽酵母数}}{\text{酵母总数}}\times100\tag{4-17}$$

（6）判定标准

①酵母数：（1.5~3）亿/mL。

②出芽率：15%~25%。

三、完成检验记录单

根据所学知识进行酵母培养液（酒母）的残糖与酵母数、出芽率的检验，并及时完成数据记录（表4-3）。

表 4-3 酵母培养液（酒母）的残糖、酵母数、出芽率检验评定记录单

测定项目	测定参数	试样 1		试样 2	
		测定数值		测定数值	
		1	2	1	2
残糖	糖度计示值/度				
	测定结果				
酵母数/（个/mL）	80 个小格酵母细胞数/个				
	稀释倍数 N				
	酵母数 $= \frac{80(100)\text{个小格酵母细胞数}}{80(100)} \times 400 \times 10000 \times N$/个				
	测定结果				
出芽率/%	出芽的酵母细胞数/个				
	酵母细胞总数/个				
	出芽率 $= \frac{\text{出芽的酵母细胞数}}{\text{酵母细胞总数}} \times 100\%$				
	测定结果				

笔记随笔

四、结果评价

按附录三“实施任务评价表”进行评价。

任务拓展

一、填空题

1. 显微镜光学部分包括________与________。
2. 酵母培养液检测时残糖含量要小于________。
3. 手持糖度计调零，先用________调整糖度计的零位。

二、判断题

1. 16×25 规格的计数板，酵母计数时在计数区数四个角的 4 个中格。（　　）

2. 25×16 规格的计数板，酵母计数时在计数区数四个角的 4

笔记随笔

个中格加上最中间的 1 个中格，共 5 个中格。(　　)

3. 手持糖度计检测糖度读数时，视场中肉眼看到的分界线的刻度值即为溶液的糖度值。(　　)

4. 显微镜镜检加样完毕后可以马上镜检。(　　)

三、计算题

5mL 的培养液放入 100mL 的容量瓶中，用 25×16 规格的计数板计数，一个中格中酵母数是 25 个，问 1mL 培养液中酵母数有多少个?

四、简答题

简述酵母菌的计数规则。

五、讨论题

从酵母扩大培养检验过程中你想到了什么?

笔记随笔

任务三
发酵醪感官检验

任务要求

具体任务

根据教师提供的学习资料和网络教学资源，各组学生自学半成品发酵醪感官的基础知识，在教师的指导下完成学习汇报 PPT。制订半成品发酵醪感官的鉴别方案，按照黄酒企业的规范操作，完成黄酒发酵醪进行感官检验任务，并能正确填写检验报告单。

任务目标

①了解发酵醪感官检验的基本原理。
②掌握发酵醪感官检验的操作流程。
③掌握发酵醪感官检验的方法。

技能目标

①能用感觉器官对发酵醪的色、香、味进行鉴别。
②能对发酵醪进行感官检验并加以品质判定。

知识准备

一、发酵醪感官检验的重要性

在酿制过程中半成品发酵醪的感官检查，是保证和提高黄酒成品质量的一个重要环节。因为黄酒品质主要是在生产发酵过程中形成，所以黄酒在发酵过程中，必须经常进行感官品评检查，从而了解其发酵是否正常；发酵是否成熟；发酵醪质量的好坏等情况。通过感官品评检查，能及时发现问题，以便采取应对改进措施，从而保证和提高黄酒的质量。

二、发酵醪感官检验方法和质量标准

（一）观察发酵醪外观

1. 发酵正常的醪醅

醪醅面上有无数的小气孔，用手触摸，醪醅无黏滑感。醪醅下

笔记随笔

沉后，上面的酒液呈淡黄色，液面有小气泡不间断地冒出，说明醪醅在缓慢地后酵。

2. 发酵不正常醪醅

色泽呈洁白色，醪醅呈糊状，面上基本没有小气孔，用手触摸，醪液黏滑糊稠。醪醅沉淀后，上面酒液呈现苍白色，酸败的酒液呈黏稠（鼻涕状），液面无小气泡冒出。说明这种醪醅基本停止后发酵，有酸败的危险，甚至已经开始酸败。

（二）闻香气

1. 发酵正常的醪醅

有正常的醪醅香，香气纯正幽雅。醪醅下沉后，酒液微有醇香。

2. 发酵不正常的醪醅

醪醅香气不纯正，带有酸的馊泔气味或其他异味。醪醅下沉后，酒液醇香不明显。

（三）品尝酒味

1. 发酵正常的醪醅

半干型以上的醪醅酒味鲜甜爽口、醇厚柔和、鲜灵清爽，无明显的其他异杂味。半干型的醪醅酒味醇厚、柔和鲜爽，无明显的其他异味。

只要醪醅香气正常、酒味醇正，无其他异味均属正常醪醅，根据发酵实际情况来判定。

2. 发酵不正常的醪醅

酒味甜腻不清爽，酸味明显。这种醪醅在发酵过程中，由于杂菌的污染，导致发酵不正常，酸度上升及产生异味，在后发酵过程中有酸败变质的危险。

任务实施

发酵醪感官检验

一、要点

根据黄酒企业对发酵醪感官鉴定的要求，正确辨识色、香、味的感官特征，并加以感官特征的描述。

黄酒半成品的
感官检验

二、相关用品

人的感觉器官、半成品发酵醪。

三、工作过程

正确辨认发酵醪感官鉴定的标准，对色、香、味进行感官鉴定（表 4-4）。

表 4-4　发酵醪感官鉴定的标准

项目	检验方法	检验方法及特征
色泽	眼观	呈微黄色，有小气泡
触感	手摸	无黏滑感
香气	鼻嗅	糟粕溢香浓郁，香气纯正幽雅；沉清后，酒液微有醇香
口味	口尝	半干型以上的醪醅：鲜甜爽口、醇顺柔和，鲜灵清爽，无明显其他异味
		半干型（干型）的醪醅，醇厚（醇和）、柔和鲜爽，无明显的其他异味

四、完成检验记录单

根据检验结果完成发酵醪感官检验记录单（表 4-5）。

表 4-5　发酵醪感官检验记录单

项目	检验结果
色泽	
触感	
香气	
口味	

五、结果评价

按附录三“实施任务评价表”进行评价。

任务拓展

简答题

论正常发酵醪的感官性状。

笔记随笔

任务四
发酵醪理化检验

任务要求

具体任务

根据教师提供的学习资料和网络教学资源，各组学生自学黄酒发酵醪理化检验的基础知识，在教师的指导下完成学习汇报PPT。根据发酵醪检测的基础知识，制订发酵醪的检测方案，按照黄酒企业的规范操作，结合中级工职业技能考核内容，独立完成对发酵醪的检验任务，填写检验原始记录单。

任务目标

①了解发酵醪还原糖、酸度、酒精度测定的基本原理。

②掌握发酵醪还原糖、酸度、酒精度测定的操作流程。

③掌握发酵醪还原糖、酸度、酒精度测定计算方法。

④培养家国情怀、爱国精神，提升职业素养。

技能目标

①能检测发酵醪中的酒精度。

②能检测发酵醪中的酸度。

③能检测发酵醪中的还原糖。

知识准备

半成品发酵醪企业常规的理化检测指标主要包括酒精度、酸度、还原糖等。

一、酒精（乙醇）

乙醇，结构简式为CH_3CH_2OH或C_2H_5OH，有机化合物，俗称酒精，是最常见的一元醇。

（一）酒精发酵机理

经浸米、蒸煮、投料后，黄酒便进入真正的发酵酿造阶段。其原理是淀粉糊化后，经糖化生成以葡萄糖为主要成分的糖类物质，

笔记随笔

葡萄糖经酵母发酵后生成酒精。这期间一系列的生化反应中，葡萄糖生成酒精的反应是其最为本质与关键的步骤，葡萄糖能最终生成酒精主要是靠酵母细胞中的酒化酶系的作用。酵母的发酵由其先决条件决定，在酸性环境下代谢酒精，在碱性环境下代谢甘油；又在有氧条件下增殖细胞，在无氧条件下生成酒精。黄酒酿造主要是酒精发酵，故在前期细胞到达一定量后，要注意控制空气的过多接触，以便生成更多的酒精以提高出酒率。

在酒精发酵过程中简化示意途经主要分两步。

第一步，淀粉是通过糖化酶的作用生成葡萄糖；

$$(C_6H_{10}O_5)_n \longrightarrow n\,C_6H_{12}O_6$$

第二步，葡萄糖通过酒化酶的作用生成酒精。

$$C_6H_{12}O_6 \longrightarrow 2C_2H_5OH+2CO_2+\text{热量}$$

所谓的发酵机理，酵母在整个代谢过程，是一个相当复杂的生物化学过程。实际上在酒精发酵整个过程中，生化反应要经过 4 个阶段、10 步反应。葡萄糖发酵生成酒精的总反应式如下：

$$C_6H_{12}O_6+2ADP+2H_3PO_4 \longrightarrow 2C_2H_5OH+2H_2O+2ATP$$

（二）检测方法

乙醇含量的测定有物理方法和化学方法。物理方法有气相色谱法、密度瓶法、酒精计法、折射计测定法，黄酒企业检测乙醇主要用的是酒精计法。化学方法有重铬酸钾比色法、莫尔盐法、碘量滴定法等。

二、酸度

黄酒发酵醪中的主要酸为有机酸，主要是指乳酸、乙酸、琥珀酸、柠檬酸、酒石酸、葡萄糖醛酸、延胡索酸、氨基酸与脂肪酸等。

（一）酸度产生的机理

1. 乳酸

在黄酒的酿造中，乳酸发酵类型有两种：一是同型乳酸发酵，发酵产物中只有乳酸；二是异型乳酸发酵，发酵产物中除乳酸以外同时还有乙酸、酒精、二氧化碳等物质。这些乳酸菌利用糖经糖酵解途径生成丙酮酸，丙酮酸在乳酸脱氢酶催化下，还原而生成

笔记随笔

乳酸。

某些乳酸菌还能对苹果酸、柠檬酸、酒石酸等有机酸进行代谢，生成乳酸与琥珀酸等。

因为黄酒发酵是开放式发酵，酿造过程中会感染许多菌种，其中因浸米及酿酒环境所致，会感染许多的乳酸菌，这些乳酸菌会进入发酵醪液中进行乳酸发酵，给黄酒以特有的酸味，也是形成黄酒风格的主要风味酸之一。黄酒发酵属于混合型乳酸发酵。黄酒中的乳酸在一定范围内是能改变酒的口感的，又是乳酸乙酯的前体物质，是陈化生香的主要香味物质之一。乳酸菌在黄酒发酵中主要产生乳酸外，还产生少量乙酸、琥珀酸、富马酸、甲酸、丙酸、二氧化碳及其他微量醇、醛等。还可以利用乳酸为底物进行其他物质的生物合成。如丙酸菌可以利用乳酸产生丙酸。丁酸菌利用乳酸生成丁酸。通过酯化作用生成乳酸乙酯、乙酸乙酯、丁酸乙酯等芳香酯。

2. 乙酸

乙酸又名醋酸，是酒精发酵中不可避免的产物，在各种黄酒产品中都有乙酸存在，是黄酒中挥发酸的组成部分，也是丁酸、己酸及其酯类的主要前体物质。醋酸大多是由醋酸菌产生的，醋酸菌是指能够生成乙酸的一类细菌的统称。在黄酒酿造过程中，醋酸菌能够分解酒精生成醋酸，酿造过程中若产生偏多，在生产操作人员的感官反应上体现的是酸度升高，如果醋酸菌繁殖过度，则酒体为酸化，严重的会导致发酵醪液的酸败。这里简要介绍三种产生乙酸的途径。

(1) 在醋酸菌代谢中，由酒精氧化产生醋酸。乙醇首先被氧化生成乙醛，然后乙醛再被氧化成乙酸。所有的氧化葡萄糖杆菌、醋酸杆菌和巴氏醋杆菌都能氧化乙醇产生乙酸。但不同菌株的成酸能力存在着差异。

(2) 黄酒在发酵过程中，在酒精生成的同时，也伴随着有乙酸和甘油的生成。

(3) 糖经过发酵变成乙醛，乙醛经歧化作用，离子重排，就会生成乙酸。

3. 琥珀酸

琥珀酸学名称为丁二酸，由氨基酸去氨基作用而生成。在醋酸菌的氧化作用下也能产生一部分琥珀酸。

笔记随笔

4. 脂肪酸

脂肪酸是由脂肪水解而成的。

5. 氨基酸

在黄酒中有20多种氨基酸，其含量是各大酒种中最高的，它是由蛋白质水解而产生的。黄酒醪液中的蛋白质来源是黄酒酿造的原辅料谷类与小麦，通过微生物作用，分解成为氨基酸；在发酵后残留于酒醪中的微生物自溶或被分解也是产生氨基酸的来源之一。

（二）酸度检测方法

黄酒发酵醪中酸类物质的含量用酸度表示。黄酒的酸度不仅反映了酸味强度，也反映了其中酸类物质的含量或浓度。黄酒发酵醪酸度以乳酸计，用酸碱中和原理，采用滴定的方法进行测定。

三、还原糖

黄酒发酵醪中还原糖包括葡萄糖、果糖、半乳糖、麦芽糖等，其中含量最多的是葡萄糖。

（一）葡萄糖生产机理

原料淀粉糊化后，经糖化生成以葡萄糖为主要成分的糖类物质，反应如下式所示。

$$(C_6H_{10}O_5)_n \xrightarrow{nH_2O} (C_6H_{10}O_5)_x \xrightarrow{xH_2O} C_{12}H_{22}O_{12} \xrightarrow{2H_2O} C_6H_{12}O_6$$

（二）糖类的测定方法

黄酒发酵醪中还原糖测定方法有廉爱农法与亚铁氰化钾法两种，发酵前期用廉爱农法，发酵后期用亚铁氰化钾法。还原糖含量以葡萄糖计。

任务实施

发酵醪理化检验

一、要点

在感官检验的基础上需要辅以实验室检验来鉴定半成品发酵醪

笔记随笔

的发酵状况，理化检验是实验室常用的检验方法，对于半成品发酵醪而言，主要通过测定酒精度（即酒精的体积分数）、酸度、还原糖的含量等来完成。

二、工作过程

（一）发酵醪取样

1. 机械化生产黄酒发酵醪取样

发酵醪检测时间，不同的企业检测时间不同，有的企业一个发酵周期按 1d、5d、15d、榨前检测，有的企业是按 2d、7d、15d、榨前检测。

每罐为一批次，随机抽取，然后用双层纱布过滤（榨前用绸袋进行过滤）；样液不少于 250mL；榨前取样前需要开耙，使酒体均匀一致，从而保证取样样品的准确性。

2. 传统手工黄酒带糟取样

带糟（8d、15d、30d、榨前）：每作酒为一批次，取每作带糟最上面一层，每坛取样少许，混匀样液（如有必要也可用纱布过滤或用离心机离心操作），样液不少于 250mL。

（二）半成品发酵醪酒精度检测

1. 原理

发酵醪经过蒸馏，用酒精计测定馏出液中酒精的示值，用温度计测出馏出液的温度，换算成 20℃时的酒精度（%vol）。

2. 仪器

100mL 量筒，冷凝回流装置，500mL 锥形瓶，带塞玻璃弯管，电炉，酒精计（标准温度 20℃，分度值为 0.2），水银温度计（50℃，分度值为 0.1℃）。

3. 操作步骤

量取 100.0mL 发酵醪液，倒入 500mL 锥形瓶中，用 100mL 左右的水洗涤量筒，把洗液倒入锥形瓶中，酒体较浑浊时加适量菜油或消泡剂，装上冷凝管，通入冷却水，用原 100mL 量筒接收馏出液，加热蒸馏，直至收集馏出液体积约为 95mL 时，取下量筒，加水至刻度线，摇匀。发酵醪蒸馏如图 4-5 所示。

发酵醪酒精度测定

分别用温度计和酒精计量出温度和酒精度，对照附录一表格查

笔记随笔

发酵醪酸度测定（一）

发酵醪酸度测定（二）

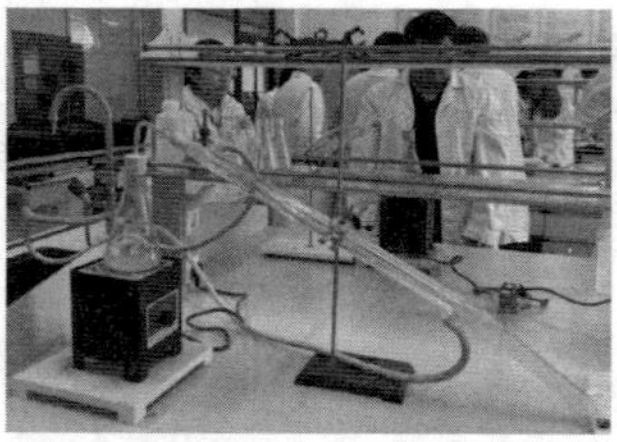

图 4-5　发酵醪蒸馏

出 20℃ 时的酒精度，即为检测结果。

4. 计算

所得结果保留至一位小数。

5. 允许差

同一发酵醪的两次测定结果之差，不得超过 0.2%vol。

（三）发酵醪酸度检测

1. 原理

食品中的乳酸、酒石酸、苹果酸、柠檬酸、草酸、乙酸等均为有机弱酸，可以用强碱标准溶液直接滴定，即 $RCOOH+NaOH \rightarrow RCOONa+H_2O$。

由于本滴定属于强碱滴定弱酸，滴定结果不明显，终点偏碱性故选择在碱性范围内变色的酚酞作为指示剂，滴定至溶液显淡红色（pH=8.2），30s 不褪色（根据发酵醪的发酵情况而定）为终点。根据所消耗的 0.1mol/L 的 NaOH 标准溶液的浓度和体积，计算出发酵醪中酸的含量。

2. 试剂与仪器

0.1mol/L NaOH 溶液、10g/L 酚酞指示剂、150mL 锥形瓶、5mL 吸管、50mL 碱式滴定管。

3. 操作步骤

测定方法：吸取发酵醪 5.0mL 于 150mL 锥形瓶中，加 50mL 水，分别滴入 3 滴酚酞指示剂。用 0.1mol/L NaOH 溶液滴定至溶液呈微红色，0.5min 内不褪色为其终点（若酵母活力强的发酵 1、5d 的半成品，酸度滴定时速度要快，一到微红色就行了，不用等半分钟不褪色。）记录消耗 NaOH 溶液的体积 V，同时做试样空白试验，记录消耗 NaOH 溶液的体积 V_0。

4. 计算

酸度按式（4-18）计算：

$$\text{酸度（以乳酸计，g/L）} = \frac{c \times (V - V_0) \times 90}{5.0} \tag{4-18}$$

式中　c——NaOH 标准溶液的浓度，mol/L；

5.0——吸取发酵醪的体积，mL；

笔记随笔

V——测定发酵醪时消耗 NaOH 标准溶液的体积，mL；

V_0——空白试验时消耗 NaOH 标准溶液的体积，mL；

90——乳酸的摩尔质量，g/mol。

所得结果保留至一位小数。

5. 允许差

同一试样的两次测定结果之差，不得超过 0.1g/L。

6. 判定标准

检测得到的酸度小于 7.0g/L。

（四）发酵醪发酵前期还原糖检测

1. 原理

费林溶液与发酵醪稀释液中还原糖共沸，还原糖可以将费林溶液中的二价铜离子还原为一价铜，生成氧化亚铜沉淀。以亚甲基蓝为指示剂，达到终点时，稍微过量的还原糖将亚甲基蓝还原成无色（蓝色消失）为终点，依据发酵醪稀释液的消耗体积，计算还原糖含量。

2. 试剂与仪器

（1）费林溶液。

（2）300~500W 电炉。

（3）50mL 酸式滴定管，100mL 的容量瓶，150mL 锥形瓶，5mL 的移液管，吸耳球。

（4）10g/L 亚甲基蓝指示剂　称取 1g 亚甲基蓝，溶于蒸馏水中，定容到 100mL。

3. 操作步骤

（1）发酵醪稀释液的制备　吸 10mL 发酵醪液到 100mL 的容量瓶中，用水稀释并定容到刻度，摇匀。

（2）发酵醪稀释液的测定　准确吸取费林甲、乙液各 5mL 于 150mL 锥形瓶中，加水 30mL，混合后置于电炉上加热至沸腾。滴入发酵醪稀释液，保持沸腾，待试液蓝色即将消失时，加入亚甲基蓝指示液两滴，继续用发酵醪稀释液滴定至蓝色刚好消失为终点。记录消耗发酵醪稀释液的体积（V_1）。

4. 计算

发酵醪中还原糖含量按式（4-19）计算：

$$X = \frac{N \times F}{V_1} \times 1000 \qquad (4-19)$$

笔记随笔

式中　X——发酵醪中还原糖的含量，g/L；

F——费林甲、乙液各 5mL 相当于葡萄糖的质量，g；

N——发酵醪液稀释倍数，10（发酵醪稀释液的总体积 100mL/吸取发酵醪液体积 10mL）；

V_1——滴定时消耗发酵醪稀释液的体积，mL；

1000——10mL 换算成 1000mL。

所得结果保留至一位小数。

5. 精密度

在重复性条件下获得的两次独立测定结果的绝对差值不得超过算术平均值的 5%。

发酵醪还原糖测定（一）

发酵醪还原糖测定（二）

（五）发酵醪发酵后期还原糖检测

1. 原理

费林溶液与还原糖共沸，在碱性溶液中将铜离子还原成一价铜离子，并与溶液中的亚铁氰化钾络合而呈黄色。以亚甲基蓝为指示剂，达到终点时，稍微过量的还原糖将亚甲基蓝还原成无色（蓝色消失）为终点。依据 1.0g/L 葡萄糖标准溶液消耗的体积，计算还原糖含量。

2. 试剂和仪器

（1）微量甲溶液　称取硫酸铜（$CuSO_4 \cdot 5H_2O$）15.0g 及亚甲基蓝 0.05g，加蒸馏水溶解并定容到 1000mL，摇匀备用。

（2）微量乙溶液　称取酒石酸钾钠 50g、氢氧化钠 54g、亚铁氰化钾 4g，加蒸馏水溶解并定容到 1000mL，摇匀备用。

（3）1.0g/L 葡萄糖标准溶液　称取经 103～105℃烘干至恒重的无水葡萄糖 1g（精确至 0.0001g），加水溶解，并加浓盐酸 5mL，再用蒸馏水定容到 1000mL，摇匀备用。

（4）分析天平　感量 0.0001g。

（5）分析天平　感量 0.01g。

（6）电炉　300～500W。

（7）150mL 锥形瓶。

（8）5mL 的移液管。

（9）50mL 酸式滴定管。

3. 操作步骤

（1）空白试验　准确吸取微量费林甲、乙溶液各 5mL 于

笔记随笔

150mL 锥形瓶中，加入葡萄糖标准溶液 9mL，混匀后置于电炉上加热，在 2min 内沸腾，然后以 4~5s 一滴的速度继续滴入葡萄糖标准溶液，直至蓝色消失立即呈现黄色为终点，记录消耗葡萄糖标准溶液的总量（V_0）。

（2）发酵醪的测定

①发酵醪稀释液制备：吸取发酵醪 10mL 于 100mL 容量瓶中，用水定容到 100mL，摇匀，作为发酵醪稀释液备用。

②滴定：准确吸取微量费林甲、乙溶液各 5mL 及发酵醪稀释液 5mL 于 150mL 锥形瓶中，先加入 1.0g/L 葡萄糖标准溶液 7mL（依据发酵醪糖度来定），摇匀后置于电炉上加热至沸腾，继续用葡萄糖标准溶液滴定至蓝色消失为终点，记录消耗葡萄糖标准溶液的体积（V）。接近终点时，滴入的葡萄糖标准溶液的用量应控制在 0.5~1.0mL。

4. 计算

发酵醪中还原糖含量按式（4-20）计算：

$$X=\frac{c\times(V_0-V)\times 100}{V_{样}\times 10}\qquad(4-20)$$

式中　X——发酵醪中还原糖的含量，g/L；

V_0——空白试验时，消耗葡萄糖标准溶液的体积，mL；

V——发酵醪测定时，消耗葡萄糖标准溶液的体积，mL；

c——葡萄糖标准溶液的浓度，g/L；

10——吸取发酵醪的体积，mL；

$V_{样}$——吸取发酵醪稀释液的体积，mL；

100——发酵醪稀释液的总体积，mL。

所得结果保留至一位小数。

黄酒半成品分析：黄酒还原糖测定

5. 精密度

在重复性条件下获得的两次独立测定结果的绝对差值不得超过算术平均值的 5%。所得结果保留至一位小数。

三、完成检验记录单

根据所学知识进行半成品发酵醪各指标的理化检验结果判断，并完成原始记录单填写（表 4-6~表 4-9）。

表 4-6　黄酒半成品发酵醪酒精度检验原始记录单

品名					组别				
罐号（批号）					发酵时间				
检验日期					检验员				
测定项目	测定参数	测定数值		测定数值		测定数值		测定数值	
		1	2	1	2	1	2	1	2
酒精度/%vol	温度计读数								
	酒精计读数								
	酒精值								
	测定结果								
结果判定									

表 4-7　黄酒半成品发酵醪酸度检验原始记录单

品名					组别				
罐号（批号）					发酵时间				
检验日期					检验员				
测定项目	测定参数	测定数值		测定数值		测定数值		测定数值	
		1	2	1	2	1	2	1	2
总酸/（g/L）	吸取酒样体积 V/mL	5.00	5.00	5.00	5.00	5.00	5.00	5.00	5.00
	氢氧化钠标准溶液浓度 c/（mol/L）								
	滴定终点耗氢氧化钠标准溶液体积 V_1，mL								
	空白消耗氢氧化钠标准溶液体积 V_0/mL								
	总酸，g/L $\frac{C\times(V-V_0)\times 90}{5.0}$								
	测定结果								
结果判定									

表 4-8　黄酒半成品前期发酵醪还原糖检验原始记录单

品名					组别				
罐号（批号）					发酵时间				
检验日期					检验员				
测定项目	测定参数	测定数值		测定数值		测定数值		测定数值	
		1	2	1	2	1	2	1	2
还原糖/(g/L)	吸取样品体积/mL	10.0	10.0	10.0	10.0	10.0	10.0	10.0	10.0
	样品稀释倍数 N								
	费林溶液浓度 F/g								
	滴定消耗稀释样品溶液体积 V_1/mL								
	还原糖（X）/（g/L）$X = \frac{N \times F}{V_1} \times 1000$								
	测定结果（X 平均值）								
结果判定									

表 4-9　黄酒半成品后期发酵醪还原糖检验原始记录单

品名					组别				
罐号（批号）					发酵时间				
检验日期					检验员				
测定项目	测定参数	测定数值		测定数值		测定数值		测定数值	
		1	2	1	2	1	2	1	2
还原糖(g/L)	吸取样品体积/mL	10.0	10.0	10.0	10.0	10.0	10.0	10.0	10.0
	样品稀释倍数 N								
	吸取稀释样品溶液体积 $V_{样}$/mL								
	葡萄糖标准溶液浓度 c/（g/L）	1.0	1.0	1.0	1.0	1.0	1.0	1.0	1.0
	空白滴定消耗葡萄糖标准溶液体积 V_0/mL								
	样品滴定消耗葡萄糖标准溶液体积 V_1/mL								
	还原糖/（g/L）$X = \frac{c \times (V_0 - V) \times 100}{V_{样} \times 10}$								
	测定结果（X 平均值）								
结果判定									

笔记随笔

四、结果评价

按附录三“实施任务评价表”进行评价。

任务拓展

一、填空题

1. 酒精度测定时水银温度计要求是________。

2. 发酵醪蒸馏时酒体较浑浊一般要加适量________或________。

3. 酸度测定时 NaOH 的浓度是________。

二、判断题

1. 黄酒发酵醪是以乙酸计算的。(　　)

2. 黄酒发酵醪酸度同一试样的两次重复测定结果之差，不得超过 0.1g/L。(　　)

3. 黄酒发酵醪酒精同一试样的两次重复测定结果之差，不得超过 0.2%vol。(　　)

4. 黄酒发酵醪还原糖测定时还是要通过酸水解处理。(　　)

5. 酵母细胞计数规则是数上线不数下线，数左线不数右线，以减少误差。(　　)

三、计算题

在滴定黄酒发酵醪的酸度时，10mL 黄酒发酵醪消耗 0.1000mol/L NaOH 标准溶液 6mL，空白实验消耗 0.1000mol/L NaOH 标准溶液 0mL，若用乳酸计，此发酵醪的酸度是多少？

四、讨论题

当发酵醪酸度偏高时，我们应该采取怎样的方法进行补救？我们人也会犯错，该怎样预防呢？

笔记随笔

职业技能拓展

本任务是黄酒酿造工中级工、高级工、技师、高级技师职业技能证书考试内容，同学们务必要掌握其中的知识点与操作技能。相关知识到浙江省高等学校在线开放课程共享平台“黄酒检测技术”课程中去学习。

项目五

黄酒成品检验

情境导入

黄酒是中国的民族特产，它是世界三大酿造酒（黄酒、葡萄酒和啤酒）之一。酿酒技术独树一帜，经历代劳动人民丰富的酿酒经验与智慧，使黄酒品质达到了较高水平，成为东方酿造界的典型代表和楷模。当你在超市里挑选琳琅满目的黄酒，当你在餐桌上享受美味的黄酒，当你在与好友对酌窃窃私语之时，你想过黄酒的质量安全吗？为什么不同的黄酒风味会不一样？黄酒分类等级的依据又是什么？这就需要黄酒检测最后一道工序——黄酒成品检测来给你一一解答。

笔记随笔

任务一
黄酒成品感官检验

任务要求

具体任务

根据教师提供的学习资料和网络教学资源，各组学生自学黄酒感官品评的知识，在教师的指导下完成学习汇报 PPT。根据黄酒感官品评的方法，制订感官检验的评价方案，按照黄酒行业品鉴的规范操作，完成对成品黄酒的感官品鉴任务，并填写品鉴报告。

任务目标

①掌握黄酒品评技能。
②掌握不同黄酒的感官要求。
③掌握黄酒感官检验的操作流程与方法。
④学习黄酒文化，提升自身素养。

技能目标

①能鉴别不同糖度类型的黄酒。
②能鉴别不同风格类型的黄酒。
③能鉴别同风格同类型黄酒品质的优劣。

知识准备

一、黄酒感官要求

（一）传统型黄酒、清爽型黄酒、特型黄酒的感官要求

见项目二　任务一。

（二）绍兴黄酒感官要求

见项目二　任务二。

二、味感小知识

（一）味觉分类

在亚洲，中国把口味分为甜、苦、咸、酸、辣 5 种味道。

印度把口味分为甜、苦、咸、酸、辣、淡6种味道。

在欧洲，把口味分为甜、苦、咸、酸、收敛味、碱味。

关于味觉的分类，有将味觉分为酸、甜、苦、辣、咸五味，也有将味觉分为酸、甜、苦、辣、咸、鲜、涩、金属味八味。但一般认为，基本味觉为酸、甜、苦、咸四味，其他味觉都可以看成是由这四种基本味觉构成的味。

（二）黄酒中味觉感知

1. 甜味

甜味是以蔗糖为代表的味。呈甜味的化合物除糖以外还有很多种类，范围很广。食品的甜味成分主要是葡萄糖、蔗糖、果糖等单糖或二糖、低聚糖等物质，但它们的甜味间存在着微妙的细小差别。

2. 酸味

酸味是无机酸、有机酸及酸性盐特有的一种味，呈酸味的本体是氢离子（H^+）。酸呈酸味来自各种酸的 H^+，但是实际上 H^+ 并不是单独存在于食品中的，H^+ 必然和产生 H^+ 的酸以及分出 H^+ 之后余下的阴离子共轭碱同时存在，因此人们实际感到的酸味是 H^+、AH、A^- 总和在一起的味道，醋酸和柠檬酸，二者酸味不同，便是这个原因。不是所有的酸都有酸味。

3. 苦味

食品有关的苦味物质主要有可可碱，柑橘中的黄烷酮糖苷类如柚皮苷、新橙皮苷，啤酒中的异萑草酮和蛇麻酮类物质，蛋白质水解产物肽等。许多苦味物质分子内部有很强的疏水性部位，据推测这个部位和味细胞之间的疏水性相互作用的强度和苦味持续时间的长短有关。苦味物质的种类多于甜味物质。最苦的二甲马钱子碱为首的苦味物质的数目数不胜数。

4. 咸味

咸味可以认为是氯化钠（NaCl）的味道。当然 NaCl 在水中电离为 Na^+ 和 Cl^-，但是人们无法知道单独的 Na^+ 或单独的 Cl^- 是什么味道，因此人们应该把食盐的咸味视为 Na^+ 和 Cl^- 二者的综合味道，其他呈咸味盐类也是如此。

笔记随笔

三、感官检验操作步骤

（一）观色

观色是评黄酒外观，用手指夹住酒杯的杯柱，在适宜的光线下，可进行直观或侧观。按序逐只进行，然后用白纸作背景观察一组酒中每杯之间的情况，还可用俯视的方法，一组酒杯放在白纸上，从上往杯底俯视，观察澄清度。常见观色为观察以下几个项目。

（1）呈色。

（2）澄清度　是否澄清、透明。

（3）光泽　对光检查酒液的亮度情况。

（4）杂质　悬浮物、沉淀物。

（5）流动度　酒液的浓厚程度，黏稠性，酒液挂杯等情况。

（二）嗅香

首先轻嗅：置酒杯于鼻下一寸左右处，头略低，轻嗅其气味，逐只进行，稍稍休息一会，再从逆次序各嗅一次，边嗅边记录。对有不确定的酒样，进行深嗅。

再次深嗅：酒杯接近鼻孔，但不触及杯缘，同时可转动或轻轻摇动酒杯，以增加香气的挥发量，做短促呼吸，先顺次序嗅一遍，再逆次序嗅一遍。再有疑问酒样就进行第三次嗅香。

（三）尝味

（1）尝味次序：一般根据香气浓淡排列，先尝香淡的，后尝香浓的，再尝异杂味酒，以免异杂味酒对口腔感觉产生干扰。由淡到浓尝了以后，再由浓到淡进行复尝。

（2）尝味的量要一致，通常为4～8mL，尝味要慢而稳，时间应不少于12s。

（3）尝后要体会余味与回味。

（4）最后要用白开水或蒸馏水等漱口。

（四）品格

1. 酒体是否协调

如一只酒尝味有酸度偏高的感觉，但理化指标检测，酸度却符

笔记随笔

合要求。这是酒体不协调表现，因为酒体中其他成分偏少，酒体不能承载酸度，使人有偏酸的感觉。

2. 酒体典型性

不同产区的黄酒有各自的典型性，主要是由原料、配方、工艺、贮存年份等方面形成的。如山东即墨老酒，其典型性是由原料大黄米、陈年伏曲，煮糜工艺形成，主要表现在呈深褐色，有焦香，后口有焦苦味，但苦不留口，余味清爽。绍兴黄酒，典型性是原料糯米、麦曲，采用淋饭、摊饭工艺形成，主要表现在色泽澄亮，醇香浓郁，质地厚实，味道和谐。

随着人工智能技术的不断发展，越来越多的领域开始应用人工智能技术，包括黄酒行业。在黄酒鉴定领域，要想让机器学习准确地鉴定黄酒，需要大量的数据和精细的训练，机器学习才能成为一种新的鉴定方式。首先人工智能技术从大量数据中提取黄酒关键特征，用于判断黄酒的品质。其次基于特征提取的结果，人工智能技术可以构建黄酒品质检测模型，并利用机器学习和深度学习算法进行训练。通过大量的样本数据训练模型，使其具备准确鉴别品质的能力。人工智能技术不仅提高了黄酒鉴定的准确度，还节约了大量的时间和人力成本。

任务实施

成品黄酒感官检验

黄酒品酒操作：观色、嗅香

黄酒品酒操作：尝味、品格

一、要点

依据黄酒国家标准、行业标准、地方标准及企业标准的要求，对黄酒感官标准进行熟记，并对黄酒进行感官检验。正确辨识黄酒色、香、味、格的感官特征，并加以描述，做出相应的评定。

二、相关用品

倒酒容器、标签纸、记号笔、评酒杯、黄酒样品。

三、工作过程

（一）鉴别方法

依据黄酒国家标准感官要求，从色、香、味、格四个方面进行

笔记随笔

鉴别。

(1) 从甜度上 "对比法"用舌尖体会酒的甜度对黄酒糖度类型进行鉴别。

(2) 从酒精度上 干型黄酒对舌的刺激感低于半干型黄酒。

(3) 从醇厚度上 干型黄酒相较于半干型黄酒醇厚度低;传统型黄酒相较于清爽型黄酒醇厚度高。

(4) 从香气上 清爽型香气清雅,传统型醇香浓郁,特型有添加物自身的香气。

(二)黄酒基础鉴别

(1) 取不同糖度类型的 5 个黄酒试样进行密码编号,区别鉴定干型、半干型、半甜型、甜型酒样,按杯号填入表 5-1 内。

(2) 取不同风格 5 个黄酒试样进行密码编号,区别鉴定传统型、清爽型、特型酒样,按杯号将酒型填入表 5-2 内。

(三)黄酒优劣鉴别

取同一类型的黄酒 5 只进行密码编号,给予正确评语并打分排序,按杯号将感官检验内容填入表 5-3 内。

四、完成检验记录单

根据检验要求,得出检验结果完成不同要求成品黄酒感官检验报告单(表 5-1、表 5-2、表 5-3)。

表 5-1 酒样内容填空表

第 轮 品鉴人:

按要求填写酒样名称

杯号	1	2	3	4	5
酒样糖度类型					

表 5-2 酒样内容填空表

第 轮 品鉴人:

按要求填写酒样名称

杯号	1	2	3	4	5
酒样风格类型					

表 5-3　黄酒感官检验表

第　轮　　　　　　　　　　　　　　　　　　　　　　　　品鉴人：

杯号	色（10 分）		香（25 分）		味（50 分）		格（15 分）		总分	排名
	评语	分数	评语	分数	评语	分数	评语	分数		
1										
2										
3										
4										
5										

笔记随笔

五、结果评价

按附录三“实施任务评价表”进行评价。

任务拓展

一、填空题

1. 黄酒品评中舌头感受酸味的最敏感部位是__________；感受甜味的最敏感部位是__________；感受苦味的最敏感部位是__________；感受咸味的最敏感部位是________。

2. 苦味物质如柑橘中的黄烷酮糖苷类如________、________。

3. 品鉴人员感官检验操作分为四个步骤：________、________、________、________。

二、判断题

1. 苦味物质的种类远比甜味物质少。(　　)

2. 酸味其感应速率通常比糖缓慢。(　　)

3. 中国把口味分为甜、苦、咸、酸、辣 5 种味道。(　　)

4. 欧洲把口味分为甜、苦、咸、酸、收敛味、碱味 6 种味道。(　　)

5. 基本味觉为酸、甜、苦、咸四种。(　　)

三、简答题

1. 传统半干优级黄酒感官品评的要求是什么？

笔记随笔

2. 清爽半干一级黄酒感官品评的要求是什么？

职业技能拓展

本任务是黄酒品酒师中级工、高级工、一级品酒师、二级品酒师职业技能证书考证内容，同学们务必要掌握其中的知识点与操作技能。相关知识到浙江省高等学校在线开放课程共享平台“黄酒检测技术”课程的学习资源中去学习巩固与拓展。

笔记随笔

任务二
黄酒成品常量成分理化检验

任务要求

具体任务

根据教师提供的学习资料和网络教学资源，学生自学黄酒成品理化检验的知识，在教师的指导下完成学习汇报 PPT。根据黄酒理化指标检验所学习的基本知识，制订黄酒理化指标的检测方案，按照黄酒国家标准的规范要求操作，团队协作完成黄酒成品国家标准中规定的理化指标检验任务，并填写评定检验记录单。

任务目标

①掌握黄酒标准中各检验指标的检测原理与操作方法。

②掌握检验指标的计算公式与数据分析。

③完成任务的过程中能展现出工匠精神与团队协作精神及具有环保意识。

技能目标

①会准确检验黄酒标准中的理化指标。

②能准确使用检验黄酒理化指标的各种仪器。

③能对黄酒理化指标的检验结果进行判定与分级。

知识准备

黄酒企业常量检验的理化指标主要包括乙醇、总酸、总糖、氨基酸态氮、pH、非糖固形物、氧化钙、挥发酯（绍兴加饭酒需要检测）等。

一、乙醇

乙醇是醇类的一种，是酒的主要成分，所以又称酒精，有些地方俗称火酒，是可再生物质。酵母将糖、葡萄糖、果糖和蔗糖等糖类转化为细胞能量，产生乙醇和二氧化碳的副产物。因为酵母在没有氧气的情况下执行此转换，所以酒精发酵被认为是一个厌氧过程。

笔记随笔

二、总酸及 pH

黄酒中总酸包括有机酸、氨基酸等，大部分酸是弱酸。一般黄酒 pH 在 3.5~4.5。

有机酸是黄酒重要的呈香和呈味物质。它能协调酒体中其他口味物质，具有缓冲作用。在黄酒中有增加浓厚感和减少甜味的作用。同时，有机酸的组成和含量是评价酿造过程是否正常和成品黄酒品质的重要指标。有机酸在陈酿过程中与乙醇作用生成芳香酯类物质，使酒更香。黄酒中的有机酸主要包括琥珀酸、乳酸、乙酸、酒石酸、苹果酸、柠檬酸、草酸、内酮酸、酮戊二酸、富马酸等，其中乙酸是挥发酸，其他有机酸是非挥发性酸。有机酸都可以产生酸味，但是许多有机酸具有独特的风味，比如乙酸具有食醋风味，刺激性较强，容易刺激鼻腔、口腔及咽部，因此其含量不宜过高，在生成过程中应注意控制其含量。乳酸酸味柔和，酸味品质好。柠檬酸酸味清新、凉爽，具有水果风味。苹果酸酸味尖刻，有生青味和涩味、苦味，对总体风味不利。黄酒中总酸以乳酸计。

黄酒中的有机酸来源主要有两个方面：

（1）在酿造过程中由酵母等微生物代谢生成。

（2）在贮存过程中，醇类物质氧化成醛，醛又被氧化成酸。

三、氨基酸

氨基酸是酵母营养的重要原料，是很多重要代谢产物的前体，也是黄酒重要的风味物质。黄酒中氨基酸含量十分丰富，是饮料酒中氨基酸含量最高的酒种，黄酒中氨基酸含量明显高于啤酒和葡萄酒，以及日本清酒。对绍兴加饭酒的检测表明，其氨基酸含量分别约为啤酒的 7 倍，红葡萄酒的 3 倍，日本清酒的 2 倍，因而氨基酸含量是区别其他酒种的主要特征。这些氨基酸以结合态与游离态两种形式存在。黄酒中鉴定出 18 种氨基酸，其中对于成人来讲黄酒中具有 8 种人体不能合成但又是必需的氨基酸：赖氨酸、色氨酸、苯丙氨酸、甲硫氨酸、苏氨酸、异亮氨酸、亮氨酸、缬氨酸。氨基酸按照味觉分为甜味氨基酸、苦味氨基酸、鲜味氨基酸和涩味氨基酸。甜味氨基酸主要包括丙氨酸、精氨酸和丝氨酸，苦味氨基酸包括异亮氨酸和缬氨酸，鲜味氨基酸包括谷氨酸和天冬氨酸，涩味氨基酸是酪氨酸和 γ-氨基丁酸。黄酒中的氨基酸，按酸碱性分为中性氨基酸、酸性氨基酸和碱性氨基酸三种，大部分是中性氨基酸。精氨酸、赖氨酸、组氨酸是碱性氨基酸，谷氨酸和天冬氨基酸是酸性氨基酸。由于发酵过程中产生的各种氨基酸数量不同，因此对黄酒的口感会产生一定的影响。每种氨基酸有各自的等电点，由于等电点的不同造成酒体中某些成分的析出与沉淀，给黄酒在储存期内的外观也带来一定影响。

黄酒中氨基酸的来源有两个方面：

（1）由糖化发酵剂的作用把原料中蛋白质分解而成。

（2）来自酵母、霉菌等微生物死亡后，细胞自溶溶出细胞内酸性羧肽酶，从而分解多肽而大量形成。

四、糖

黄酒中糖类主要包括葡萄糖、果糖、麦芽糖、异麦芽糖、蔗糖以及一些低聚糖，如异麦芽三糖、潘糖，其中葡萄糖含量最高。黄酒中的葡萄糖主要来自淀粉的水解。黄酒中有少量的低聚糖，在糖化过程中，部分葡萄糖苷在霉菌分泌的葡萄糖苷转移酶作用下，可重新结合形成难发酵的或不发酵的异麦芽糖、麦芽三糖和潘糖等低聚糖。主要以潘糖和异麦芽三糖为主，但还存在其他低聚糖。这些糖类是黄酒甘甜味的重要来源，协调了黄酒的酒体。此外，黄酒中还存在一定量的多糖，包括纤维素、糊精和淀粉等物质。

甜味物质主要来自原料中的淀粉，经糖化发酵后残留下来的糖分，以及经酵母酒精发酵后残留下来的糖分。

五、固形物

试样经100~105℃加热，其中的水分、乙醇等可挥发性的物质被蒸发，剩余的残留物即为总固形物。黄酒总固形物包括总糖和非糖固形物，后者是黄酒国家标准中的控制指标，也是黄酒生产企业普遍关注的问题。总固形物减去总糖即为非糖固形物。黄酒非糖固形物主要组成成分为：糊精、蛋白质、有机酸、酚类物质、无机元素等。酒样中各物质含量及比例与工艺相关，对非糖固形物含量影响最大的物质是糊精和蛋白质。

六、氧化钙

黄酒中的钙一部分是酿造用水中带入酒体，一部分可能是人为加入酒体。在酿造黄酒时，谷物在发酵转化成酒精的过程中，引起

笔记随笔

酸度过高，甚至产生酸败情况，影响黄酒的品质。使用处理过的氧化钙中和多余的酸，可达到调节酸度的目的。通过检测氧化钙含量来监管石灰的加入量，当然，酒体中钙含量过高会对舌头产生麻涩感，影响酒体的品质。

七、挥发酯

酯类是黄酒的主要香气，各种酯类以乙酯类为主要形式，它是由醇类与酸类相作用通过酯化反应而产生的。其途径有两个：一是通过有机化学反应生成酯，但这种反应在常温条件下极为缓慢，往往需要几年时间才使酯化反应达到平衡；二是存在于黄酒醪的酵母具有一定的产酯能力，由微生物的生化反应生成酯。黄酒中酯的种类有：甲酸乙酯、乙酸乙酯、丙酸乙酯、丁酸乙酯、戊酸乙酯、己酸乙酯、辛酸乙酯、癸酸乙酯、丁酸-2-甲基丁酯、乳酸乙酯、β-羟基丁酸乙酯、琥珀酸二乙酯、苯乙酸乙酯、十六酸乙酯、油酸乙酯、2-羟基丙酸乙酯、苯甲酸乙酯、邻苯二甲酸丁酯、乙酸异戊酯、乙酸正戊酯等，主要是乳酸乙酯、乙酸乙酯、琥珀酸（丁二酸）二乙酯等。黄酒中乙酸乙酯含量比日本清酒高出 4~5 倍。通过升温能挥发的酯类，我们称为挥发酯。

任务实施

黄酒成品常量成分理化检验

一、要点

在感官检验的基础上需要定量的理化检验来鉴定黄酒的质量，理化检验是实验室常用的检验方法。依据黄酒标准的要求，主要通过检验酒精度、总糖、总酸及氨基酸态氮、pH、非糖固形物、氧化钙、挥发酯等来完成。

二、工作过程

（一）酒精度测定

1. 酒精计法

（1）原理　以蒸馏法去除样品中不挥发性物质，用酒精计测

笔记随笔

得酒精体积分数示值，按附录一进行温度校正，求得在20℃时乙醇含量的体积分数，即为酒精度。酒精度测定如图5-1所示。

（2）仪器

①电炉：500~800W。

②全玻璃蒸馏器：蒸馏瓶500mL、1000mL，冷凝管（规格：50cm长，内外径24mm×29mm）。

③精密酒精计：标准温度20℃，分度值为0.1%vol。

④水银温度计：50℃，分度值为0.1℃。

⑤量筒：200mL。

⑥容量瓶：200mL。

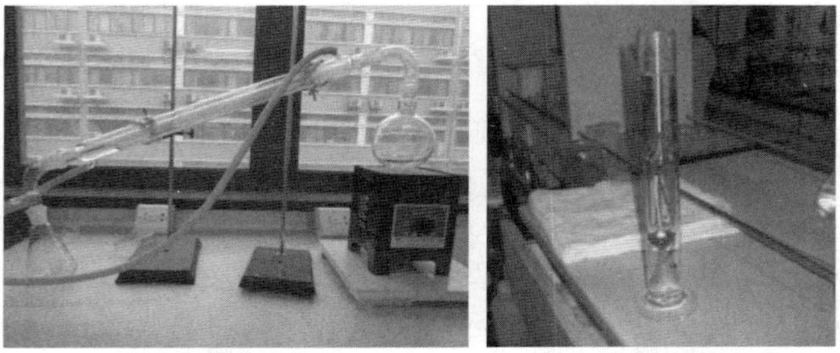

（1）酒精蒸馏装置　（2）测定酒精度示值

图5-1　酒精度测定

成品黄酒酒精度的测定

（3）分析步骤

①试样制备：用一洁净、干燥的200mL容量瓶，准确量取成品酒样200mL（液温20℃）于500或1000mL蒸馏瓶中，用50mL水分三次冲洗容量瓶，洗液并入500或1000mL蒸馏瓶中，加几颗沸石（或玻璃珠），连接蛇形冷凝管，以取样用的原容量瓶作接收器（外加冰浴），开启冷却水（冷却水温度宜低于15℃），缓慢加热蒸馏，收集馏出液。当接近刻度时，取下容量瓶，盖塞，于20℃水浴中保温30min，再补加水至刻度，混匀，备用。

②试样溶液测定：将馏出液注入洁净、干燥的200mL量筒中，静置数分钟，待酒中气泡消失后，放入洁净、擦干的酒精计，再轻轻按一下，不应接触量筒壁，同时插入温度计，平衡约5min，水平观测，读取与弯月面相切处的刻度示值，同时记录温度。

（4）分析结果的表述　根据测得的实际温度和酒精度示值，查附录一，换算成20℃时样品的酒精度，以体积分数“%vol”表示。

笔记随笔

以重复性条件下获得两次独立测定结果的算术平均值表示，结果保留至一位小数。

（5）精密度　在重复性条件下获得两次独立测定结果的绝对差值不得超过0.5%vol。

2. 仪器法

（1）原理　试样经快速蒸馏器蒸馏后，注入全自动天平密度仪，测定溜出液中酒精的含量。

（2）试剂

①消泡剂。

②氧化钙。

③氧化钙溶液（12%）：称取12.00g氧化钙于烧杯中，加水至100g，混匀呈乳浊液。

（3）仪器

①快速蒸馏器

②全自动天平密度仪（或其他同等功能仪器）：精度0.00005kg/L，测量范围0.5~2.25kg/L。

③恒温水浴锅：温控±0.2℃

④容量瓶：100mL

注：全自动天平密度仪（或其他同等功能仪器）酒精度测量精度为±0.05%vol。

（4）分析步骤

①仪器校正：使用前用蒸馏水或者乙醇标准溶液依照仪器说明书对全自动天平密度仪进行校正。

②样品蒸馏：用100mL容量瓶取试样100mL（液温20℃），全部移入快速蒸馏器的蒸馏瓶中，用100mL水分3次洗涤容量瓶，洗液并入蒸馏瓶中，在蒸馏瓶中依次加入约1mL氧化钙溶液和5滴消泡剂。选择酒精蒸馏模式，将快速蒸馏器的馏出液质量设置为85g，开启冷却水（冷却水温度宜低于15℃），启动快速蒸馏器，用原100mL容量瓶接收馏出液。蒸馏结束后，待馏出液恢复至20℃，使用20℃的水将馏出液定容至刻度，摇匀。将定容后的馏出液注入密度快速测定仪中，仪器自动换算20℃时的酒精度值（%vol），待读数稳定后，记录测定值。

（5）结果的表达　20℃时样品的酒精度，以体积分数“%vol”表示。结果保留至一位小数。

笔记随笔

（6）精密度　在重复性条件下获得两次独立测定结果的绝对差值不得超过0.5%vol。

3. 酒精仪直接测定法

成品黄酒用Alcolyzer wine酒精分析仪器直接测定，如图5-2所示。

注：使用前请仔细阅读仪器使用说明。

（1）仪器按键说明

①自动进样器SP-1m的功能键如下：

start：开始进样；

stop：停止进样；

0：样品盘转到初始位置24。

图5-2　酒精分析仪

②酒精仪Alcolyzer wine的功能键分别是F1、F2、F3、F4。

在仪器主界面上代表的含义如下：

F1 Method：选择测试方法；

F2 Print：开始打印；

F3 Pump：空气泵开关；

F4 sample#：样品名输入。

（2）开机操作

①打开电脑、酒精仪、自动进样器电源开关，无先后次序。

②打开EXCEL文件，点击AP-SoftPrint的下拉菜单Start Data Collection，然后点击弹出窗口中的START，EXCEL就会自动执行数据记录。

③在进样器转盘上依次放1个酒精（酒精度≥95%），3个纯水，按start开始仪器清洗。

（3）关机操作

①保存EXCEL文件，关闭EXCEL及电脑。

②在进样器转盘上依次放1个纯水，1个酒精（酒精度≥95%vol），按start开始仪器清洗。清洗后，打开空气泵，将吹气口插入进样口，同时拧开蠕动泵上的开关。吹气完毕后，空气泵会自动关闭。

笔记随笔

③拧紧蠕动泵上的开关，最后关闭酒精仪电源。

（4）Alcolyzer Wine 的校正操作　定期进行酒精浓度两点校正：用除气的二次蒸馏水做零点校正，用 8%～12%vol 的酒精溶液进行浓度校正，校正前 Alcolyzer wine 至少开机 1h。

①用水校正（零点）

a. menu>adjustment>zero。

b. 待出现提示“Do you really want to adjust?”时选 <YES>。

如果此时测量池内无二次蒸馏水，先按 Alcolyzer Plus Wine 上的 <S-Start> 键，然后再按自动进样器上的<Start> 键。

自动进样器开始将二次蒸馏水注入测量池，进样完成后自动进行校正。

如果此时测量池内已经充满了二次蒸馏水，则不要按 <S-Start> 键，而是直接按住 Alcolyzer Wine 上的 <Start> 键开始校正。

c. 等待零点校正完成。

d. 如果测量值稳定在±0.02%vol 内，那么校正成功并保存，屏幕显示“adjustment saved”。按 <Cont> 键确认校正。按 <ESC> 键两次返回测量窗口。

e. 如果校正后屏幕显示“no stability - restart”，表示测量结果的稳定性无法达到要求，原因可能是在进样过程中存在问题（例如测量池内有气泡）。再次清洗测量池，用标准水重新校正。

②用酒精溶液校正

a. 配制 10%～12%vol 酒精溶液。

b. 进样前，必须把样品中气泡排掉。

c. 选择 Alcolyzer Plus Wine 菜单 adjustment > known concentration。

d. 待出现提示“Do you really want to adjust?”时选<YES>。

e. 如果此时测量池中没有酒精溶液，按 Alcolyzer Plus Wine 上的<S-Start> 键。

f. 在自动进样器上按<Start> 键。自动进样器开始将酒精溶液注入测量池，进样完成后自动进行校正。

g. 按 <Cont> 键继续校正。

h. 等待校正完成。

i. 如果测量值稳定在±0.02%vol 内，那么校正成功并保存，屏幕显示“adjustment saved”。

按 <Cont> 键确认校正。

笔记随笔

按 <ESC> 键两次返回测量窗口。

j. 如果校正后屏幕显示"adjustment failed"校正失败，表示测量结果的稳定性无法达到要求，原因可能是在进样过程中存在问题（例如测量池内有气泡）。再次清洗测量池，用酒精溶液重新校正。

（5）每周一次的清洗　每周一次，用含有 NaOCl 和 NaOH（或 KOH）的溶剂清洗测量池，务必注意清洗液的浓度。一般是 0.5% NaOCl+0.5% NaOH（或 KOH）。清洗液在测量池滞留时间不要超过 5min。稀释后，溶液中 NaOH（或 KOH）和 NaOCl 的浓度和不高于 1%。样品盘上依次放置 1 杯自制清洗液和 4 杯蒸馏水。

蒸馏水可保留在测量池中，直至下一次测量。

再次测量前先用 1 杯浓度约为 10%vol 的酒精溶液（可以是校正所用的溶液）过洗，以减小测量池表面张力，避免进样过程中产生气泡。

成品黄酒总酸与氨态氮的测定

（二）总酸及氨基酸态氮的测定

1. 原理

氨基酸是两性化合物，分子中的氨基与甲醛反应后失去碱性，而使羧基呈酸性。用氢氧化钠标准溶液滴定羧基，通过氢氧化钠标准溶液消耗的量可以计算出氨基酸态氮的含量。

2. 试剂

（1）甲醛溶液　36%~38%（质量比，无缩合沉淀）。

（2）无二氧化碳的水　按 GB/T 603 制备。

（3）氢氧化钠标准溶液（0.1mol/L）按 GB/T 601 配制和标定。

3. 仪器

（1）酸度计或自动电位滴定仪　精度 0.01 pH。

（2）磁力搅拌器。

（3）分析天平　感量 0.0001g。

4. 分析步骤

按仪器使用说明书调试和校正酸度计。

吸取酒样 10mL 于 150mL 烧杯中，加入无二氧化碳的水 50mL。烧杯中放入磁力搅拌棒，置于电磁搅拌器上，开启搅拌，用氢氧化钠标准滴定溶液滴定，开始时可快速滴加氢氧化钠标准溶液，当滴定至 pH=7.0 时，放慢滴定速度，每次加 0.5 滴氢氧化钠标准滴定溶液，直至 pH=8.20 为终点。记录消耗 0.1mol/L 氢氧化钠标准滴

笔记随笔

定溶液的体积（V_1）。加入甲醛溶液10mL，继续用氢氧化钠标准滴定溶液滴定至pH=9.20，记录加甲醛后消耗氢氧化钠标准滴定溶液的体积（V_2）。同时做空白实验，分别记录不加甲醛溶液及加入甲醛溶液时，空白实验所消耗氢氧化钠标准滴定溶液的体积（V_3、V_4）。

5. 分析结果的表述

（1）酒样中总酸含量按式（5-1）计算：

$$X_1 = \frac{(V_1 - V_3) \times c \times 90}{V} \tag{5-1}$$

式中 X_1——酒样中总酸的含量，g/L；

V_1——测定酒样时，消耗0.1mol/L氢氧化钠标准滴定溶液的体积，mL；

V_3——空白试验时，消耗0.1mol/L氢氧化钠标准滴定溶液的体积，mL；

c——氢氧化钠标准溶液的浓度，mol/L；

90——乳酸的摩尔质量，g/mol；

V——吸取酒样的体积，mL。

（2）酒样中氨基酸态氮含量按式（5-2）计算：

$$X_2 = \frac{(V_2 - V_4) \times c \times 14}{V} \tag{5-2}$$

式中 X_2——酒样中氨基酸态氮的含量，g/L；

V_2——加甲醛后，测定酒样时消耗0.1mol/L氢氧化钠标准滴定溶液的体积，mL；

V_4——加甲醛后，空白试验时消耗0.1mol/L氢氧化钠标准滴定溶液的体积，mL；

c——氢氧化钠标准溶液的浓度，mol/L；

14——氮的摩尔质量，g/mol；

V——吸取酒样的体积，mL。

所得结果保留至两位小数。

6. 精密度

在重复性条件下获得的两次独立测定结果的绝对差值不得超过算术平均值的5%。

（三）pH的测定

1. 原理

将复合电极浸入酒样溶液中，构成一个原电池。产生一个电位

笔记随笔

差，两极间的电动势与溶液的 pH 有关，通过测量原电池的电动势，即可得到酒样溶液的 pH。

2. 仪器与试剂

（1）酸度计　精度 0.01pH，备有复合电极。

（2）0.05mol/L 邻苯二甲酸氢钾标准缓冲溶液［pH4.00（25℃）］　称取于 110℃干燥 1h 的邻苯二甲酸氢钾（$C_6H_4CO_2HCO_2K$）10.21g，用无二氧化碳的水溶解，并定容到 1000mL。

（3）0.025mol/L 磷酸盐标准缓冲溶液［pH6.86（25℃）］　称取 3.40g 磷酸二氢钾（KH_2PO_4）和 3.55g 磷酸氢二钠（Na_2HPO_4），溶于无二氧化碳的水，稀释至 1000mL。磷酸二氢钾和磷酸氢二钠预先在（120±10）℃干燥 2h。此溶液的浓度 c（KH_2PO_4）为 0.025mol/L。

3. 分析步骤

（1）按仪器使用说明书调试和校正酸度计。

（2）用水冲洗电极，再用酒样洗涤电极两次，用滤纸吸干电极外面附着的液珠，调整酒样温度（25±1）℃，直接测定，直至 pH 读数稳定 1min 为止，记录。或在室温下测定，换算成 25℃时的 pH。

所得结果保留至一位小数。

成品黄酒
pH的测定（一）

4. 精密度

在重复性条件下获得两次独立测定结果的绝对差值不得超过算术平均值的 1%。

成品黄酒
pH的测定（二）

（四）总糖的测定

1. 廉爱农法

适用于甜酒和半甜酒。

成品黄酒总糖的测定
——廉爱农法

（1）原理　费林溶液与还原糖共沸，生成氧化亚铜沉淀。以亚甲基蓝为指示液，用酒样水解液滴定沸腾状态的费林溶液。达到终点时，稍微过量的还原糖将亚甲基蓝还原成无色为终点，依据酒样水解液的消耗体积，计算总糖含量。

（2）试剂

①费林甲溶液：称取硫酸铜（$CuSO_4 \cdot 5H_2O$）69.28g，加蒸馏水溶解并定容到 1000mL。

②费林乙溶液：称取酒石酸钾钠 346g 及氢氧化钠 100g，加蒸馏水溶解并定容到 1000mL 摇匀，过滤，备用。

③2.5g/L 葡萄糖标准溶液：称取经 103～105℃烘干至恒重的

笔记随笔

无水葡萄糖 2.5g（精确至 0.0001g），加水溶解，并加浓盐酸 5mL，再用蒸馏水定容到 1000mL。

④10g/L 亚甲基蓝指示液：称取亚甲基蓝 1.0g，加酒精溶解并定容到 100mL。

⑤6mol/L 盐酸溶液：量取浓盐酸 50mL，加蒸馏水稀释至 100mL。

⑥1g/L 甲基红指示液：称取甲基红 0.10g，溶于（95%）乙醇并稀释至 100mL。

⑦200g/L 氢氧化钠溶液：称取氢氧化钠 20g，用蒸馏水溶解并稀释至 100mL。

（3）仪器

①分析天平：感量 0.0001g。

②分析天平：感量 0.01g。

③电炉：300~500W。

④恒温水浴锅：温控±1℃。

（4）分析步骤

①费林溶液的标定：同项目一任务二“费林溶液的配制与标定”。

②酒样的测定

a. 酒样水解液制备：吸取酒样 2~10mL（控制水解总糖量为 1~2g/L）于 500mL 容量瓶中，加水 50mL 和 6mol/L 盐酸溶液 5mL，在 68~70℃水浴中加热 15min，冷却后，加入 1g/L 甲基红指示液 2 滴，用 200g/L 氢氧化钠溶液中和至红色消失（近似于中性）。加水定容，摇匀后，得到酒样水解液备用。

b. 酒样糖度的测定

预滴定：准确吸取费林甲、乙液各 5mL 于 250mL 锥形瓶中，加水 30mL，混合后置于电炉上加热至沸腾。滴入酒样水解液，保持沸腾，待试液蓝色即将消失时，加入 1%亚甲基蓝指示液两滴，继续用酒样水解液滴定至蓝色刚好消失为终点。记录消耗酒样水解液的体积（V_1）。

正式滴定：准确吸取费林甲、乙液各 5mL 于 250mL 锥形瓶中，加水 30mL，混匀后加入比预先滴定体积（V_1）少 1mL 的酒样水解液，置于电炉上加热至沸，加入 1%亚甲基蓝指示液 2 滴，保持沸腾 2min，继续用酒样水解液滴定至蓝色刚好消失为终点，记录消耗酒样水解液的体积（V_2）。全部滴定操作须在 3min 内完成。

笔记随笔

（5）计算　酒样中总糖含量按式（5-3）计算：

$$X = \frac{500 \times F}{V_2 \times V_3} \times 1000 \tag{5-3}$$

式中　X——酒样中总糖的含量，g/L；

F——费林甲、乙液各5mL相当于葡萄糖的质量，g；

V_2——滴定时消耗酒样水解液的体积，mL；

V_3——吸取酒样的体积，mL。

所得结果保留至一位小数。

（6）精密度　在重复性条件下获得的两次独立测定结果的绝对差值不得超过算术平均值的5%。

成品黄酒总糖的测定——亚铁氰化钾法

2. 亚铁氰化钾滴定法

适用于干黄酒和半干黄酒。

（1）原理　费林溶液与还原糖共沸，在碱性溶液中将铜离子还原成一价铜离子，并与溶液中的亚铁氰化钾络合而呈黄色。以亚甲基蓝为指示剂，达到终点时，稍微过量的还原糖将亚甲基蓝还原成无色为终点。依据1.0g/L葡萄糖标准溶液消耗的体积，计算总糖含量。

（2）试剂

①甲溶液：称取硫酸铜（$CuSO_4 \cdot 5H_2O$）15.0g及亚甲基蓝0.05g，加蒸馏水溶解并定容到1000mL，摇匀备用。

②乙溶液：称取酒石酸钾钠50g、氢氧化钠54g、亚铁氰化钾4g，加蒸馏水溶解并定容到1000mL，摇匀备用。

③1g/L葡萄糖标准溶液：称取经103～105℃烘干至恒重的无水葡萄糖1g（精确至0.0001g），加水溶解，并加浓盐酸5mL，再用蒸馏水定容到1000mL摇匀备用。

（3）仪器

①分析天平：感量0.0001g。

②分析天平：感量0.01g。

③电炉：300～500W。

（4）分析步骤

①空白试验：准确吸取甲、乙溶液各5.00mL于100mL锥形瓶中，加入葡萄糖标准溶液9mL，混匀后置于电炉上加热，在2min内沸腾，然后以4～5s一滴的速度继续滴入葡萄糖标准溶液，直至蓝色消失立即呈现黄色为终点，记录消耗葡萄糖标准溶液的总量（V_0）。

笔记随笔

②酒样的测定

a. 吸取酒样 2~10mL（控制水解液含糖量在 1~2g/L）于 100mL 容量瓶中，加水 30mL 和 6mol/L 盐酸溶液 5mL，在 68~70℃水浴中加热水解 15min，冷却后，加入甲基红指示液 2 滴，用 200g/L 氢氧化钠溶液中和至红色消失（近似于中性）。加水定容到 100mL，摇匀，用滤纸过滤后，作为酒样水解液备用。

b. 预滴定：准确吸取甲、乙溶液各 5.00mL 及酒样水解液 5.00mL 于 100mL 锥形瓶中，摇匀后置于电炉上加热至沸腾，用 1g/L 葡萄糖标准溶液滴定至终点，记录消耗葡萄糖标准溶液的体积。

c. 正式滴定：准确吸取甲、乙溶液各 5mL 及酒样水解液 5mL 于 100mL 锥形瓶中，加入比预先滴定体积少 1.00mL 的葡萄糖标准溶液，摇匀后置于电炉上加热至沸腾，继续用葡萄糖标准溶液滴定至终点，记录消耗葡萄糖标准溶液的体积（V）。接近终点时，滴入的葡萄糖标准溶液的用量应控制在 0.5~1.0mL。

（5）计算　酒样中总糖含量按式（5-4）计算：

$$X = \frac{(V_0 - V) \times c \times n}{5} \times 1000 \tag{5-4}$$

式中　X——酒样中总糖的含量，g/L；

V_0——空白试验时，消耗葡萄糖标准溶液的体积，mL；

V——酒样测定时，消耗葡萄糖标准溶液的体积，mL；

c——葡萄糖标准溶液的浓度，g/mL；

n——酒样的稀释倍数。

所得结果保留至一位小数。

（6）精密度　在重复性条件下获得的两次独立测定结果的绝对差值不得超过算术平均值的 5%。

（五）非糖固形物的测定

1. 重量法（仲裁法）

（1）原理　酒样经过 100~105℃加热，其中的水分、乙醇等可挥发性的物质被蒸发，剩余的残留物即为总固形物。总固形物减去总糖即为非糖固形物。

（2）仪器

①分析天平：感量 0.0001g。

笔记随笔

②电热干燥箱：温控±1℃。

③干燥器：内有有效干燥剂。

（3）分析步骤　吸取酒样5.00mL（干黄酒、半干黄酒直接取样，半甜黄酒稀释1~2倍后取样，甜黄酒稀释2~6倍后取样）于已知干燥至恒重的蒸发皿（或直径为50mm、高30mm称量瓶）中，放入（103±2）℃电热干燥箱中烘干5h（绝干重），取出称量。

（4）计算

酒样中总固形物含量按式（5-5）计算：

$$X_1 = \frac{(m_1 - m_2) \times n}{V} \times 1000 \quad (5-5)$$

式中　X_1——酒样中总固形物的含量，g/L；

m_1——蒸发皿（或称量瓶）和酒样烘干后的质量，g；

m_2——蒸发皿（或称量瓶）烘干至恒重的质量，g；

n——酒样稀释倍数；

V——吸取酒样的体积，mL。

酒样中非糖固形物含量按式（5-6）计算：

$$X = X_1 - X_2 \quad (5-6)$$

式中　X——酒样中非糖固形物含量，g/L；

X_1——酒样中总固形物的含量，g/L；

X_2——酒样中总糖含量，g/L。

所得结果保留至一位小数。

（5）精密度　在重复性条件下获得的两次独立测定结果的绝对差值不得超过算术平均值的5%。

黄酒成品非糖固形物的测定（一）

黄酒成品非糖固形物的测定（二）

2. 仪器法

（1）原理　首先利用仪器测定酒样脱醇馏出液密度和酒样的原始密度，仪器自动换算总固形物的含量，总固形物含量减去总糖的含量，即得非糖固形物的含量。

（2）试剂

①消泡剂。

②氧化钙。

③氧化钙溶液（12%）：称取12.00g氧化钙于烧杯中，加水至100g，混匀呈乳浊液。

（3）仪器

①快速蒸馏器。

笔记随笔

②全自动天平密度仪（或其他同等功能仪器）：精度 0.00005kg/L，测量范围 0.5～2.25kg/L。

③恒温水浴锅：温控±0.2℃。

④容量瓶：100mL。

注：全自动天平密度仪（或其他同等功能仪器）酒精度测量精度为±0.05%vol。

（4）分析步骤

①仪器校正：使用前用蒸馏水或者乙醇标准溶液依照仪器说明书对全自动天平密度仪进行校正。

②样品蒸馏：用 100mL 容量瓶取酒样 100mL（液温 20℃），全部移入快速蒸馏器的蒸馏瓶中，用 100mL 水分 3 次洗涤容量瓶，洗液并入蒸馏瓶中，在蒸馏瓶中依次加入约 1mL 氧化钙溶液和 5 滴消泡剂。选择酒精蒸馏模式，将快速蒸馏器的馏出液质量设置为 85g，开启冷却水（冷却水温度宜低于 15℃），启动快速蒸馏器，用原 100mL 容量瓶接收馏出液。蒸馏结束后，待馏出液恢复至 20℃，使用 20℃的水将馏出液定容至刻度，摇匀。

③样品测定：将校正后的全自动天平密度仪调至固形物测定模式，将试样（液温 20℃）注入全自动天平密度仪测定其密度值 ρ_1；用蒸馏水冲洗后将该试样依照②方法蒸馏，定容后的待测液注入全自动天平密度仪测定其密度 ρ_2，之后仪器自动换算并显示试样中总固形物的含量，待读数稳定，记录测定值。

（5）结果表达　根据仪器测定的试样中总固形物的含量，减去试样中总糖的含量，即得试样中非糖固形物的含量，以 g/L 表示。所得结果保留至一位小数。

（6）精密度　在重复性条件下获得两次独立测定结果的绝对差值不得超过 5%。

（六）氧化钙的测定

氧化钙的测定——EDTA滴定法

氧化钙的测定有原子吸收分光光度法、高锰酸钾滴定法、EDTA-Na_2 滴定法三种方法，下面介绍 EDTA-Na_2 法。

1. 原理

用氢氧化钾溶液调整酒样的 pH 至 12 以上，以盐酸羟胺、三乙醇胺和硫化钠作掩蔽剂，排除锰、铁、铜等离子的干扰。在过量 EDTA 存在下，用钙标准溶液进行反滴定。

笔记随笔

2. 试剂

（1）钙指示剂　称取1.00g钙羧酸指示剂和干燥研细的氯化钠100g于研钵中，充分研磨呈紫红色的均匀粉末，置于棕色瓶中保存、备用。

（2）100g/L氯化镁溶液　称取氯化镁100g，溶解于1000mL水中。

（3）10g/L盐酸羟胺溶液　称取盐酸羟胺10g，溶解于1000mL水中。

（4）500g/L三乙醇胺溶液　称取三乙醇胺500g，溶解于1000mL水中。

（5）50g/L硫化钠溶液　称取硫化钠50g，溶解于1000mL水中。

（6）5mol/L氢氧化钾　称取固体氢氧化钾280g，溶解于1000mL水中。

（7）1mol/L氢氧化钾　吸取氢氧化钾溶液20.0mL，用水稀释并定容到100mL。

（8）1+4盐酸溶液　1体积浓盐酸加入4体积水。

（9）0.01mol/L钙标准溶液　精确称取于105℃烘干至恒重的基准级碳酸钙1.000g（精确至0.0001g）于小烧杯中，加水50mL，用上述盐酸溶液使之溶解，煮沸，冷却至室温。用上述氢氧化钾溶液（7）中和至pH 6~8，用蒸馏水定容到1000mL。

（10）0.02mol/L EDTA-Na_2溶液　称取EDTA-Na_2 7.44g溶解于1000mL水中。

3. 仪器

（1）电热干燥箱（105±2）℃。

（2）滴定管　50mL。

（3）250mL锥形瓶。

（4）5mL吸管。

4. 分析步骤

准确吸取酒样2~5mL（视酒样中钙含量的高低而定）于250mL锥形瓶中，加蒸馏水50mL，依次加入氯化镁溶液1mL，盐酸羟胺溶液1mL，三乙醇胺溶液0.5mL，硫化钠溶液0.5mL，摇匀，加氢氧化钾溶液5mL，再准确加入EDTA-Na_2溶液5mL，钙指示剂一小勺（约0.1g），摇匀，用0.01mol/L钙标准溶液滴定至蓝色

笔记随笔

消失并初现酒红色为终点。记录消耗钙标准溶液的体积（V_1）。同时以蒸馏水代替酒样做空白试验，记录消耗钙标准溶液的体积（V_0）。

5. 计算

酒样中氧化钙的含量按式（5-7）计算：

$$X=\frac{c\times(V_0-V_1)\times 56.1}{V} \tag{5-7}$$

式中 X——酒样中氧化钙的含量，g/L；

c——钙标准溶液的浓度，mol/L；

V_0——空白试验时，消耗钙标准溶液的体积，mL；

V_1——测定酒样时，消耗钙标准溶液的体积，mL；

56.1——氧化钙的摩尔质量，g/mol；

V——吸取酒样的体积，mL。

所得结果保留至一位小数。

6. 精密度

在重复性条件下获得的两次独立测定结果的绝对差值不得超过算术平均值的5%。

绍兴加饭酒挥发酯的测定

（七）加饭酒（花雕）中挥发酯的测定

1. 原理

黄酒通过蒸馏，酒中的挥发酯收集在馏出液中，先用碱中和馏出液中的挥发酸，再加入一定的碱使酯皂化，过量的碱再用酸反滴定，其反应式为：

$$R-\overset{O}{\overset{\|}{C}}-OR+NaOH\longrightarrow R-\overset{O}{\overset{\|}{C}}-ONa+ROH$$

$$2NaOH+H_2SO_4\longrightarrow Na_2SO_4+2H_2O$$

2. 试剂与仪器

（1）硫酸标准溶液 $c\left(\frac{1}{2}H_2SO_4\right)=0.1mol/L$ 按GB/T 601规定进行。

（2）10g/L酚酞指示剂 按GB/T 603规定进行。

（3）氢氧化钠标准溶液 $c(NaOH)=0.1mol/L$ 按GB/T 601规定进行。

（4）250mL全玻璃回流装置。

3. 检测方法

吸取测定酒精度的馏出液50.0mL于250mL锥形瓶中，加入酚

笔记随笔

酞指示剂 2 滴，用 0.1mol/L 氢氧化钠标准溶液滴至微红色，准确加入 0.1mol/L 氢氧化钠标准溶液 25.0mL，摇匀，装上回流冷凝管，在沸水浴中回流半小时，从水浴中取出，在水浴锅上搁 5min 后取下加塞后，马上用流水冷却至室温。然后再准确加入 0.1mol/L 硫酸标准溶液 25.0mL，摇匀，用 0.1mol/L 氢氧化钠标准溶液滴至呈微红色，半分钟内不褪色为止，记录消耗氢氧化钠标准溶液的体积。

4. 计算

酒样中挥发酯含量按式（5-8）计算：

$$\text{挥发酯（g/L）} = \frac{(25.0 + V) \times c_1 - 25.0 \times c_2}{50.0} \times 88 \qquad (5-8)$$

式中　V——滴定剩余硫酸所消耗氢氧化钠标准溶液的体积，mL；

c_1——氢氧化钠标准溶液的浓度，mol/L；

c_2——1/2 硫酸标准溶液的浓度，mol/L；

88——乙酸乙酯的摩尔质量，g/mol；

50.0——取样体积，mL。

5. 结果的允许差

同一样品两次测定值之差，不得超过 0.01g/L，结果保留两位小数。

（八）容量偏差的测定（适用于瓶酒）

1. 仪器

漏斗，特规容量瓶，温度计。

2. 方法

开启冷却的酒样，通过漏斗倒入容量瓶中（尽量缓缓注入以减少气泡），读出容量偏差，用温度计量出温度，并记录作为实际偏差。

3. 计算

结果保留一位小数（一般是以 0，5 为末位）

按 0.5mL/（℃·L）换算为 20℃时的补偿偏差，容量偏差与补偿偏差按式（5-9）、式（5-10）计算。

$$\text{容量偏差} = \text{实际偏差} + \text{补偿偏差} \qquad (5-9)$$

$$\text{补偿偏差} = \frac{(20-T) \times 0.5 \times V}{1000} \qquad (5-10)$$

式中　V——标签所注体积，mL；

笔记随笔

T——酒样温度，℃。

例如：25℃时实际测定偏差为+2mL，标签所标注容量为500mL。

补偿偏差=0.5×（20−25）×500÷1000=−1.25≈−1（mL）

容量偏差=2−1=1.0（mL）

三、完成检验记录单

根据所学知识对成品黄酒常量成分各指标的理化检验数据进行计算，并对结果进行判断，完成原始记录单填写（表5-4）。

表5-4 成品黄酒常量成分理化检验原始记录单

测定项目	测定参数	测定值		测定结果	结果判定
		1	2		
酒精度/%vol	酒精计读数				
	温度计读数				
	酒精值				
总酸/(g/L)	吸取酒样体积 V/mL				
	氢氧化钠标准溶液浓度 c/（mol/L）				
	试样滴定消耗氢氧化钠标准溶液体积 V_1/mL				
	空白滴定消耗氢氧化钠标准溶液体积 V_3/mL				
	总酸 $=\frac{(V_1-V_3)\times c\times 90}{V}$/（g/L）				
总糖/(g/L)	葡萄糖标准溶液浓度 c/（g/mL）				
	酒样稀释倍数 n				
	吸取酒样稀释液体积 V/mL				
	空白滴定消耗葡萄糖标准溶液体积 V_0/mL				
	试样滴定消耗葡萄糖标准溶液体积 V_1/mL				
	总糖 $=\frac{(V_0-V_1)\times c\times n}{V}\times 1000$/（g/L）				
氨基酸态氮/(g/L)	吸取酒样体积 V/mL				
	氢氧化钠标准液浓度 c/（g/mL）				
	空白滴定消耗氢氧化钠标准溶液体积 V_4/mL				
	试样滴定消耗氢氧化钠标准溶液体积 V_2/mL				
	氨基酸态氮 $=\frac{(V_2-V_4)\times c\times 14}{V}$/（g/L）				

续表

测定项目	测定参数	测定值		测定结果	结果判定
		1	2		
非糖固形物/(g/L)	酒样稀释倍数 n				
	吸取酒样的体积 V/mL				
	恒重后空称量瓶的质量 m_2/g				
	烘干后样品和称量瓶的质量 m_1/g				
	总固形物 $= \frac{(m_1 - m_2) \times n}{V} \times 1000$/(g/L)				
	非糖固形物=总固形物-总糖				
氧化钙/(g/L)	吸取酒样体积 V/mL				
	钙标准溶液浓度 c/(mol/L)				
	空白滴定消耗钙标准溶液体积 V_0/mL				
	试样滴定消耗钙标准溶液体积 V_1/mL				
	氧化钙 $= \frac{c \times (V_0 - V_1) \times 56.1}{V}$/(g/L)				
挥发酯/(g/L)	吸取酒精馏出液体积 V/mL				
	氢氧化钠标准溶液浓度 c_1/(mol/L)				
	硫酸标准溶液浓度 c_2/(mol/L)				
	回滴时耗氢氧化钠标准溶液体积 V_1/mL				
	挥发酯 $= \frac{(25.0 + V) \times c_1 - 25.0 \times c_2}{50.0} \times 88$/(g/L)				
pH	直接测定				
灌装容量	实际测定偏差/mL				
苯甲酸/(g/kg)	由标准曲线得出的样液中待测物的质量浓度 ρ/(mg/L)				
	试样定容体积 V/mL				
	试样的质量 m/g				
	苯甲酸 $= \frac{\rho \times V}{m \times 1000}$/(g/kg)				

四、结果评价

按附录三“实施任务评价表”进行评价。

笔记随笔

任务拓展

一、填空题

1. 亚铁氰化钾滴定法适用于________和________。

2. 廉爱农法适用于________和________。

3. 氧化钙测定有________、________、________三种方法。

4. 黄酒总酸检测以________计算。

5. 加饭酒（花雕）中挥发酯的测定沸水浴中回馏时间为________。

6. 半干黄酒总糖测定时吸取酒样________（控制水解液含糖量在1~2g/L）于100mL容量瓶中，加水________和盐酸溶液________，在________水浴中加热水解__________。

二、判断题

1. EDTA滴定法测定氧化钙含量时，用氢氧化钾溶液调整酒样的pH至10以上。（　　）

2. 一般情况下，黄酒的pH在3.5~4.5。（　　）

3. 氨基酸按照味觉分为甜味氨基酸、苦味氨基酸、鲜味氨基酸和涩味氨基酸。（　　）

4. 甜味氨基酸主要包括色氨酸、精氨酸和丝氨酸。（　　）

5. 有机酸是黄酒重要的呈香和呈味物质，能协调酒体中其他口味物质。（　　）

三、计算题

1. 吸取黄酒蒸馏酒精的馏出液50.0mL测定黄酒挥发酯，先用0.1001mol/L氢氧化钠标准溶液滴至微红色，准确加入0.1001mol/L氢氧化钠标准溶液25.0mL，摇匀，进行皂化反应，然后再准确加入0.0997mol/L硫酸标准溶液25.0mL，摇匀，用0.1001mol/L氢氧化钠标准溶液滴至呈微红色，半分钟内不褪色为止，消耗氢氧化钠标准溶液的体积为2.0mL，求该黄酒样的挥发酯为多少g/L?

2. 在测定黄酒的总酸与氨基酸态氮时，吸取酒样10mL，用0.1003mol/L氢氧化钠标准溶液滴定，当pH等于8.20时消耗的氢氧化钠体积为6.2mL当pH等于9.20时消耗的氢氧化钠体积为

笔记随笔

6. 5mL。做空白试验时 pH 等于 8. 20 时消耗的氢氧化钠体积为 0mL 当 pH 等于 9. 20 时消耗的氢氧化钠体积为 0. 55mL，求该黄酒样的总酸与氨基酸态氮各为多少 g/L?

3. 准确吸取酒样 10mL，用 EDTA 法测定酒样中的氧化钙含量，用钙标准溶液滴定消耗 0. 01mol/L 钙标准溶液的体积 6. 1mL。同时以蒸馏水代替酒样做空白试验，消耗钙标准溶液的体积 10. 3mL，求该酒样的氧化钙含量是多少 g/L?

职业技能拓展

本任务中黄酒常量成分理化检验相关知识，是黄酒企业检验岗位必须掌握的内容，同时部分知识也是食品检验工中考核的知识点。同学们务必要掌握相关知识与操作技能。相关知识到浙江省高等学校在线开放课程共享平台“黄酒检测技术”课程学习资源中去学习。

黄酒成品分析：
料酒中氯化钠含量测定

笔记随笔

任务三
黄酒成品微量成分理化检验

任务要求

具体任务

根据教师提供的学习资料和网络教学资源，学生自学黄酒成品微量成分理化检验的知识，在教师的指导下完成学习汇报 PPT。按国家标准、行业标准为依据，制订黄酒成品微量成分理化指标检验方案，按照制订的检验方案，完成对黄酒成品微量成分理化指标的检验任务，团队协作完成检验任务，填写相应的检验记录单。

任务目标

①了解高效液相色谱仪与气相色谱仪基本构造。

②熟练阐述黄酒微量成分理化指标的化学组成和各组成成分的作用。

③掌握黄酒微量成分理化指标的检测原理与检测方法及检验结果的计算方法。

④具有环境安全意识，设备操作安全意识。

⑤在完成任务的过程中能展现出工匠精神与团队协作精神、探索与创新精神。

技能目标

①能操作液相、气相色谱仪。

②能使用仪器正确检测黄酒中的部分风味成分。

③能够正确填写检验记录报告。

知识准备

黄酒中含有非常充分的有益于人体健康的功能性物质，如蛋白质、无机盐、微量元素以及维生素、功能性低聚糖和多糖、酚类物质、抑制性神经递质 γ-氨基丁酸、生物活性肽等，具有显著的抗氧化、增强免疫力、提高记忆等保健功能。江南大学传统酿造食品研究中心科研团队对黄酒中的多酚、多糖、洛伐他汀、γ-氨基丁酸、阿魏酸等健康活性成分做了进一步深入研究，相对应的检测方

笔记随笔

法可以参考学者毛健编著的黄酒酿造关键技术与工程应用类书籍。

黄酒检测技术的高质量发展需要新质生产力理论来指导。习近平总书记指出："概括地说，新质生产力是创新起主导作用，摆脱传统经济增长方式、生产力发展路径，具有高科技、高效能、高质量特征，符合新发展理念的先进生产力质态。它由技术革命性突破、生产要素创新性配置、产业深度转型升级而催生，以劳动者、劳动资料、劳动对象及其优化组合的跃升为基本内涵，以全要素生产率大幅提升为核心标志，特点是创新，关键在质优，本质是先进生产力。"

目前成品黄酒中微量成分检测主要包括游离氨基酸、无机元素、有机酸、多糖、低聚糖、挥发性酯类、挥发性醇类等。这些成分的检测主要依靠检测仪器来完成，依据各成分的性质采用相应的检测设备与方法进行检测。

一、检测仪器

（一）高效液相色谱仪

1. 原理

以液体为流动相，采用高压输液系统，将具有不同极性的单一溶剂或不同比例的混合溶剂、缓冲液等流动相泵入装有颗粒极细的高效固定相的色谱柱，在柱内各成分被分离后，进入检测器进行检测，从而实现对试样的分析。

2. 结构组成

高效液相色谱仪（HPLC）是应用高效液相色谱原理，主要用于检测分析沸点高不易挥发的、受热不稳定的和分子质量大的有机化合物的仪器设备。它由储液器、泵、进样器、色谱柱、检测器、记录仪等组成。储液器中的流动相被高压泵打入系统，样品溶液经进样器进入流动相，被流动相载入色谱柱（固定相）内，由于样品溶液中的各组分在两相中具有不同的分配系数，在两相中做相对运动时，经过反复多次的吸附-解吸的分配过程，各组分在移动速度上产生较大的差别，被分离成单个组分依次从柱内流出，通过检测器时，样品浓度被转换成电信号传送到记录仪，数据以图谱形式打印出来。HPLC 广泛应用于生命科学、食品科学、药物以及环境研究中。

笔记随笔

高效液相色谱仪检测器的作用是将色谱柱流出物中样品组成和含量的变化转化为可供检测的信号，常用检测器有紫外吸收、荧光、示差折光、电化学、化学发光等。

（二）气相色谱仪

1. 原理

气相色谱仪是以气体作为流动相（载气）。当样品由微量注射器“注射”进入进样器后，被载气携带进入填充柱或毛细管色谱柱。由于样品中各组分在色谱柱中的流动相（气相）和固定相（液相或固相）间分配或吸附系数的差异，在载气的冲洗下，各组分在两相间做反复多次分配，使各组分在柱中得到分离，然后用接在柱后的检测器根据组分的物理化学特性将各组分按顺序检测出来。

2. 结构组成

气相色谱仪的种类繁多，功能各异，但其基本结构相似。气相色谱仪一般由气路系统、进样系统、分离系统（色谱柱系统）、检测系统、温度控制系统和记录系统组成。

（1）气路系统　气路系统包括气源、净化干燥管和载气流速控制及气体化装置，是一个载气连续运行的密闭管路系统。通过该系统可以获得纯净的、流速稳定的载气。它的气密性、流量测量的准确性及载气流速的稳定性，都是影响气相色谱仪性能的重要因素。

气相色谱中常用的载气有氢气、氮气、氩气，纯度要求99%以上，化学惰性好，不与有关物质反应。载气的选择除了要求考虑对柱效的影响外，还要与分析对象和所用的检测器相配。

（2）进样系统

①进样器：根据试样的状态不同，采用不同的进样器。液体样品的进样一般采用微量注射器。气体样品的进样常用色谱仪本身配置的推拉式六通阀或旋转式六通阀。固体试样一般先溶解于适当试剂中，然后用微量注射器进样。

②气化室：气化室一般由一根不锈钢管制成，管外绕有加热丝，其作用是将液体或固体试样瞬间气化为蒸气。为了让样品在气化室中瞬间气化而不分解，因此要求气化室热容量大，无催化效应。

③加热系统：用以保证试样气化，其作用是将液体或固体试样在进入色谱柱之前瞬间气化，然后快速定量地转入到色谱柱中。

笔记随笔

（3）分离系统 分离系统是色谱仪的心脏部分，其作用就是把样品中的各个组分分离开来。分离系统由柱室、色谱柱、温控部件组成。其中色谱柱是色谱仪的核心部件，主要有两类：填充柱和毛细管柱（开管柱）。柱材料包括金属、玻璃、融熔石英、聚四氟等。色谱柱的分离效果除与柱长、柱径和柱形有关外，还与所选用的固定相和柱填料的制备技术以及操作条件等许多因素有关。

（4）检测系统 检测器是将经色谱柱分离出的各组分的浓度或质量（含量）转变成易被测量的电信号（如电压、电流等），并进行信号处理的一种装置，是色谱仪的眼睛。通常由检测元件、放大器、数模转换器三部分组成。被色谱柱分离后的组分依次进检测器，按其浓度或质量随时间的变化，转化成相应电信号，经放大后记录和显示，绘出色谱图。检测器性能的好坏将直接影响到色谱仪器最终分析结果的准确性。

气相色谱仪的检测器有以下几种：

①氢火焰离子化检测器（FID）：用于微量有机物分析。配有FID检测器的气相色谱仪在黄酒中主要用来检测会挥发性的物质，如：β-苯乙醇、正丁醇等，FID对在火焰中产生离子的任何物质都有响应，几乎包括所有有机化合物，仅有少数例外，它是最常用的检测器。

②热导检测器（TCD）：用于常量、半微量分析，有机、无机物均有响应。

③电子捕获检测器（ECD）：用于有机氯农药残留分析。

④火焰光度检测器（FPD）：用于有机磷、硫化物的微量分析。

⑤氮磷检测器（NPD）：用于有机磷、含氮化合物的微量分析。

⑥催化燃烧检测器（CCD）：用于对可燃性气体及化合物的微量分析。

⑦光离子化检测器（PID）：用于对有毒有害物质的痕量分析。

（5）温度控制系统 在气相色谱测定中，温度控制是重要的指标，直接影响柱的分离效能、检测器的灵敏度和稳定性。温度控制系统主要指对气化室、色谱柱、检测器三处的温度控制。在气化室要保证液体试样瞬间气化；在色谱柱室要准确控制分离需要的温度，当试样复杂时，分离室温度需要按一定程序控制温度变化，各组分在最佳温度下分离；在检测器要使被分离后的组分通过时不在此冷凝。

笔记随笔

控温方式分恒温和程序升温两种。

（6）记录系统　记录系统是记录检测器的检测信号，进行定量数据处理。一般采用自动平衡式电子电位差计进行记录，绘制出色谱图。一些色谱仪配备有积分仪，可测量色谱峰的面积，直接提供定量分析的准确数据。先进的气相色谱仪还配有电子计算机，能自动对色谱分析数据进行处理。

二、成品黄酒中的微量成分

黄酒中微量成分有功能因子成分也有风险因子成分，功能因子包括游离氨基酸、有机酸、无机元素、活性肽、多酚、低聚糖等。风险因子包括氨基甲酸乙酯、生物胺、嘌呤等。

（一）游离氨基酸

游离氨基酸是指没有与其他氨基酸结合形成蛋白质的氨基酸分子。游离氨基酸在羧基邻位 α-碳原子上有一个氨基，因此又称 α-氨基酸。

1. 部分游离氨基酸的作用与功效

黄酒中有 18 种游离氨基酸。黄酒中的缬氨酸，它有调节血糖，修补组织细胞，提供身体所需要的能量，促进身体正常生长的作用。黄酒中富含亮氨酸、丝氨酸等氨基酸，可以提高人体的免疫能力。这些氨基酸能够在人体免疫细胞的作用下形成免疫细胞分子，加强对外界环境的抵御，提高身体对抗疾病的能力，它有着刺激神经系统，还有调节情绪的作用。此外还有助于加快身体的新陈代谢，治疗慢性疲劳等疾病。黄酒中的丙氨酸和苏氨酸可以帮助人体促进脂肪代谢、改善耐糖性，达到减肥瘦身的效果。同时，这些氨基酸中包含大量的糖原，可以促进人体能量的产生和消耗。黄酒里面的天冬氨酸被认为是一种人体（主要是儿童）必需的氨基酸，儿童发育成熟之后，可以自己合成它，在这时便成为人体非必需氨基酸。黄酒中的各种氨基酸都是人体所需的营养成分，可以补充身体所需元素，抵御衰老和老化过程，使人长时间保持年轻和健康。

2. 游离氨基酸检验方法

使用异硫氰酸苯酯（PITC）柱前衍生高效液相色谱测定黄酒游离氨基酸的方法。

黄酒中游离氨基酸的测定方法：异硫氰酸苯酯（PITC）柱前衍

笔记随笔

生高效液相色谱法，适用于黄酒中天冬氨酸（Asp）、谷氨酸（Glu）、丝氨酸（Ser）、甘氨酸（Gly）、组氨酸（His）、精氨酸（Arg）、γ-氨基丁酸（Gaba）、苏氨酸（Thr）、丙氨酸（Ala）、脯氨酸（Pro）、酪氨酸（Tyr）、缬氨酸（Val）、甲硫氨酸（Met）、异亮氨酸（Ile）、亮氨酸（Leu）、苯丙氨酸（Phe）、色氨酸（Trp）、赖氨酸（Lys）共18种游离氨基酸测定，氨基酸检出限为1.0mg/L。

（二）有机酸

“无酸不成味”，酸是黄酒的重要呈味物质，而有机酸是酒中酸味的主要成分。有机酸与其他呈味物质共同组成黄酒特有的芳香，具有一定的呈味、呈香作用，它与酒的品质高低有密切关系。

有机酸在各类型黄酒中起着举足轻重的作用。酒中有机酸分为挥发酸和不挥发酸。乳酸、琥珀酸、柠檬酸、苹果酸、酒石酸、葡萄糖酸等属于不挥发酸，它们能增加酒的醇厚感。有机酸在黄酒中既是呈香物质，又是呈味物质。它与其他呈香呈味物质共同组成黄酒特有风味成分和芳香。部分有机酸的风味如下，酒石酸：稍有涩感、酸味强烈；苹果酸：爽快、稍苦涩酸味，呈味时间长；乳酸：稍有涩感、尖利酸味；柠檬酸：温和、爽快酸味、有新鲜感，后苦时间短；琥珀酸：酸、咸、苦复合味。用色谱法分析各类有机酸含量可以调整黄酒的口味。有机酸的含量和种类与原料品质、酿酒工艺及陈化贮存技术等方面均有关。因此，测定黄酒中有机酸的含量对酒的研究具有重要意义。

有机酸的检测方法有很多种，但是这些方法一般要进行预分离、衍生化等烦琐的前处理，而且能达到同时分离的有机酸种类较少。现行的GB 5009.157—2016《食品安全国家标准　食品中有机酸的测定》采用高效液相色谱法分析，但此标准没有注明适用于黄酒。因此黄酒中有机酸检测没有现行的国家或行业标准。

（三）无机元素

无机盐是构成人体所必需的物质。黄酒中检测到多达18种无机盐，包括钙、镁、钾、磷等主要元素和铁、铜、锌、硒等微量元素。

各种无机元素对人体起着不同的作用。例如：镁是糖、脂肪、蛋白质和细胞呼吸酶系统代谢中不可或缺的辅助因子。保持肌肉和

笔记随笔

神经的兴奋性、心脏和心血管系统的正常功能也是必要的。当人体缺镁时，容易发生血管硬化、心肌损伤等疾病。硒的作用主要是清除体内过多的活性氧自由基，具有提高免疫力、抗衰老、抗癌、维护心血管和心肌健康的作用。现有研究结果表明，克山病、癌症、心脑血管疾病、糖尿病、不孕症等 40 多种人类疾病与硒缺乏有关。因此，喝适量的黄酒对心脏有益。

黄酒中无机元素测定的方法：锂、钒、钴、镍、镓、硒、锶、钼、镉、钡元素用电感耦合等离子体质谱测定方法。钠、镁、硅、磷、钾、钙、锰、铁、锌元素用电感耦合等离子体原子发射光谱测定方法。

（四）挥发性醇类

黄酒中醇类很多，有甲醇、乙醇、正丙醇、丁醇、仲丁醇、异丁醇、异戊醇、活性戊醇、3,3-二甲基-2-戊醇、正己醇、1,3-丁二醇、2,3-丁二醇、β-苯乙醇、月桂醇等。乙醇是由酵母菌厌氧发酵产生。黄酒原料中蛋白质分解生成氨基酸，它们受酵母的影响，脱氨基、脱羧基放出二氧化碳和氨，从而降解生成醇。碳原子数在 2 个以上的一元醇总称为高级醇，黄酒中的高级醇以异戊醇为最多，其次为活性戊醇、异丁醇、正丙醇、仲丁醇等。高级醇是由酵母菌利用糖及氨基酸的代谢而形成的，其中 α-酮酸及醛为重要的中间产物。

以 β-苯乙醇为例进行介绍：β-苯乙醇是无色黏稠液体，沸点 219℃，相对密度 1.0230，折光率 1.5310~1.5340。在苹果、杏仁、香蕉、桃子、梨子、草莓、可可、蜂蜜等天然食物中发现。β-苯乙醇是我国规定允许使用的食用香料，具有增强香味、调和食物味道、促进食欲等功效和作用，具体分析如下所述。

（1）增强香味　苯乙醇具有芳香气味，具有清甜的玫瑰样花香。可以为食物提供独特的香味，增加口感的层次感和吸引力。

（2）调和食物味道　苯乙醇可以与其他香料相互作用，起到调和食物味道的作用，使食物的味道更加平衡和谐。

（3）促进食欲　食物中的香味可以刺激人的嗅觉和味觉，从而增加食欲，提高食物的美味性。

除以上常见功效和作用外，还可能有其他功效和作用，比如改善口感、抗菌作用、抗氧化性等。在使用苯乙醇时需要注意适量使用，避免过量摄入。对于过敏或对某些食物成分敏感的人，应注意

笔记随笔

苯乙醇的使用和摄入，以免对身体健康造成不良影响。

（五）挥发性酯类

黄酒中的挥发性酯类据文献报道有甲酸乙酯、乙酸乙酯、丙酸乙酯、异丁酸乙酯、3-羟基丁酸甲酯、丁酸乙酯、丁二酸单甲酯、异戊酸乙酯、乙酸异戊酯、4-甲基戊酸乙酯、己酸乙酯、2-羟基丙酸乙酯、辛酸乙酯、癸酸乙酯等，它们是黄酒呈香物质的成分之一，其中乙酸乙酯是主要呈香物质。

黄酒中挥发性酯类的测定方法是静态顶空-气相色谱法。此法适用于黄酒中甲酸乙酯、乙酸乙酯、乙酸丁酯、乙酸异戊酯、己酸乙酯组分的测定。

（六）苯甲酸

苯甲酸是使用较早的一类酸性食品防腐剂，因其在酸性条件下能够显著抑制微生物增长的作用，在调味料、饮料等食品中被广泛应用。食品添加剂安全性评价的权威机构联合国粮农组织和世界卫生组织的食品添加剂联合专家委员会（简称 JECFA）对苯甲酸的安全性进行评价，认为该添加剂每日允许摄入量为 0~5.0mg/kg 体重。苯甲酸进入人体后经肝脏解毒，由肾脏排出。安全剂量的苯甲酸通常在 1~2d 内排出体外，不会对人体产生不利影响。但是肝功能缺陷者不宜多用含苯甲酸的食品。

苯甲酸天然来源较多，自然界中许多动植物本身也存在苯甲酸，研究表明食品中苯甲酸产生主要有三种途径：

（1）由苯甲醛直接氧化成苯甲酸。

（2）植物和微生物体内的苯丙氨酸的代谢降解生成苯甲酸。

（3）马尿酸在乳酸菌作用下水解生成苯甲酸。

（七）氨基甲酸乙酯

氨基甲酸乙酯，英文缩写是 EC，国际卫生组织已将它列为致癌的 2A 级物质，它是属于“可能会令人类患有癌症的一种物质”。但氨基甲酸乙酯主要是食物在发酵过程中或者存储过程中天然产生的一种物质，它已经普遍存在于发酵食物和饮品中。根据世界卫生组织食品添加剂的专家委员会指出，经动物实验也已经显示，该物质不但可能会损害到基因，同时也可能会引起很多个器官组织出现恶

笔记随笔

性肿瘤。氨基甲酸乙酯确实是黄酒中的风险因子，不过并不是吸收了这种物质就一定会致癌，而是要达到一定的量才会发生。酗酒的人很容易受到这种物质的影响。所以平时习惯大量喝酒的人需要注意。

据科学研究发现，黄酒中 90% 的氨基甲酸乙酯是由尿素和乙醇反应生成，尿素浓度高，反应温度高，反应时间长及 pH 呈微酸性都会使氨基甲酸乙酯的含量增加。黄酒煎酒温度高，能使酒的稳定性提高，但随着煎酒温度的升高，酒液中的尿素和乙醇会加速形成有害的 EC。黄酒煎酒后氨基甲酸乙酯含量比煎酒前有显著的增加。同时贮存温度越高，贮存时间越长，则形成的氨基甲酸乙酯也越多。因此，我们尽量选择尿素、精氨酸等氨基甲酸乙酯前体物质含量较低的大米和小麦作为原料，在黄酒酿造的过程中（在保证产品品质的前提下）尽量降低它的煎酒的温度与时间，煎酒后迅速冷却，贮存在低温、阴凉、干燥的环境中，从而达到减少黄酒中 EC 的含量。

（八）生物胺

生物胺是具有生物活性的低分子含氮有机化合物的总称，主要有组胺、酪胺、腐胺、尸胺、色胺、β-苯乙胺、亚精胺、精胺共 8 种组成，它主要由氨基酸脱羧基后产生，也可通过微生物对醛酮的氨基转移作用产生。生物胺存在于各种食品中，一般发酵食品生物胺的含量明显高于非发酵食品。适量的生物胺作为氮源，在人体的神经系统与心血管系统中能够参与 DNA、RNA 及蛋白质的合成、稳定生物膜以及调节胃酸分泌等重要生理作用。但过量生物胺的摄入会危害人体，对神经，心血管系统造成损伤，产生头痛，心悸，呼吸紊乱，血压变化，呕吐和腹泻等不良症状，严重时还会危及生命。黄酒是我国的传统酿造酒，生物胺是酒体中潜在的风险因子。影响黄酒中生物胺形成的主要因素为微生物、氨基酸种类及含量、pH 和温度、生产工艺、贮藏条件等。乳酸菌是黄酒酿造过程中影响生物胺形成的重要因素，它大部分来源于麦曲和酒母，乳酸菌总数与生物胺含量呈正相关。生物胺形成的前体物质是氨基酸（色氨酸、苯丙氨酸、赖氨酸、组氨酸、酪氨酸、鸟氨酸、谷氨酸、精氨酸等），其含量对生物胺的形成有一定影响。在发酵过程中，生物胺形成最适宜的温度是 20~37℃，低于 5℃或高于 40℃时，微生物生长及氨基酸脱羧酶活性均受到一定程度的抑制，生物胺的积累

笔记随笔

变缓。同时贮藏温度越高越利于生物胺的积累。在酿造过程中应采取科技方法，减少生物胺的含量。

（九）嘌呤

嘌呤是一种有机化合物，分子式 $C_5H_4N_4$，无色结晶，在体内主要以嘌呤核苷酸的形式存在，在作为能量供应、代谢调节及组成辅酶等方面起着十分重要的作用。嘌呤核苷酸分解代谢反应基本过程是核苷酸在核苷酸酶的作用下水解成核苷，进而在酶作用下分解成自由的碱基及 1-磷酸核糖，嘌呤碱最终分解成尿酸，随尿排出体外。在酶的作用下它的分解过程是：腺嘌呤和鸟嘌呤→次黄嘌呤→黄嘌呤→尿酸。在人体内嘌呤氧化最终变成尿酸，尿酸对人体没有利用价值，尿酸过高就可能会引起痛风。从食物中每 100g 中嘌呤含量表可知：每 100g 食物含嘌呤小于 25mg 是低嘌呤食物，大于 150mg 是高嘌呤食物。酒类中嘌呤的含量不是很明确，数据也不统一，目前黄酒嘌呤检测还没有国家标准，刘镇等对黄酒样采用 MCX 混合阳离子交换固相萃取小柱净化，然后用反相高效液相色谱法进行检测，得出黄酒中嘌呤的含量不超过 300mg/L，绝大部分小于 100mg/L。

任务实施

黄酒成品微量成分理化检验

一、要点

在感官检验的基础上，依靠高档仪器设备用定量的方法来测定成品黄酒中的微量成分，这些微量成分包括游离氨基酸、挥发性醇类、挥发性酯类等风味物质及其他微量成分，如尿素、氨基甲酸乙酯、生物胺、苯甲酸、无机元素。依据轻工行业标准及食品安全国家标准的要求来测定上述成分。

二、工作过程

（一）游离氨基酸

测定依据为 QB/T 4356—2012《黄酒中游离氨基酸的测定　高

笔记随笔

效液相色谱法》。

1. 原理

采用异硫氰酸苯酯衍生剂与黄酒中游离氨基酸进行衍生反应，氨基酸衍生产物在特定紫外波长有强吸收，经色谱柱分离后，紫外检测器检测，外标法定量分析。

2. 试剂与仪器

除另有说明外，所有试剂均为分析纯，水为 GB/T 6682—2008 规定的一级水。

（1）试剂和材料

①乙腈：（色谱纯）。

②异硫氰酸苯酯（不小于 98%）、三乙胺（分析纯）、正己烷。

③冰乙酸（不小于 99.0%）、浓盐酸、无水乙酸钠。

④异硫氰酸苯酯的乙腈溶液：移取 0.12mL 异硫氰酸苯酯（不小于 98%）至 10mL 容量瓶中，用乙腈（色谱纯）定容至刻度混匀。

⑤三乙胺-乙腈溶液：移取 1.40mL 三乙胺（分析纯）至 10mL 容量瓶中，用乙腈（色谱纯）定容至刻度，混匀。

⑥20%（体积比）乙酸溶液：取 2mL 冰乙酸至 10mL 容量瓶中，用水定容至刻度，混匀。

⑦0.1mol/L 盐酸溶液：取 0.90mL 浓盐酸至 100mL 容量瓶中，用水定容至刻度，混匀。

⑧18 种氨基酸标准物质：纯度不小于 98%。

⑨标准储备液：准确称取一定质量的各氨基酸标准品，用 0.1mol/L 盐酸溶解，混匀，使其浓度为 0.50 mg/mL，配制的标准储备液在 4℃冰箱保存，有效期 3 个月。

⑩标准工作液：准确量取标准储备液，用水稀释，依次配制成 10、20、40、80μg/mL 的标准溶液。

（2）仪器和设备

①高效液相色谱仪：配有紫外检测器或二极管阵列检测器。

②分析天平（感量 0.1mg）。

③涡旋混合器。

④带塞试管。

⑤微孔滤膜：孔径 0.45μm（有机系和水系）。

3. 分析步骤

（1）样品衍生　准确吸取黄酒样品 1.0mL，于 10mL 容量瓶

笔记随笔

中，用水定容至刻度，混匀，取 500μL 稀释后的酒样，置于带塞试管中，加入异硫氰酸苯酯的乙腈溶液 250μL、三乙胺-乙腈溶液 250μL，混匀，室温下放置 1h 后，加入 50μL 乙酸溶液，混匀。

（2）萃取净化　向上述衍生后的溶液中加入 1.0mL 正己烷，涡旋混合器振荡 1min，静置分层后，弃去上层正己烷溶液，采用针头注射器小心吸取下层溶液，经 0.45μm 有机系滤膜过滤，制备完的样品，用于液相色谱测定。

（3）标准工作液衍生　分别移取 500μL 系列标准工作液，置于带塞试管中，加入异硫氰酸苯酯的乙腈溶液 250μL、三乙胺-乙腈溶液 250μL，混匀，室温下放置 1h 后，加入 50μL20%（体积比）乙酸溶液，混匀，同上进行萃取净化。

（4）参考色谱条件

①色谱柱：C_{18} 色谱柱（250mm×4.6mm，5μm）或等效色谱柱。

②流动相 A：称取 1.64g 无水乙酸钠，加适量水溶解，加入 0.5mL 三乙胺，用水定容至 1000mL，用 20%乙酸溶液调 pH 至 6.20，0.45μm 水系滤膜过滤。流动相 B：乙腈+水 = 8+2（体积比），洗脱程序见表 5-5。

表 5-5　梯度洗脱程序表

时间/min	A/%	B/%
0	92	8
2	92	8
10	90	10
12	81	19
19	74	26
21	65	35
31	54	46
33	0	100
36	0	100
38	92	8
45	92	8

③流量：1.0mL/min。

④进样体积：10μL。

笔记随笔

⑤柱温：40℃。

⑥检测波长：254nm。

（5）定性　根据氨基酸标准样品的保留时间，与待测样品中组分的保留时间进行定性。

（6）外标法定量　以各氨基酸标准工作液浓度为横坐标，以峰面积为纵坐标，绘制标准工作曲线。将经制备的样品注入液相色谱仪中，测定样品中各氨基酸色谱峰面积，由标准工作曲线计算样品中的各氨基酸浓度。

4. 计算

样品中各组分的含量按式（5-11）计算：

$$X_i = c_i \times F \times \frac{1000}{1000} \tag{5-11}$$

式中　X_i——样品中各组分的含量，mg/L；

c_i——从标准曲线求得样品中组分的含量，mg/L；

F——样品稀释倍数；

1000——换算系数。

平行测定结果用算术平均值表示，保留至一位小数。

5. 精密度

在重复性测定条件下，两次独立测定结果的绝对差值不应超过其算数平均值的10%。

（二）有机酸

有机酸的检测方法有很多种，但是这些方法一般要进行预分离、衍生化等烦琐的前处理，而且能达到同时分离的有机酸种类较少。而高效液相色谱法具有：分离效率高，选择性好，检测灵敏度高，操作自动化，应用范围广等优点，所以选择用高效液相色谱法分析。

1. 原理

试样直接用水稀释或用水提取后，经强阴离子交换固相萃取柱净化，经反相色谱柱分离，以保留时间定性，外标法定量。

2. 试剂与仪器

（1）试剂和材料

①磷酸、磷酸二氢钾。

②0.01mol/L 磷酸二氢钾：称取 1.3609g 磷酸二氢钾，用超纯水溶解定容至1000mL，用磷酸调 pH 至 2.90。

笔记随笔

③标准品

草酸：纯度（不小于99%）；

酒石酸：纯度（不小于99%）；

苹果酸：纯度（不小于99%）；

乳酸：纯度（不小于99%）；

醋酸：纯度（不小于99%）；

柠檬酸：纯度（不小于99%）；

琥珀酸：纯度（不小于99%）。

④标准溶液配制

草酸、酒石酸、乳酸、醋酸、柠檬酸、琥珀酸混合标准储备溶液：分别称取草酸 0.25g、酒石酸 0.25g、苹果酸 0.25g、乳酸 1.0g、醋酸 1.0g、柠檬酸 0.25g、琥珀酸 0.25g（精确至 0.01g）于50mL 小烧杯中，加水溶解，用水转移至 100mL 容量瓶中，定容，混匀，于4℃保存，其中草酸、酒石酸、苹果酸、柠檬酸、琥珀酸质量浓度为2500μg/mL，乳酸、醋酸各为10000μg/mL。

草酸、酒石酸、苹果酸、乳酸、醋酸、柠檬酸、琥珀酸混合标准曲线工作液：分别吸取混合标准储备溶液 0.50、1.00、2.00、5.00、10.00mL 于 50mL 容量瓶中，用磷酸溶液（0.1%体积比）定容至刻度，混匀，于4℃保存。

（2）仪器和设备

①高效液相色谱仪，带二极管阵列检测器或紫外检测器。

②天平：感量为 0.01mg 和 0.01g。

③水相型微孔滤膜：孔径 0.45μm。

④微量进样器：50μL。

⑤水相针式滤器：13mm，0.45μm。

⑥旋涡混合器。

3. 分析步骤

（1）参考色谱条件

色谱柱：ZORBAX SB-C_{18} 柱：4.6mm×250mm，5μm，或同等性能的色谱柱。

流动相：0.01mol/L KH_2PO_4，pH 2.90。

柱温：30℃。

进样量：20μL。

流速：0.8mL/min。

笔记随笔

检测波长：210nm。

（2）标准曲线的制作　将标准系列工作液分别注入高效液相色谱仪中，测定相应的峰高或峰面积。以标准工作液的浓度为横坐标，以色谱峰高或峰面积为纵坐标，绘制标准曲线。

（3）试样溶液的测定　将试样溶液注入高效液相色谱仪中，得到峰高或峰面积，根据标准曲线得到待测液中有机酸的浓度。

4. **计算**

试样中有机酸的含量按式（5-12）计算：

$$X = \frac{c \times V \times 1000}{m \times 1000 \times 1000} \tag{5-12}$$

式中　X——试样中有机酸的含量，g/L；

c——由标准曲线求得试样溶液中某有机酸的浓度，μg/mL；

V——样品溶液定容体积，mL；

m——最终样液代表的试样质量，g；

1000——换算系数。

计算结果以重复性条件下获得的两次独立测定结果的算术平均值表示，结果保留两位有效数字。

5. **精密度**

在重复性测定条件下获得的两次独立测定结果的绝对差值不应超过其算术平均值的10%。

注：标准溶液配制，实际浓度依据酒样实际情况进行调整，因不同的酒样有机酸的含量不一样。

（三）无机元素

1. 黄酒中锂、钒、钴、镍、镓、硒、锶、钼、镉、钡元素的电感耦合等离子体质谱测定方法

（1）原理　样品经酸消解，注入电感耦合等离子体质谱仪，在一定浓度范围内，其离子强度与待测元素含量成正比，与标准系列比较定量。

（2）试剂和材料　除另有说明外，在分析中仅使用符合要求的优级纯试剂，水为符合GB/T 6682—2008规定的一级水。

①过氧化氢（30%）。

②硝酸。

③硝酸溶液（2.0%，体积分数）：量取20mL硝酸，缓慢加入980mL水中，混匀。

笔记随笔

④硝酸溶液（20.0%，体积分数）：量取200mL硝酸，缓慢加入到800mL水中，混匀。

⑤铟（In）内标储备液：按照GB/T 602—2002《化学试剂 杂质测定用标准溶液的制备》的方法进行配制，铟元素溶液的浓度为100mg/L，也可直接使用有证书的标准溶液。0～4℃冰箱保存，保质期6个月。

⑥各元素的标准储备液：Li、V、Co、Ni、Ga、Se、Sr、Mo、Cd、Ba元素分别按照GB/T 602的方法进行配制，各元素溶液的浓度均为100mg/L，也可直接使用有证书的单元素标准溶液或多元素标准溶液。0～4℃冰箱保存，6个月内使用。

⑦铟内标工作液：准确吸取0.10mL铟内标储备液于100mL容量瓶中，用硝酸溶液③稀释定容，铟内标工作液浓度为100μg/L，现配现用。

⑧混合标准储备液（Li、V、Co、Ni、Ga、Se、Sr、Mo、Cd、Ba）：分别准确吸取一定量各元素标准储备液，用硝酸溶液逐级稀释定容，配制成浓度为10.0mg/L的混合标准储备液，现配现用。

⑨系列混合标准溶液：准确吸取混合标准储备液，用硝酸溶液逐级稀释定容，依次配制成浓度为0、2.5、5.0、10.0、25.0、50.0ng/mL的系列混合标准溶液，现配现用。

（3）仪器和设备

①电感耦合等离子体质谱仪。

②分析天平：感量为0.1mg。

③微波消解仪。

④可调式电热板。

⑤恒温干燥箱。

⑥移液管：1.0mL和5.0mL。

注：所有和样品接触的器皿需经硝酸溶液④浸泡24h以上然后用水清洗数次。

（4）分析步骤

①样品消解

a.微波消解法：准确吸取样品3.0～5.0mL于消解罐中，加入5.0mL硝酸，室温下进行预消解，待黄色烟雾消失后，盖好内盖，将消解罐置于微波消解仪中。微波消解条件见表5-6，消解完毕，

笔记随笔

冷却，将溶液转入 25mL 容量瓶中，用水少量多次洗涤消解罐，洗液合并于容量瓶中。用水定容至刻度，混匀备用；同时做空白试验。

b. 高压消解罐消解法：准确吸取样品 2.5mL 于 50mL 消解罐中，加入 3.0mL 硝酸、1.0mL 过氧化氢置于可调式电热板上低温预消解，待黄色烟雾消失后，盖好内盖，旋紧不锈钢外套，放入恒温干燥箱中，170~180℃保持 3~4h；冷却后，将溶液转入 25mL 容量瓶中，用水少量多次洗涤消解罐，洗液合并于容量瓶中，用水定容至刻度，混匀备用；同时做空白实验。

表 5-6 微波消解条件

程序	控制温度/℃	保持时间/min
1	120	5
2	160	5
3	180	15

②标准曲线的绘制：分别将系列混含标准溶液导入仪器雾化系统中，通过在线方式加入铟内标工作液，按照仪器的工作条件（表 5-7）测定各元素与内标元素响应强度，以系列混合标准溶液浓度为横坐标，各元素与相应的内标元素响应强度之比为纵坐标，绘制标准曲线。

表 5-7 ICP-MS 参考工作条件

参数	数值	参数	数值
射频功率/W	1150	采样深度/mm	8.0
等离子体气流速/（L/min）	14.0	采样时间/s	0.3
载气流速/（L/min）	1.0	重复次数/次	3

③样品测定：分别将消解处理后的样品溶液、试剂空白导入仪器雾化系统中，通过在线方式加入铟内标工作液，测定样品中各元素与内标元素响应强度之比，由标准工作曲线计算样品中各元素的含量。

（5）结果计算 样品中各元素的含量按式（5-13）计算：

$$X_1 = \frac{(c-c_0)\times f\times 1000}{1000\times 1000} \tag{5-13}$$

式中 X_1——样品中各元素的含量，mg/L；

笔记随笔

c——从标准曲线求得样品中各元素的含量，ng/mL；

c_0——从标准曲线求得试剂空白中各元素的含量，ng/mL；

f——样品的稀释倍数；

1000——换算系数。

以重复性条件下获得的两次独立测定结果的算术平均值表示，结果保留两位有效数字。

（6）精密度　在重复性测定条件下获得的两次独立测定结果的绝对差值不应超过其算术平均值的10%。

2. 黄酒中钠、镁、硅、磷、钾、钙、锰、铁、锌元素的电感耦合等离子体原子发射光谱测定方法

（1）原理　样品经酸消解，注入电感耦合等离子体光谱仪，在一定浓度范围内，其离子强度与待测元素含量成正比，与标准系列比较定量。

（2）试剂和材料　除另有说明外，在分析中仅使用符合要求的优级纯试剂，水为符合 GB/T 6682—2008 规定的一级水。

①过氧化氢（30%）。

②硝酸。

③硝酸溶液（2.0%，体积分数）：量取 20mL 硝酸，缓慢加入 980mL 水中，混匀。

④硝酸溶液（20.0%，体积分数）：量取 200mL 硝酸，缓慢加入 800mL 水中，混匀。

⑤各元素的标准储备液：Na、Mg、Si、P、K、Ca、Mn、Fe、Zn 元素按照 GB/T 602—2002 的方法分别进行配制，各元素溶液的浓度均为 1000mg/L，也可直接使用有证书的单元素标准溶液或多元素标准溶液。

⑥混合标准储备液（Na、Mg、Si、P、K、Ca、Mn、Fe、Zn）：准确吸取一定量各元素的标准储备液用硝酸溶液逐级稀释定容，配制成浓度为 100mg/L 的混合标准储备液。

⑦系列混合标准溶液：准确吸取混合标准储备液，用硝酸溶液逐级稀释定容，依次配制成浓度为 0mg/L、1.0mg/L、5.0mg/L、10.0mg/L、25.0mg/L、50.0mg/L 的系列混合标准溶液。

（3）仪器和设备

①电感耦合等离子体光谱仪。

②分析天平：感量 0.1mg。

笔记随笔

③微波消解仪。

④可调式电热板。

⑤恒温干燥箱。

⑥压力消解罐。

⑦移液管：1.0mL 和 5.0mL。

注：所有和样品接触的器皿需经硝酸溶液浸泡 24h 以上，然后用水清洗数次。

（4）分析步骤

①样品消解：同上文电感耦合等离子体原子发射光谱测定方法。

②标准曲线的绘制：分别将系列混含标准溶液导入仪器雾化系统中，按照仪器的工作条件（表 5-8），测定各元素响应强度，以系列混合标准溶液浓度为横坐标，各元素响应强度为纵坐标，绘制标准曲线。

表 5-8 ICP-AES 参考工作条件

参数	数值	参数	数值
射频功率/W	1150	等离子体气流速/（L/min）	14.0
雾化气流速/（L/min）	1.0	采样时间	可见光 10s，紫外光 30s
辅助气流速/（L/min）	0.2	重复次数/次	3
泵转速（r/min）	100	—	—

③样品测定：分别将消解处理后的样品溶液、试剂空白导入仪器雾化系统中，测定样品中各元素响应强度，由标准曲线计算样品中各元素的含量。

（5）结果计算　样品中各元素的含量按式（5-14）计算：

$$X_2 = (c' - c_0') \times f \tag{5-14}$$

式中　X_2——样品中各元素的含量，mg/L；

c'——从标准曲线求得样品中各元素的含量，mg/L；

c_0'——从标准曲线求得试剂空白中各元素的含量，mg/L；

f——样品的稀释倍数。

以重复性条件下获得的两次独立测定结果的算术平均值表示，结果保留两位有效数字。

（6）精密度　在重复性测定条件下获得的两次独立测定结果的绝对差值不应超过其算术平均值的 10%。

笔记随笔

（四）挥发性醇类

QB/T 4708—2014《黄酒中挥发性醇类的测定方法　静态顶空-气相色谱测定方法》，适用于黄酒中正丙醇、异丁醇、正丁醇、活性戊醇（2-甲基-1-丁醇）、异戊醇（3-甲基-1-丁醇）、正己醇的测定。该方法的检出限（mg/L）分别为：正丙醇 0.5；异丁醇 0.5；正丁醇 0.8；活性戊醇 1.5；异戊醇 1.2；正己醇 0.9。

1. 原理

在密闭容器中，易挥发的醇类组分在一定温度下气液两相间达到动态平衡，此时醇类组分在气相中的浓度和它在液相中的浓度成正比，吸取上部气体进样，经色谱柱分离后，用氢火焰离子化检测器检测，内标法定量分析。

2. 试剂与仪器

（1）试剂和材料　除另有说明外，所有试剂均为分析纯，水为 GB/T 6682—2008 规定的二级水。

①乙醇：色谱纯。

②氯化钠。

③正丙醇、异丁醇、正丁醇、活性戊醇、异戊醇、正己醇、叔戊醇标准物质：纯度不小于 99%。

④乙醇溶液（60%，体积分数）：量取 60mL 乙醇，用水定容至 100mL，混匀。

⑤乙醇溶液（15%，体积分数）：量取 15mL 乙醇，用水定容至 100mL，混匀。

⑥叔戊醇内标储备液（2.0mg/mL）：称取 0.200g 叔戊醇至 100mL 容量瓶中，用乙醇溶液（15%vol）定容至 100mL，混匀。0~4℃冰箱密封保存，1 个月内使用。

⑦醇混合标准储备液：分别称取正丙醇 2.500g、异丁醇 2.500g、正丁醇 0.100g、活性戊醇 2.500g、异戊醇 5.000g、正己醇 0.1000g 于 100mL 容量瓶中，用乙醇溶液（60%vol）定容混匀，配制成的标准储备液于 0~4℃冰箱密封保存，1 个月内使用。

（2）仪器和设备

①气相色谱仪，配氢火焰离子化检测器（FID）。

②分析天平：感量为 0.1mg。

③顶空进样设备。

笔记随笔

④顶空进样针。

⑤顶空进样瓶：体积为 20mL。

⑥移液管：1.0mL 和 5.0mL。

3. 分析步骤

（1）参考色谱条件

①色谱柱：聚乙二醇毛细管柱（50m×0.25mm×0.25μm）或等效色谱柱。

②色谱柱温度：初温 35℃，保持 1min，以 3.5℃/min 升到 120℃，以 15℃/min 升到 200℃，保持 2min。

③检测器温度：250℃。

④进样口温度：200℃。

⑤载气流量：1.0mL/min。

⑥进样量：1.0mL。

⑦不分流。

（2）参考顶空条件

①平衡温度：50℃。

②平衡时间：30min。

③振荡频率：500r/min。

（3）校正因子的测定　准确吸取醇混合标准储备液 0.10、0.20、0.30、0.40mL 于 4 个 100mL 容量瓶中，用同一黄酒样品定容至刻度，混匀。吸取上述制备的 4 个加标样品和不加标的黄酒样品各 5.0mL，分别置于 5 个 20mL 顶空进样瓶中，加入 2.0g 氯化钠和 0.10mL 叔戊醇内标储备液，压紧瓶盖后，混匀。按照色谱条件及顶空条件测定，记录各组分的峰面积（或峰高），按照式（5-15）和式（5-16）计算各组分的相对校正因子：

$$A_4 = \frac{A_1}{A_2} \times A_3 \tag{5-15}$$

式中　A_4——加标样品中组分校正后峰面积（或峰高）；

A_1——不加标样品中内标峰面积（或峰高）；

A_2——加标样品中内标峰面积（或峰高）；

A_3——加标样品中组分峰面积（或峰高）。

$$f = \frac{A_1}{A_4 - A_5} \times \frac{c_2}{c_1} \tag{5-16}$$

式中　f——各组分的校正因子；

笔记随笔

A_1——不加标样品中内标峰面积（或峰高）；

A_4——加标样品中组分校正后峰面积（或峰高）；

A_5——不加标样品中各组分峰面积（或峰高）；

c_2——样品中加入的各组分标准溶液浓度，mg/L；

c_1——样品中加入的叔戊醇浓度，mg/L。

（4）样品前处理　准确吸取 5.0mL 黄酒样品于 20mL 顶空进样瓶中，加入 2.0g 氯化钠和 0.10mL 叔戊醇内标储备液，压紧瓶盖后，混匀。

（5）样品测定　按色谱条件及顶空条件进行样品测定，根据各醇类标准物质的保留时间，与待测样品中组分的保留时间进行定性。根据各组分和叔戊醇内标储备液的峰面积（或峰高）：求出峰面积（或峰高）之比，采用内标法计算黄酒中各醇类组分的含量。

4. 计算

样品中各组分的含量按式（5-17）计算：

$$X = c_1 \times \frac{A_6}{A_7} \times f \qquad (5-17)$$

式中　X——样品中各组分的含量，mg/L；

c_1——样品中加入的叔戊醇浓度，mg/L；

A_6——样品中各组分峰面积（或峰高）；

A_7——样品中叔戊醇内标峰面积（或峰高）；

f——各组分的校正因子的算术平均值。

以重复性条件下获得的两次独立测定结果的算术平均值表示，结果保留两位有效数字。

5. 精密度

在重复性测定条件下获得的两次独立测定结果的绝对差值不应超过其算术平均值的 10%。

（五）挥发性酯类

QB/T 4709—2014《黄酒中挥发性酯类的测定方法　静态顶空-气相色谱测定方法》。适用于黄酒中甲酸乙酯、乙酸乙酯、乙酸丁酯、乙酸异戊酯、已酸乙酯组分的测定。该方法的检出限（mg/L）分别为：甲酸乙酯 0.2；乙酸乙酯 0.2；乙酸丁醇 0.1；乙酸异戊酯 0.4；己酸乙酯 0.6。

1. 原理

在密闭容器中，易挥发的酯类组分在一定温度下气液两相间达

笔记随笔

到动态平衡，此时酯类组分在气相中的浓度和它在液相中的浓度成正比，吸取上部气体部分进样，经色谱柱分离后，用氢火焰离子化检测器检测，内标法定量分析。

2. 试剂与仪器

（1）试剂和材料　除另有说明外，所有试剂均为分析纯，水为符合 GB/T 6682—2008 规定的二级水。

①乙醇：色谱纯。

②氯化钠。

③甲酸乙酯、乙酸乙酯、乙酸丁酯、乙酸异戊酯、己酸乙酯、叔戊醇标准物质：纯度不小于 99%。

④乙醇溶液（60%，体积分数）；量取 60mL 乙醇，用水定容至 100mL，混匀。

⑤乙醇溶液（15%，体积分数）；量取 15mL 乙醇，用水定容至 100mL，混匀。

⑥叔戊醇内标储备液（2.0mg/mL）：称取 0.200g 叔戊醇至 100mL 容量瓶中，用乙醇溶液（15% vol）定容至 100mL，混匀。0~4℃冰箱密封保存，1 个月内使用。

⑦酯混合标准储备液：分别称取甲酸乙酯 1.000g、乙酸乙酯 5.000g、乙酸丁酯 0.100g、乙酸异戊酯 0.100g、己酸乙酯 0.100g 于 100mL 容量瓶中，用乙醇溶液（60% vol）定容混匀，配制成的标准储备液于 0~4℃冰箱密封保存，1 个月内使用。

（2）仪器和设备

①气相色谱仪：配氢火焰离子化检测器（FID）。

②分析天平：感量为 0.1mg。

③顶空进样设备。

④顶空进样针。

⑤顶空进样瓶：体积为 20mL。

⑥移液管：1.0mL 和 5.0mL。

3. 分析步骤

（1）参考色谱条件

①色谱柱：聚乙二醇毛细管柱（50 m×0.25mm×0.25μm）或等效色谱柱。

②色谱柱温度：初温 35℃，保持 1min，以 3.5℃/min 升到 120℃，以 15℃/min 升到 200℃，保持 2min。

笔记随笔

③检测器温度：250℃。

④进样口温度：200℃。

⑤载气流量：1. 0mL/min。

⑥进样量：1. 0mL。

⑦不分流。

（2）参考顶空条件

①平衡温度：50℃；平衡时间：30min。

②振荡频率：500r/min。

（3）校正因子的测定　准确吸取酯混合标准储备液 0. 10mL、0. 20mL、0. 30mL、0. 40mL 于 4 个 100mL 容量瓶中，用同一黄酒样品定容至刻度，混匀。分别吸取上述制备的 4 个加标样品和不加标的黄酒样品各 5. 0mL，置于 5 个 20mL 顶空进样瓶中，加入 2. 0g 氯化钠和 0. 10mL 叔戊醇内标储备液，压紧瓶盖后，混匀。按照色谱条件及顶空条件测定，记录各组分的峰面积（或峰高），按照式（5-18）和式（5-19）计算各组分的相对校正因子：

$$A_4 = \frac{A_1}{A_2} \times A_3 \tag{5-18}$$

式中　A_4——加标样品中组分校正后峰面积（或峰高）；

A_1——不加标样品中内标峰面积（或峰高）；

A_2——加标样品中内标峰面积（或峰高）；

A_3——加标样品中组分峰面积（或峰高）。

$$f = \frac{A_1}{A_4 - A_5} \times \frac{c_2}{c_1} \tag{5-19}$$

式中　f——各组分的校正因子；

A_1——不加标样品中内标峰面积（或峰高）；

A_4——加标样品中组分校正后峰面积（或峰高）；

A_5——不加标样品中各组分峰面积（或峰高）；

c_2——样品中加入的各组分标准溶液浓度，mg/L；

c_1——样品中加入的叔戊醇浓度，mg/L。

（4）样品处理　准确吸取 5. 0mL 黄酒样品于 20mL 顶空进样瓶中，加入 2. 0g 氯化钠和 0. 10mL 叔戊醇内标储备液，压紧瓶盖后，混匀。

（5）样品测定　按色谱条件及顶空条件进行样品测定，根据各酯类标准物质的保留时间，与待测样品中组分的保留时间进行定

笔记随笔

性。根据各组分和叔戊醇内标的峰面积（或峰高），求出峰面积或峰高）之比，采用内标法计算黄酒中各酯类组分的含量。

4. 计算

样品中各组分的含量按式（5-20）计算：

$$X = c_1 \times \frac{A_6}{A_7} \times f \tag{5-20}$$

式中 X——样品中各组分的含量，mg/L；

c_1——样品中加入的叔戊醇浓度，mg/L；

A_6——样品中各组分峰面积（或峰高）；

A_7——样品中叔戊醇内标峰面积（或峰高）；

f——各组分的校正因子的算术平均值。

以重复性条件下获得的两次独立测定结果的算术平均值表示，结果保留两位有效数字。

5. 精密度

在重复性测定条件下获得的两次独立测定结果的绝对差值不应超过其算术平均值的10%。

（六）苯甲酸

1. 原理

样品经水提取，采用液相色谱分离、紫外检测器检测，外标法定量。参考 GB 5009. 28—2016《食品安全国家标准　食品中苯甲酸、山梨酸和糖精钠的测定》。

2. 试剂与材料

（1）试剂

①甲酸：色谱纯。

②甲醇：色谱纯。

③乙酸铵：色谱纯。

④氨水。

⑤三水合亚铁氰化钾。

⑥二水合乙酸锌。

⑦无水乙醇。

⑧正乙烷。

（2）试剂配制

①氨水溶液（1+99）：取氨水 1mL，加到 99mL 水中，混匀。

笔记随笔

②亚铁氰化钾溶液（92g/L）：称取 106g 亚铁氰化钾（三水合），加入适量水溶解，用水定容至 1000mL。

③乙酸锌溶液（183g/L）：称取 220g 乙酸锌（二水合）溶于少量水中，加入 30mL 冰乙酸，用水定容至 1000mL。

④乙酸铵溶液（20mmol/L）：称取 1.54g 乙酸铵，加入适量水溶解，用水定容至 1000mL，经 0.22μm 水相微孔滤膜过滤后备用。

⑤甲酸-乙酸铵溶液（2mmol/L 甲酸+20mmol/L 乙酸铵）：称取 1.54g 乙酸铵，加入适量水溶解，再加入 75.2μL 甲酸，用水定容至 1000mL，经 0.22μm 水相微孔滤膜过滤后备用。

（3）标准品　苯甲酸钠（C_6H_5COONa，CAS 号：532-32-1），纯度≥99.0%；或苯甲酸（C_6H_5COOH，CAS 号：65-85-O），纯度≥99.0%，或经国家认证并授予标准物质证书的标准物质。

（4）标准溶液配制

①苯甲酸标准储备溶液（1000mg/L）：准确称取苯甲酸钠 0.118g（精确到 0.0001g），用甲醇溶解并定容至 100mL。于 4℃贮存，保存期为 6 个月。

②苯甲酸标准中间溶液（200mg/L）：准确吸取苯甲酸标准储备溶液 10.0mL 于 50mL 容量瓶中，用水定容。于 4℃贮存，保存期为 3 个月。

③苯甲酸标准系列工作溶液：准确吸取苯甲酸标准中间溶液 0，0.05，0.25，0.50，1.00、2.50，5.00 和 10.0mL，用水定容至 10mL，配制成质量浓度分别为 0、1.00、5.00、10.0、20.0、50.0、100 和 200mg/L 的混合标准系列工作溶液。临用现配。

（5）材料

①水相微孔滤膜：0.22μm。

②塑料离心管：50mL。

3. 仪器和设备

（1）高效液相色谱仪　配紫外检测器。

（2）分析天平　感量为 0.001g 和 0.0001g。

（3）涡旋振荡器。

（4）离心机　转速>8000r/min。

（5）匀浆机。

（6）恒温水浴锅。

（7）超声波发生器。

笔记随笔

4. 分析步骤

（1）试样制备　准确称取约 2g（精确到 0.001g）试样于 50mL 具塞离心管中，加水约 25mL，涡旋混匀，于 50℃水浴超声 20min，冷却至室温后加亚铁氰化钾溶液 2mL 和乙酸锌溶液 2mL，混匀，于 8000r/min 离心 5min，将水相转移至 50mL 容量瓶中，于残渣中加水 20mL，涡旋混匀后超声 5min，于 8000r/min 离心 5min，将水相转移到同一 50mL 容量瓶中，并用水定容至刻度，混匀。取适量上清液过 0.22μm 滤膜，待液相色谱测定。

（2）仪器参考条件

①色谱柱：C_{18} 柱，柱长 250mm，内径 4.6mm，粒径 5μm，或等效色谱柱。

②流动相：甲醇+乙酸铵溶液＝5+95。

③流速：1mL/min。

④检测波长：230nm。

⑤进样量：10μL。

注：当存在干扰峰或需要辅助定性时，可以采用加入甲酸的流动相来测定，如流动相：甲醇+甲酸-乙酸铵溶液＝8+92。

（3）标准曲线的制作　将标准系列工作溶液分别注入液相色谱仪中，测定相应的峰面积，以标准系列工作溶液的质量浓度为横坐标，以峰面积为纵坐标，绘制标准曲线。

（4）试样溶液的测定　将试样溶液注入液相色谱仪中，得到峰面积，根据标准曲线得到待测液中苯甲酸的质量浓度。

5. 分析结果的表述

试样中苯甲酸含量按式（5-21）计算：

$$X = \frac{\rho \times V}{m \times 1000} \tag{5-21}$$

式中　X——试样中待测组分含量，g/kg；

ρ——由标准曲线得出的样液中待测物的质量浓度，mg/L；

V——试样定容体积，mL；

m——试样的质量，g；

1000——由 mg/kg 转换为 g/kg 的换算因子。

结果保留 3 位有效数字。

6. 精密度

在重复性条件下获得的两次独立测定结果的绝对差值不得超过算术平均值的 10%。

笔记随笔

（七）尿素

依据 QB/T 4710—2014《发酵酒中尿素的测定方法　高效液相色谱法》进行测定。

黄酒中尿素的测定
——液相色谱法

1. 原理

采用9-羟基占吨衍生剂与黄酒中的尿素进行衍生反应，尿素衍生产物具有荧光特性，经色谱柱分离后，可通过荧光检测器测定，外标法定量分析。

2. 试剂与仪器

（1）试剂

①无水乙酸钠。

②浓盐酸。

③9-羟基呫吨（不小于98%）。

④无水乙醇。

⑤正丙醇。

⑥乙腈：色谱纯。

⑦冰乙酸（不小于99.0%）。

（2）试剂配制

①乙酸溶液（1.0%，体积分数）：吸取1.0mL冰乙酸于100mL容量瓶中，用水定容至刻度，混匀。

②乙酸钠溶液（0.02mol/L）：称取1.64g无水乙酸钠溶解于1000mL水中，用乙酸溶液（1.0%，体积分数）将乙酸钠溶液pH调至7.2。

③盐酸溶液（1.5mol/L）：吸取6.2mL的浓盐酸于50mL容量瓶中，用水定容至刻度，混匀。

④9-羟基呫吨溶液（0.02mol/L）：称取0.198g 9-羟基呫吨，用正丙醇溶解并定容至50mL容量瓶中，混匀。在0~4℃冰箱避光保存，1个月内使用。

⑤尿素标准品：纯度不小于99%。

⑥尿素标准储备液（1.0mg/mL）：准确称取0.100g尿素标准品，用无水乙醇溶解并定容至100mL容量瓶中，混匀。在0~4℃冰箱保存，1个月内使用。

⑦尿素标准工作液：准确吸取一定体积的尿素标准储备液于容量瓶中，用无水乙醇依次配制成浓度为2.00、4.00、8.00、

笔记随笔

20.00mg/L 的尿素标准工作液，现配现用。

（3）仪器

①高效液相色谱仪：配有荧光检测器。

②pH 计。

③分析天平：感量为 0.1mg。

④涡旋混合器。

⑤带塞试管。

⑥微孔过滤膜：孔径 0.45μm（有机系）

⑦移液器：1.0mL 和 2.0mL。

3. 分析步骤

（1）试样制备　样品衍生：准确吸取 2.0mL 样品于 10mL 容量瓶中，用无水乙醇定容至刻度。摇匀：准确吸取 0.40mL 稀释后的样品，置于带塞试管中，加入 0.10mL 盐酸溶液、0.60mL 9-羟基呫吨溶液，混匀。室温避光衍生 30min，经 0.45μm 有机系滤膜过滤，滤液用于液相色谱测定。

（2）参考色谱条件

色谱柱：C_{18} 色谱柱（250mm×4.6mm，5μm）或等效色谱柱。

柱温：35℃。

检测波长：λ_{ex} 为 213nm；λ_{em} 为 308nm。

流速：1.0mL/min。

进样体积：10μL。

梯度洗脱程序如表 5-9 所示。

表 5-9　梯度洗脱程序

时间/min	0.02mol/L 乙酸钠/%	乙腈/%
0.00	80	20
12.00	50	50
15.60	0	100
22.00	0	100
23.00	80	20
30.00	80	20

（3）定性分析　根据尿素标准品衍生物的保留时间，与待测样品中组分的保留时间进行定性，得到定性色谱图。

（4）外标法定量　分别吸取 0.40mL 各浓度尿素标准工作液和

笔记随笔

0.40mL 样品溶液，依照试样制备的方法进行衍生，以尿素标准工作液系列浓度为横坐标，峰面积响应值为纵坐标绘制标曲线。得到样品中尿素色谱峰面积后，由标准曲线计算样品中的尿素含量。

（5）空白试验　除不称取样品外均按上述步骤同时完成空白试验。

4. 计算

试样中尿素含量按式（5-22）计算：

$$X = (c - c_0) \times f \tag{5-22}$$

式中　X——试样中尿素的含量，mg/L；

c——从标准曲线查得样品中尿素的含量，mg/L；

c_0——从标准曲线查得试剂空白中尿素的含量，mg/L；

f——稀释倍数。

5. 精密度

在重复性条件下获得的两次独立测定结果的绝对差值，不得超过其算术平均值的 10%。

（八）氨基甲酸乙酯

使用气相色谱-质谱法（GB 5009.223—2014《食品安全国家标准　食品中氨基甲酸乙酯的测定》）

1. 原理

试样加 D_5-氨基甲酸乙酯内标后，经过碱性硅藻土固相萃取柱净化、洗脱，洗脱液浓缩后，用气相色谱-质谱仪进行测定，内标法定量。

2. 试剂与仪器

（1）试剂

①无水硫酸钠：分析纯。

②氯化钠：分析纯。

③正己烷：色谱纯。

④乙酸乙酯：色谱纯。

⑤乙醚：色谱纯。

⑥甲醇：色谱纯。

⑦碱性硅藻土固相萃取柱：填料 4000mg，柱容量 12mL。

（2）仪器

①气相色谱-质谱仪，带 EI 源。

笔记随笔

②漩涡混匀器。

③氮吹仪。

④固相萃取仪，配有抽真空装置；PTFE 滤膜。

⑤分析天平：感量为 0.1mg 和 1mg。

⑥超声波清洗机。

⑦马弗炉。

（3）试剂配制

①无水硫酸钠：450℃烘烤 4h，冷却后贮存于干燥器中备用。

②5%乙酸乙酯-乙醚溶液：取 5mL 乙酸乙酯，用乙醚稀释至 100mL，混匀待用。

（4）标准品

①氨基甲酸乙酯标准品（$C_3H_7O_2N$，CAS；51-79-6）：纯度大于 99.0%。

②D_5-氨基甲酸乙酯标准品（$C_3H_2D_5NO_2$，CAS：73962-07-9）：纯度大于 98.0%。

（5）标准溶液配制

①D_5-氨基甲酸乙酯储备液（1.00mg/mL）：准确称取 0.01g（精确到 0.0001g）D_5-氨基甲酸乙酯标准品，用甲醇溶解、定容至 10mL，4℃以下保存。

②D_5-氨基甲酸乙酯使用液（2.00μg/mL）：准确吸取 D_5-氨基甲酸乙酯储备液（1.00mg/mL）0.10mL，用甲醇定容至 50mL，4℃以下保存。

③氨基甲酸乙酯储备液（1.00mg/mL）：准确称取 0.05g（精确到 0.0001g）氨基甲酸乙酯标准品，用甲醇溶解、定容至 50mL，4℃以下保存，保存期 3 个月。

④氨基甲酸乙酯中间液（10.0μg/mL）：准确吸取氨基甲酸乙酯储备液（1.00mg/mL）1.00mL，用甲醇定容至 100mL，4℃以下保存，保存期 1 个月。

⑤氨基甲酸乙酯中间液（0.50μg/mL）：准确吸取氨基甲酸乙酯中间液（10.0μg/mL）5.00mL、用甲醇定容至 100mL，现配现用。

⑥标准曲线工作溶液：分别准确吸取氨基甲酸乙酯中间液（0.50μg/mL）20、50、100、200、400μL 和氨基甲酸乙酯中间液（10.0μg/mL）40、100μL 于 7 个 1mL 容量瓶中，各加入 2.00μg/mL

笔记随笔

D_5-氨基甲酸乙酯使用液100μL，用甲醇定容至刻度，得到10.0、25.0、50.0、100、200、400、1000ng/mL的标准曲线工作溶液，现配现用。

3. 分析步骤

（1）试样制备　将样品摇匀，称取2g（精确至0.001g）样品，加入100.0μL浓度为2.00μg/mL的D_5-氨基甲酸乙酯使用液、氯化钠0.3g，超声溶解、混匀后，加样到碱性硅藻土固相萃取柱上，在真空条件下，将样品溶液缓慢渗入萃取柱中，静置10min。经10mL正己烷淋洗后，用10mL 5%乙酸乙酯-乙醚溶液以约1mL/min流速进行洗脱、洗脱液经装有2g无水硫酸钠的玻璃漏斗脱水后，收集于10mL刻度试管中，室温下用氮气缓缓吹至约0.5mL。用甲醇定容至1.0mL，转移至样品瓶中，供GC/MS分析。同时做空白。

（2）仪器参考条件

①毛细管色谱柱：DB-INNOWAX，30 m×0.25mm（内径）×0.25μm或相当色谱柱。

②进样口温度：220℃。

③柱温：初温50℃，保持1min，以8℃/min升至I80℃，程序运行完成后，240℃后运行5min。

④载气：氦气，纯度≥99.999%，流速1mL/min。

⑤电离模式：电子轰击源（EI），能量为70eV。

⑥四极杆温度：150℃；离子源温度：230℃；传输线温度：250℃；溶剂延迟：11min。

⑦不分流进样；进样量：1~2μL。

⑧检测方式：选择离子监测（SIM）模式。

⑨氨基甲酸乙酯选择监测离子（m/z）：44、62、74、89，定量离子62。

⑩D_5-氨基甲酸乙酯选择监测离子（m/z）：64、76，定量离子64。

（3）定性测定　按方法条件测定标准工作溶液和试样，低浓度试样定性可以减少定容体积，试样的质量色谱峰保留时间与标准物质保留时间的允许偏差小于±2.5%；定性离子对的相对丰度与浓度相当标准工作溶液的相对丰度允许偏差不超过表5-10的规定。

表 5-10 定性确证时相对离子丰度的最大允许偏差

相对离子丰度/%	>50	20~50	10~20	≤10
允许的最大偏差/%	±20	±25	±30	±50

笔记随笔

（4）定量测定

①标准曲线的制作：将氨基甲酸乙酯标准曲线工作溶液10.0ng/mL、25.0ng/mL、50.0ng/mL、100ng/mL、200ng/mL、400ng/mL、1000ng/mL（内含200ng/mL D_5-氨基甲酸乙酯）进行气相色谱-质谱仪测定，以氨基甲酸乙酯浓度为横坐标，标准曲线工作溶液中氨基甲酸乙酯峰面积与内标 D_5-氨基甲酸乙酯的峰面积比为纵坐标，绘制标准曲线。

②试样测定：将试样溶液同标准曲线工作溶液进行测定，根据测定液中氨基甲酸乙酯的含量计算试样中氨基甲酸乙酯的含量，其中试样含低浓度的氨基甲酸乙酯时，宜采用10.0ng/mL、25.0ng/mL、50.0ng/mL、100ng/mL及200ng/mL的标准曲线工作溶液绘制标准曲线；试样含高浓度氨基甲酸乙酯时，宜采用50.0ng/mL、100ng/mL、200ng/mL、400ng/mL、1000ng/mL的标准曲线工作溶液绘制标准曲线。

空白试验除不加酒样外，其他与试样测定完全相同。

4. 计算

试样中氨基甲酸乙酯含量按式（5-23）计算：

$$X = \frac{(c - c_0) \times V \times 1000}{m \times 1000} \tag{5-23}$$

式中 X——样品中氨基甲酸乙酯含量，μg/kg；

c——酒样测定液中氨基甲酸乙酯的含量，ng/mL；

c_0——空白测定液中氨基甲酸乙酯的含量，ng/mL；

V——样品测定液定容体积，mL；

m——样品质量，g；

1000——换算系数。

计算结果以重复性条件下获得的两次独立测定结果的算术平均值表示，保留3位有效数字。

5. 精密度

在重复性条件下获得的两次独立测定结果的相对偏差，当含量≤50μg/kg时，不得超过算术平均值的15%；当含量>50μg/kg

时，不得超过算术平均值的10%。

笔记随笔

（九）生物胺

使用GB 5009.208—2016《食品安全国家标准　食品中生物胺的测定》第一法：液相色谱法。

1. 原理

试样用丹磺酰氯衍生，C_{18}色谱柱分离，高效液相色谱-紫外检测器检测，内标法定量。

2. 试剂与仪器

（1）试剂　乙腈、丙酮、正己烷、乙酸、乙酸铵均为色谱纯；乙醚（重蒸）、正丁醇、三氯甲烷、谷氨酸钠、碳酸氢钠、氯化钠、氢氧化钠、盐酸（37%）、三氯乙酸、丹磺酰氯（CAS号：605-65-2，纯度>99%）均为分析纯；水为GB/T 6682—2008规定的一级水。

（2）试剂配制

①丹磺酰氯衍生剂溶液：准确称取丹磺酰氯适量，以丙酮为溶剂配制浓度为10mg/mL的衍生剂使用液，置4℃冰箱避光储存。

②5%三氯乙酸溶液：准确称取25g三氯乙酸于250mL烧杯中，用适量水完全溶解后转移至500mL容量瓶中，定容至刻度。

③1mol/L盐酸溶液：准确量取8.6mL盐酸于100mL容量瓶中，用水定容至刻度。

④0.1mol/L盐酸溶液：准确量取1mol/L盐酸溶液10mL于100mL容量瓶中，用水定容至刻度。

⑤1mol/L氢氧化钠溶液：称取4g氢氧化钠，加入100mL水完全溶解。

⑥正丁醇/三氯甲烷（1+1）混合溶液：分别量取相同体积的正丁醇和三氯甲烷混合均匀即可。

⑦饱和碳酸氢钠溶液：称取15g碳酸氢钠，加入100mL水溶解，取上清液即为饱和溶液。

⑧50mg/mL谷氨酸钠溶液：准确称取5.0g谷氨酸钠用饱和碳酸氢钠溶液溶解并定容至100mL。

⑨含1%乙酸的0.01mol/L乙酸铵溶液：称取0.77g乙酸铵溶解于水中，转移至1000mL容量瓶中，加入10mL乙酸，用水定容至刻度。

⑩流动相A：量取100mL含1%乙酸的0.01mol/L乙酸铵溶液

笔记随笔

加入 900mL 乙腈。

流动相 B：量取 900mL 含 1%乙酸的 0.01mol/L 乙酸铵溶液加入 100mL 乙腈。

（3）标准品

①组胺盐酸盐（$C_5H_9N_3 \cdot 2HCl$，CAS 号：56-92-8）标准品（纯度>99%）。

②苯乙胺盐酸盐（$C_8H_{11}N \cdot HCl$，CAS 号：64-04-0）标准品（纯度>98%）。

③酪胺盐酸盐（$C_8H_{11}NO \cdot HCl$，CAS 号：60-19-5）标准品（纯度>98%）。

④腐胺盐酸盐（$C_4H_{12}N_2 \cdot 2HCl$，CAS 号：333-93-7）标准品（纯度>98%）。

⑤尸胺盐酸盐（$C_5H_{14}N_2 \cdot 2HCl$，CAS 号：1476-39-7）标准品（纯度>98%）。

⑥色胺盐酸盐（$C_{10}H_{12}N_2 \cdot HCl$，CAS 号：61-54-1）标准品（纯度>99%）。

⑦精胺盐酸盐（$C_{10}H_{26}N_4 \cdot 4HCl$，CAS 号：306-67-2）标准品（纯度>97%）。

⑧亚精胺盐酸盐（$C_7H_{19}N_3 \cdot 3HCl$，CAS 号：334-50-9）标准品（纯度>97%）。

⑨章鱼胺盐酸盐（$C_8H_{11}NO_2 \cdot HCl$，CAS 号：770-05-9）标准品（纯度>97%）。

⑩1，7-二氨基庚烷（$C_7H_{18}N_2$，CAS 号：646-19-5）内标标准品（纯度>98%）。

（4）标准溶液配制

标准溶液的配制浓度以各生物胺单体计算，称取标准品时应对其中的盐酸盐进行折算。所有标准溶液配制好后均需转移至密闭棕色容器中，避光贮存。

①生物胺标准储备溶液的配制：准确称取各种生物胺标准品适量，分别置于 10mL 小烧杯中，用 0.1mol/L 盐酸溶液溶解后转移至 10mL 容量瓶中，定容至刻度，混匀，配制成浓度为 1000mg/L（以各种生物胺单体计）的标准储备溶液，置-20℃冰箱储存。保存期 6 个月。

②生物胺标准混合使用液的配制：分别吸取 1.0mL 各生物胺单组分标准储备溶液，置于同一个 10mL 容量瓶中，用 0.1mol/L 盐

笔记随笔

酸稀释至刻度，混匀，配制成生物胺标准混合使用液（100mg/L）。保存期3个月。

③生物胺标准系列溶液的配制：分别吸取0.10mL、0.25mL、0.50mL、1.0mL、1.50mL、2.50mL、5.0mL生物胺标准混合使用液（100mg/L），置于10mL容量瓶中，用0.1mol/L盐酸溶液稀释至刻度，混匀，使浓度分别为1.0、2.5、5.0、10.0、15.0、25.0、50.0mg/L，临用现配。

④内标标准储备溶液的配制：准确称取内标标准品适量，置于10mL容量瓶中，用0.1mol/L盐酸溶液溶解后稀释至刻度，混匀，配制成浓度为10mg/mL的内标标准储备溶液，置-20℃冰箱储存。保存期为6个月。

⑤内标标准中间使用液的配制：吸取1.0mL内标标准储备溶液于10mL容量瓶中，用0.1mol/L盐酸稀释至刻度，混匀，作为内标使用液（1.0mg/mL），存期为3个月。

⑥内标标准使用液的配制：吸取1.0mL内标标准中间使用液于10mL容量瓶中，用0.1mol/L盐酸稀释至刻度，混匀，作为内标使用液（100mg/L），临用现配。

（5）仪器

①高效液相色谱仪（HPLC），配有紫外检测器或二极管阵列检测器。

②离心机：转速≥6500r/min。

③涡旋振荡器。

④水浴装置。

⑤氮气浓缩装置。

⑥天平：感量分别为0.01g和0.0001g。

⑦酸度计：±0.1pH。

⑧超纯水器。

⑨滤膜针头滤器：0.22μm。

3. 分析步骤

（1）样品处理

①试样的衍生：准确量取1.0mL样品于15mL塑料离心管中，依次加入250μL内标溶液（100mg/L）、1mL饱和碳酸氢钠溶液、100μL氢氧化钠溶液（1mol/L）、1mL衍生试剂，涡旋混匀1min后置于60℃恒温水浴锅中衍生15min，取出，分别加入100μL谷氨酸

笔记随笔

钠溶液，振荡混匀，60℃恒温反应15min，取出冷却至室温，于每个离心管中加入1mL超纯水，涡旋混合1min，40℃水浴下氮吹除去丙酮（约1mL），加入0.5g氯化钠涡旋振荡至完全溶解，再加入5mL乙醚，涡旋振荡2min，静置分层后，转移上层有机相（乙醚层）于15mL离心管中，水相（下层）再萃取一次，合并两次乙醚萃取液，40℃水浴下氮气吹干。加入1mL乙腈振荡混匀，使残留物溶解，0.22μm滤膜针头滤器过滤，待测定。

②标准的衍生：分别移取1mL生物胺标准系列溶液，置10mL具塞试管中，依次加入250μL内标使用液（100mg/L），以下操作同试样的衍生步骤。

（2）液相色谱条件

①色谱柱为C_{18}柱（柱长250mm，柱内径4.6mm，柱填料粒径5μm）。

②紫外检测波长254nm。

③进样量20μL。

④柱温35℃。

⑤流动相A为90%乙腈/10%（含0.1%乙酸的0.01mol/L乙酸铵溶液）。

⑥流动相B为10%乙腈/90%（含0.1%乙酸的0.01mol/L乙酸铵溶液）。

⑦流速0.8mL/min。

梯度洗脱程序如表5-11所示。

表5-11 梯度洗脱程序表

组成	时间/min					
	0	22	25	32	32.01	37
流动相A/%	60	85	100	100	60	60
流动相B/%	40	15	0	0	40	40

（3）标准曲线的制作 将20μL系列混合标准工作液的衍生液分别注入高效液相色谱仪，测得目标化合物的峰面积，以系列混合标准工作液的浓度为横坐标，以目标化合物的峰面积与内标的峰面积的比值为纵坐标，绘制标准曲线。

（4）试样溶液的测定 将试样的衍生溶液注入高效液相色谱仪中，测得峰面积，以保留时间定性。根据标准曲线得到待测液中

笔记随笔

各目标化合物的浓度。

4. **计算**

试样中生物胺含量按式（5-24）计算：

$$X = \frac{c \times V \times f}{m} \quad (5\text{-}24)$$

式中　X——试样中被测组分的含量，mg/kg 或 mg/L；

c——试样溶液中被测组分的浓度，μg/L；

V——试样溶液的体积，mL；

f——稀释倍数；

m——试样的质量，g。

计算结果保留三位有效数字。

5. **精密度**

在重复性条件下获得的两次独立测定结果的绝对差值不得超过算术平均值的 10%。

三、完成检验记录单

根据所学知识对成品黄酒微量成分的理化检验数据进行计算，并对结果进行判断，完成原始记录单填写（表 5-12）。

表 5-12　成品黄酒微量成分理化检验原始记录单（部分）

测定项目	测定参数	测定值 1	测定值 2	测定结果	结果判定
苯甲酸/(g/kg)	由标准曲线得出的样液中待测物的质量浓度 ρ/（mg/L）				
	试样定容体积 V/mL				
	试样的质量 m/g				
	苯甲酸 $= \frac{\rho \times V}{m \times 1000}$/（g/kg）				
氨基甲酸乙酯/(μg/kg)	由标准曲线得出的试样液中待测物的质量浓度 c/（ng/mL）				
	由标准曲线得出的空白样液中待测物的质量浓度 c_0/（ng/mL）				
	试样定容体积 V/mL				
	试样的质量 m/g				
	$X = \frac{(c - c_0) \times V}{m}$/（ng/mL）				

笔记随笔

任务拓展

一、填空题

1. 气相色谱中常用的载气有________、________、________，纯度要求________以上，化学惰性好，不与有关物质反应。

2. 碳原子数在________个以上的一元醇总称为高级醇。

3. 黄酒中的高级醇以__________为最多，其次为__________、________、正丙醇、仲丁醇等。

4. ________、________、________、苹果酸、酒石酸、葡萄糖酸等属于不挥发酸，它们能增加酒的醇厚感。

5. GB 5009.208—2016 生物胺检测采用液相色谱法：试样用丹磺酰氯衍生，C_{18} 色谱柱分离，高效液相色谱________检测，________定量。

6. 黄酒中挥发性酯类的测定方法是________。

7. 黄酒中游离氨基酸的测定方法是________。

8. 黄酒中游离氨基酸的测定需要用________或________。

9. 黄酒中苯甲酸检测采用液相色谱分离、__________检测、________定量。

二、判断题

1. 高效液相色谱仪（HPLC）主要用于分析高沸点易挥发的、受热不稳定的和分子质量大的有机化合物的仪器设备。(　　)

2. 氢火焰离子化检测器（FID）用于微量有机物分析。(　　)

3. 热导检测器（TCD）用于常量、半微量分析，有机、无机物均有响应。(　　)

4. 电子捕获检测器（ECD）用于有机氯农药残留分析。(　　)

5. 火焰光度检测器（FPD）用于有机磷、含氮化合物的微量分析。(　　)

6. 氮磷检测器（NPD）用于有机磷、硫化物的微量分析。(　　)

7. 催化燃烧检测器（CCD）用于对可燃性气体及化合物的微量分析。(　　)

8. 光离子化检测器（PID）用于对有毒有害物质的痕量分析。(　　)

笔记随笔

三、简答题

1. 高效液相色谱仪组成部分有哪些？
2. 高效液相色谱仪常用检测器有哪些？
3. 气相色谱仪组成部分有哪些？
4. 气相色谱仪常用检测器有哪些？

笔记随笔

任务四
黄酒成品微生物检验

任务要求

具体任务

根据教师提供的学习资料和网络教学资源，学生自学黄酒成品微生物检验的知识，在教师的指导下完成学习汇报 PPT。制订微生物检验的检测方案，以相关的国家标准、行业标准或企业标准为依据，按微生物检验的规范要求操作，完成对黄酒成品相应的微生物指标检验，并填写评定检验记录单。

任务目标

①懂得黄酒微生物指标检验的重要性和必要性。

②掌握黄酒微生物指标的检验原理与检验方法及检验结果的计算方法。

③掌握正确填写检验记录报告。

④在完成任务的过程中能展现出工匠精神与团队协作精神。

技能目标

①会检测黄酒成品菌落总数。

②会检测黄酒成品中的大肠菌群。

③能对检测数据进行处理并对结果进行判定。

知识准备

检验黄酒成品微生物指标主要包括菌落总数与大肠菌群、沙门氏菌、金黄色葡萄球菌等。测定菌落总数（CFU/mL）<50，大肠菌群（MPN/mL），金黄色葡萄球菌、沙门氏菌不得检出。目前企业内控指标常规检验菌落总数与大肠菌群。

一、菌落总数

黄酒是在一个开放式发酵环境下酿制而成的含酒精饮料。酿制完毕后，生产企业一般通过加热黄酒来杀灭酒液中的微生物、酶等物质。灭菌环节是否到位，我们通过培养酒液中的细菌生成肉眼能

笔记随笔

看出的菌落来进行验证。一个细菌能生成一个菌落，通过菌落数量来反映细菌的个数。菌落总数就是指在一定条件下（如需氧情况、营养条件、pH、培养温度和时间等）每毫升酒样所生长出的细菌菌落总数。菌落总数测定时首先保证检测环境无菌，它通过平皿在空气中做空白试验检验来验证。

菌落总数测定是用来判定黄酒被细菌污染的程度及卫生质量，它反映黄酒在生产过程中是否符合卫生要求，以便对被检样品做出适当的卫生学评价。菌落总数严重超标，说明其产品的卫生状况达不到卫生要求，将会破坏酒体的营养成分，加速黄酒的酸败变质，危害人体健康安全。

二、大肠菌群

大肠菌群是评价食品卫生质量的重要指标之一。大肠菌群直接或间接地来自人和温血动物的粪便，大肠菌群中以埃希氏菌属为主，它是典型的大肠杆菌。大肠杆菌是在35~37℃条件下，48h内能发酵乳糖产酸产气的革兰氏阴性菌。

（一）大肠菌群检测方法

大肠菌群检测方法主要有两种，这两种方法在检测程序上略有不同。

1. 第一法：大肠菌群MPN计数法

本方法采用两步法：初发酵试验与复发酵试验。

（1）初发酵试验　样品稀释后，选择三个稀释度，每个稀释度接种三管LST肉汤。(36±1)℃培养（48±2）h，观察是否产气。

（2）复发酵试验　将产气管培养物接种煌绿乳糖胆盐（BGLB）肉汤管中，（36±1)℃培养（48±2）h，观察是否产气。以BGLB产气为阳性。查MPN表，报告每mL样品中大肠菌群的MPN值。

2. 第二法：大肠菌群平板计数法

本方法采用三步法，即乳糖发酵试验、分离培养和证实试验。

（1）乳糖发酵试验　样品稀释后，选择三个稀释度，每个稀释度接种三管乳糖胆盐发酵管。（36±1)℃培养（48±2）h，观察是否产气。

（2）分离培养　将产气发酵管培养物转种于伊红美蓝琼脂平

笔记随笔

板上，(36±1)℃培养18~24h，观察菌落形态。

(3) 证实试验　挑取平板上的可疑菌落，进行革兰氏染色观察。同时接种乳糖发酵管 (36±1)℃培养 (24±2) h，观察产气情况。

根据证实为大肠杆菌阳性的管数，查MPN表，报告每1mL大肠菌群的MPN值。

此法，需要对初发酵阳性培养物接种伊红美蓝平板分离，对典型和可疑菌落进行观察和证实试验。由于大肠菌群是一群细菌的总称，在平板大肠菌群菌落的色泽、形态等方面较大肠菌更为复杂和多样，而且与大肠菌群的检出率密切相关。国家标准方法规定伊红美蓝平板为分离培养基，在该平板上，大肠菌群菌落呈黑紫色有光泽或无光泽时，检出率最高；红色、粉红色菌落检出率较低。

另外，挑取菌落数与大肠菌群的检出率有密切关系，只挑取一个菌落，由于概率问题，尤其当菌落不典型时，很难避免假阴性的出现。所以挑菌落一定要挑取典型菌落，如无典型菌落则应多挑几个，以免出现假阴性。

（二）常用的抑菌剂

大肠菌群检验中常用的抑菌剂有胆盐、十二烷基硫酸钠、洗衣粉、煌绿、龙胆紫、孔雀绿等。抑菌剂的主要作用是抑制其他杂菌，特别是革兰氏阳性菌的生长。第一法中LST肉汤利用十二烷基硫酸钠作为抑菌剂，BGLB肉汤利用煌绿和胆盐作为抑菌剂；第二法中乳糖胆盐发酵管利用胆盐作为抑菌剂。

抑菌剂虽可抑制样品中的一些杂菌，而有利于大肠菌群细菌的生长和挑选，但对大肠菌群中的某些菌株有时也产生一些抑制作用。有些抑菌剂用量甚微，称量时稍有误差，即可对抑菌作用产生影响，因此抑菌剂的添加应严格按照标准方法进行。

三、金黄色葡萄球菌

金黄色葡萄球菌（*Staphylococcus aureus*）为葡萄球菌属微生物，是革兰氏阳性菌代表。金黄色葡萄球菌形态为球形，在培养基中菌落特征表现为圆形，菌落表面光滑，颜色为无色或者金黄色，无扩展生长特点，将金黄色葡萄球菌培养在哥伦比亚血平板中，在光下观察菌落会发现周围产生了透明的溶血圈。金黄色葡萄球菌在

笔记随笔

显微镜下排列成葡萄串状，金黄色葡萄球菌无芽孢、鞭毛，大多数无荚膜，是常见的引起食物中毒的致病菌，常见于皮肤表面及上呼吸道黏膜。

金黄色葡萄球菌对高温有一定的耐受能力，在80℃以上的高温环境下30min才可以将其彻底杀死，另外金黄色葡萄球菌可以存活于高盐环境，最高可以耐受15%浓度的$NaCl$溶液。由于细菌本身结构特点，利用70%的乙醇可以在几分钟之内将其快速杀死。金黄色葡萄球菌代谢类型为需氧或兼性厌氧，对环境要求不高，该菌最适宜生长温度为37℃，pH为7.4，能在各种恶劣环境中存活下来，常寄生于人和动物的皮肤、鼻腔、咽喉、肠胃、痈、化脓疮口中，空气、污水等环境中也无处不在。因此，用一般的营养琼脂即可正常培养细菌。

由金黄色葡萄球菌引起的食物中毒占食源性微生物食物中毒事件的25%左右，金黄色葡萄球菌成为仅次于沙门氏菌和副溶血杆菌的第三大微生物致病菌。

任务实施

黄酒成品微生物检验

一、要点

黄酒质量检验除了感官检验、理化检验外，还需要进行微生物检验。虽然黄酒国家标准GB/T 13622—2018中没有提到微生物指标检测的具体方法，但是菌落总数与大肠菌群仍然是黄酒企业卫生检验的一个常规指标。依据食品相关标准GB 4789.2—2022《食品安全国家标准　食品微生物学检测　菌落总数测定》、GB 4789.3—2016《食品安全国家标准　食品微生物学检验　大肠菌群测定》的要求来完成。

二、工作过程

（一）菌落总数

1. 原理

检测酒样经过处理，在一定条件下（如培养基成分、培养温

笔记随笔

度和培养时间等）培养后，所得每毫升检测酒样中形成的微生物菌落总数。

2. 试剂和仪器

除微生物实验室常规灭菌及培养设备外，其他试剂和仪器如下。

（1）培养基和试剂

①平板计数琼脂（PCA）培养基

a. 成分：胰蛋白胨 5.0g，酵母浸膏 2.5g，葡萄糖 1.0g，琼脂 15.0g，蒸馏水 1000mL。

b. 制法：将上述成分加于蒸馏水中，煮沸溶解，调节 pH 至（7.0±0.2）。分装于适宜容器，121℃高压灭菌 15min（营养琼脂培养基直接配制）。

②磷酸盐缓冲溶液

a. 储备液：称取磷酸二氢钾 34.0g 溶于 500mL 蒸馏水中，用大约 175mL 的 1mol/L 氢氧化钠溶液调节 pH，用蒸馏水稀释至 1000mL 后储存于冰箱。

b. 稀释液：取储备液 1.25mL，用蒸馏水稀释至 1000mL，分装于适宜容器中，121℃高压灭菌 15min。

③无菌生理盐水：称取 8.5g 氯化钠溶于 1000mL 蒸馏水中，121℃高压灭菌 15min。

④1mol/L 氢氧化钠：称取 40g 氢氧化钠溶于 1000mL 蒸馏水中。

⑤1mol/L 盐酸：移取浓盐酸 90mL，用蒸馏水稀释至 1000mL。

⑥菌落总数测试片：应符合 GB 4789.28—2024《食品安全国家标准 食品微生物学检验 培养基和试剂的质量要求》中平板计数琼脂培养基质量控制要求，且主要营养成分与平板计数琼脂培养基配方一致。

（2）仪器

①冰箱：2~5℃。

②恒温培养箱：（36±1）℃。

③恒温装置：（48±2）℃。

④天平：感量 0.1g。

⑤均质器，振荡器。

⑥放大镜或（和）菌落计数器。

笔记随笔

⑦无菌吸管：1mL（具 0.01mL 刻度）、10mL（具 0.1mL 刻度）或微量移液器及吸头。

⑧无菌锥形瓶：容量 250、500mL。

⑨无菌培养皿：直径 90mm。

⑩pH 计或 pH 比色管或精密 pH 试纸。

3. 操作步骤

（1）检测样稀释（正常的成品黄酒不用稀释直接取酒样 1mL 进行检测）

①以无菌吸管吸取 25mL 样品置于盛有 225mL 无菌磷酸盐缓冲溶液或无菌生理盐水的无菌锥形瓶（瓶内可预置适当数量的无菌玻璃珠）中，充分混匀，制成 1∶10 的样品匀液。

②用 1mL 无菌吸管或微量移液器吸取 1∶10 样品匀液 1mL，沿管壁缓慢注于盛有 9mL 稀释液的无菌试管中（注意吸管或吸头尖端不要触及管内稀释液面），在振荡器上振荡混匀，制成 1∶100 的样品匀液。

③按②操作程序，制备 10 倍系列稀释样品匀液。每递增稀释一次，换用 1 支 1mL 无菌吸管或 1 个吸头。

（2）加样　每个稀释度分别吸取 1mL 样品均匀液加入两个无菌平皿内。同时，分别吸取 1mL 空白稀释液加入两个无菌培养皿内作为空白对照。

及时将 15~20mL 冷却至 48℃左右的平板计数琼脂培养基［可放置于恒温装置：(48±2)℃中保温］倾注培养皿，并转动培养皿使其混合均匀。

（3）培养

①水平放置待琼脂凝固后，翻转平板，(36±1)℃培养（48±2）h。

②如果样品中可能含有在琼脂培养基表面弥漫生长的菌落时，可在凝固后的琼脂表面覆盖一薄层琼脂培养基（约 4mL），凝固后翻转平板，按①条件进行培养。

③如使用菌落总数测试片，应按照测试片所提供的相关技术规程操作。

（4）菌落计数　可用肉眼观察，必要时用放大镜或菌落计数器，记录稀释倍数和相应的菌落数量。菌落计数以菌落形成单位（colony-forming units，CFU）表示。

笔记随笔

①选取菌落数在30~300CFU、无蔓延菌落生长的平板计数菌落总数。低于30CFU的平板记录具体菌落数，大于300CFU的可记录为多不可计。每个稀释度的菌落数应采用两个平板的平均数。

②其中一个平板有较大片状菌落生长时，则不宜采用，而应以无片状菌落生长的平板作为该稀释度的菌落数；若片状菌落不到平板的一半，而其余一半中菌落分布又很均匀，即可计算半个平板后乘以2，代表一个平板菌落数。

③当平板上出现菌落间无明显界线的链状生长时，则将每条链作为一个菌落计数。

4. 结果的表述

（1）菌落总数的计算方法

①若只有一个稀释度平板上的菌落数在适宜计数范围内，计算两个平板菌落数的平均值，再将平均值乘以相应稀释倍数，作为每毫升中菌落总数结果。

②若有两个连续稀释度的平板菌落数在适宜计数范围内时，按式（5-25）计算：

$$N = \sum C / [(n_1 + 0.1n_2)d] \tag{5-25}$$

式中 N——样品中菌落；

$\sum C$——平板（含适宜范围菌落数的平板）菌落数之和；

n_1——第一稀释度（低稀释倍数）平板个数；

n_2——第二稀释度（高稀释倍数）平板个数；

d——稀释因子（第一稀释度）；

0.1——用来对第二个适宜稀释度的菌落数进行调整，以更准确地反映样品中的菌落总数。

示例：如表5-13所示。

表5-13 菌落计数表

稀释度	1∶100（第一稀释度）	1∶1000（第二稀释度）
菌落数	232，244	33，35

$$N = \sum C / [(n_1 + 0.1n_2)d]$$

$$= \frac{232 + 244 + 33 + 35}{[2 + (0.1 \times 2)] \times 10^{-2}} = 24727$$

上述数据经“四舍五入”后，表示为25000或2.5×10^4。

③若所有稀释度的平板上菌落数均大于 300CFU，则对稀释度最高的平板进行计数，其他平板可记录为多不可计，结果按平均菌落数乘以最高稀释倍数计算。

④若所有稀释度的平均菌落数均小于 30CFU，则应按稀释度最低的平均菌落数乘以稀释倍数计算。

⑤若所有稀释度（包括酒样原液）平板均无菌落生长，则以小于 1 乘以最低稀释倍数计算。

⑥若所有稀释度的平板菌落数均不在 30～300CFU，其中一部分小于 30CFU 或大于 300CFU 时，则以最接近 30CFU 或 300CFU 的平均菌落数乘以稀释倍数计算。

（2）菌落总数的报告

①菌落总数小于 100CFU 时，按“四舍五入”原则修约，以整数报告。

②菌落总数大于或等于 100CFU 时，第三位数字采用“四舍五入”方法修约后，采用两位有效数字，后面用 0 代替位数；也可用 10 的指数形式来表示，按“四舍五入”原则修约后，采用两位有效数字报告。

③若所有平板上为蔓延菌落而无法计数，则报告菌落蔓延。

④若空白对照上有菌落生长，则此次检验结果无效。

⑤体积取样以 CFU/mL 为单位报告。

5. 结果要求

细菌总数（CFU/mL）<50。

（二）大肠菌群测定

下述按 GB/T 4789. 3—2016《食品安全国家标准食品微生物学检验　大肠菌群计数》系列标准来阐述。

大肠菌群（Coliforms）即在一定条件下能发酵乳糖、产酸产气的需氧和兼性厌氧革兰氏阴性无芽孢杆菌。

1. 原理

MPN 法是统计学和微生物学结合的一种定量检测法。待测样品经系列稀释并培养后，根据其未生长的最低稀释度与生长的最高稀释度，应用统计学概率论推算出待测样品中大肠菌群的最大可能数。

2. 试剂和仪器

除微生物实验常规灭菌及培养设备外，设备和材料、培养基和

笔记随笔

平板计数琼脂培养基的配制、棉塞制作、器皿包扎

黄酒成品微生物检测：菌落总数的测定

笔记随笔

试剂如下。

（1）设备和材料

①冰箱：2~5℃。

②恒温培养箱：(36±1)℃。

③恒温水浴锅：(46±1)℃。

④均质器。

⑤pH 计或 pH 比色管或精密 pH 试纸。

⑥天平：感量 0.1 g。

⑦无菌吸管：1mL（具 0.01mL 刻度）、10mL（具 0.1mL 刻度）或微量移液器及吸头。

⑧ 无菌锥形瓶：容量 500mL。

⑨无菌培养皿：直径 90mm。

⑩振荡器。

（2）培养基和试剂

①月桂基硫酸盐胰蛋白胨（lauryl sulfate tryptose，LST）肉汤

a. 成分：胰蛋白胨或胰酪胨 20.0g；氯化钠 5.0g；乳糖 5.0g；磷酸氢二钾 2.75g；磷酸二氢钾 2.75g；月桂基硫酸钠 0.1g；蒸馏水 1000mL。

b. 制法：将上述成分溶解于蒸馏水中，调节 pH 至（6.8±0.2）。分装到有玻璃小倒管的试管中，每管 10mL。121℃高压灭菌 15min。

②煌绿乳糖胆盐（brilliant green lactose bile broth，BGLB）肉汤

a. 成分：蛋白胨 10.0g；乳糖 10.0g；牛胆粉溶液 200mL；0.1%煌绿水溶液 13.3mL；蒸馏水 800mL。

b. 制法：将蛋白胨、乳糖溶于约 500mL 蒸馏水中，加入牛胆粉溶液 200mL（将 20.0g 脱水牛胆粉溶于 200mL 蒸馏水中，调节 pH 至 7.0~7.5），用蒸馏水稀释至 975mL，调节 pH 至（7.2±0.1），再加入 0.1%煌绿水溶液 13.3mL，用蒸馏水补足到 1000mL，用棉花过滤后，分装到有玻璃小倒管的试管中，每管 10mL。121℃高压灭菌 15min。

③无菌磷酸盐缓冲液

a. 储备液：称取 34.0g 的磷酸二氢钾溶于 500mL 蒸馏水中，用大约 175mL 的 1mol/L 氢氧化钠溶液调节 pH 至（7.2±0.2），用蒸馏水稀释至 1000mL 后储存于冰箱。

b. 稀释液：取储备液 1.25mL，用蒸馏水稀释至 1000mL，分

笔记随笔

装于适宜容器中，121℃高压灭菌 15min。

④无菌生理盐水：称取 8.5g 氯化钠溶于 1000mL 蒸馏水中，121℃高压灭菌 15min。

⑤1mol/L 氢氧化钠溶液：称取 40g 氢氧化钠溶于 1000mL 蒸馏水中。

⑥1mol/L 盐酸溶液：移取浓盐酸 90mL，用蒸馏水稀释至 1000mL。

3. 操作步骤

（1）检测样稀释（正常的成品黄酒不用稀释直接取酒样 1mL 进行检测）

①以无菌吸管吸取检测样 25mL，放于含有 225mL 灭菌生理盐水或磷酸盐缓冲液的灭菌锥形瓶内（瓶内预置适当数量的玻璃珠），经充分混匀，制成 1∶10 的样品稀释液。

②样品均匀液的 pH 应在 6.5~7.5，必要时分别用 1mol/L 氢氧化钠或 1mol/L 盐酸调节。

③用 1mL 灭菌吸管吸取 1∶10 样品均匀液 1mL，沿管壁缓缓注入含有 9mL 灭菌生理盐水或磷酸盐缓冲液的试管内（注意吸管尖端不要触及稀释液面），振摇试管或换用 1 支 1mL 无菌吸管反复吹打，使其混合均匀，做成 1∶100 的样品匀液。

④根据对检测样品污染情况的估计，按上述操作，依次制成 10 倍递增系列稀释样品匀液。每递增稀释 1 次，换用 1 支 1mL 无菌吸管。从制备样品均匀液到样品接种完毕，全过程不得超过 15min。

（2）初发酵试验　每个样品，选择 3 个适宜的连续稀释度的样品匀液（液体样品可以选择原液），每个稀释度连续接种 3 管月桂基硫酸盐胰蛋白胨（LST）肉汤，每管接种 1mL（如接种量超过 1mL，则用双料 LST 肉汤），(36±1)℃培养（24±2）h，观察倒管内是否有气泡产生，（24±2）h 产气者进行复发酵试验（证实试验），如未产气则继续培养至（48±2）h。未产气者为大肠菌群阴性，产气者则进行复发酵试验。

（3）复发酵试验　用接种环从产气的 LST 肉汤管中分别取培养物一环，移种于煌绿乳糖胆盐（BGLB）肉汤管中，(36±1)℃培养（48±2）h，观察产气情况。产气者，计为大肠菌群阳性管。

4. 大肠菌群最可能数（MPN）的报告

根据大肠菌群 BGLB 阳性管数，查 MPN 检索（表 5-14），报告每毫升样品中大肠菌群的 MPN 值。

表 5-14 大肠菌群最可能数（MPN）的检索表

阳性管			MPN	95%可信限		阳性管			MPN	95%可信限	
0.10	0.01	0.001		下限	上限	0.10	0.01	0.001		下限	上限
0	0	0	<3.0	—	9.5	2	2	0	21	4.5	42
0	0	1	3.0	0.15	9.6	2	2	1	28	8.7	94
0	1	0	3.0	0.15	11	2	2	2	35	8.7	94
0	1	1	6.1	1.2	18	2	3	0	29	8.7	94
0	2	0	6.2	1.2	18	2	3	1	36	8.7	94
0	3	0	9.4	3.6	38	3	3	0	23	4.6	94
1	0	0	3.6	0.17	18	3	0	1	38	8.7	110
1	0	1	7.2	1.3	18	3	0	2	64	17	180
1	0	2	11	3.6	38	3	1	0	43	9	180
1	1	0	7.4	1.3	20	3	1	1	75	17	200
1	1	1	11	3.6	38	3	1	2	120	37	420
1	2	0	11	3.6	42	3	1	3	160	40	420
1	2	1	15	4.5	42	3	2	0	93	18	420
1	3	0	16	4.5	42	3	2	1	150	37	420
2	0	0	9.2	1.4	38	3	2	2	210	40	430
2	0	1	14	3.6	42	3	2	3	290	90	1 000
2	0	2	20	4.5	42	3	3	0	240	42	1 000
2	1	0	15	3.7	42	3	3	1	460	90	2 000
2	1	1	20	4.5	42	3	3	2	1 100	180	4 100
2	1	2	27	8.7	94	3	3	3	>1 100	420	—

注 1：本表采用 3 个稀释度［0.1、0.01、0.001mL］，每个稀释度接种 3 管。

注 2：表内所列检样量如改用 1、0.1 和 0.01mL 时，表内数字应相应降低 10 倍；如改用 0.01、0.001 和 0.0001mL 时，则表内数字应相应增高 10 倍，其余类推。

黄酒成品
微生物检测：
大肠菌群的测定

5. 结果要求

大肠菌群（MPN/mL）不得检出。

三、完成检验记录单

根据所学知识对成品黄酒菌落总数进行计算，并对检验结果进行判断，完成黄酒卫生指标检验原始记录单填写（表 5-15）。

表 5-15　黄酒卫生指标检验原始记录单

测定日期：　　　　　　　　　品名规格：　　　　　　　　　生产日期：

序号	平板菌落计数					检验结果	大肠菌群		检验结果	结果判断
	空白	1mL	1mL	0.1mL	0.1mL	菌落总数/（个/mL）	1mL	1mL	大肠菌群/（MPN/mL）	

笔记随笔

四、结果评价

按附录三“实施任务评价表”进行评价。

任务拓展

一、填空题

1. 菌落总数培养的温度与时间是________、________。

2. 大肠菌群复发酵试验的培养条件是：培养温度________、时间________，观察产气情况。

3. 菌落总数培养时水平放置待琼脂凝固后，________平板。

4. 平板中倒置的培养基约为________。

5. 金黄色葡萄球菌最适宜生长温度为________，pH 为________。

6. 大肠菌群 MPN 计数法采用两步法：________与________。

7. 大肠菌群平板计数法采用三步法：________、________和________。

8. 菌落总数的判定标准是菌落总数小于________CFU/mL。

二、判断题

1. 抑菌剂的主要作用是抑制其他杂菌，特别是革兰氏阳性菌

笔记随笔

的生长。(　　)

2. 大肠菌群检验中常用的抑菌剂有胆盐、十二烷基硫酸钠、洗衣粉、煌绿、龙胆紫、孔雀绿等。(　　)

3. 大肠菌群 MPN 计数法中 LST 肉汤利用十二烷基硫酸钠作为抑菌剂，BGLB 肉汤利用煌绿和胆盐作为抑菌剂。(　　)

4. 大肠菌群平板计数法中乳糖胆盐发酵管利用胆盐作为抑菌剂。(　　)

5. 菌落计数以菌落形成单位（colony-forming units，CFU）表示。(　　)

6. 平板计数琼脂（PCA）培养基配制时，调 pH 为 8.0。(　　)

三、简答题

1. 菌落总数检测原理是什么？
2. 大肠菌群检测原理是什么？

职业技能拓展

本任务成品黄酒卫生指标检验中有些微生物检测操作技能知识点是全国职业院校技能大赛（高职）生物技术竞赛与食品安全与质量检测竞赛考核的内容。相关知识到浙江省高等学校在线开放课程共享平台“黄酒检测技术”课程学习资源中去学习。

项目六

黄酒副产品检验

情境导入

黄酒副产品有黄酒酒糟、糟烧及老酒汗。目前对于黄酒企业而言，因受技术的限制，黄酒酒糟再利用价值不高，只是利用黄酒酒糟经蒸馏或再发酵后蒸馏，产生所得的白酒溶液俗称“糟烧”。黄酒煎酒时回收的酒精溶液，俗称“汗酒”“老酒汗”或“酒油”。“糟烧”与“汗酒”均归于中国蒸馏白酒的范畴。

笔记随笔

任务一
黄酒酒糟检验

任务要求

具体任务

根据教师提供的学习资料和网络教学资源，学生自学黄酒酒糟的知识，在教师的指导下完成学习汇报 PPT。根据黄酒酒糟残酒率检验的方法，制订黄酒酒糟检测方案，按照黄酒企业的规范操作，独立完成对黄酒酒糟检验任务，并填写检验报告。

任务目标

①了解黄酒酒糟成分及利用前景。

②掌握黄酒酒糟取样方法。

③掌握黄酒酒糟残酒率与蒸馏后固体酒糟中残余酒精含量检测操作流程及方法。

④了解黄酒酒糟淀粉含量检验操作流程与方法。

⑤培养学生具有节约、环保、创新的意识。

技能目标

①能对黄酒酒糟进行正确取样。

②能正确检验黄酒酒糟残酒率与蒸馏后固体酒糟中残余酒精含量。

知识准备

一、黄酒酒糟定义

黄酒发酵醪经固液分离后获得的固态物质。

二、黄酒酒糟的成分

黄酒酒糟是酿酒过程中产生的副产品，是由大米、黍米、小米等谷物经过微生物糖化、发酵压榨等过程处理后所形成的残渣。在酒类酿造过程中，它是产出最大的副产品。黄酒酒糟营养价值较高，含有丰富的淀粉、蛋白质、纤维素、活性因子，种类丰富的氨

笔记随笔

基酸和微量元素及少量酒精。

三、黄酒酒糟的应用

（一）酒糟作为动物饲料应用

酒糟浪费是大中型酿酒企业不可避免的重大问题，实现酒糟资源的综合利用将有助于酒产业的可持续发展。通过酒糟的饲料化利用为其“变废为宝”提供了一个可靠途径，可促进我国酿酒产业和畜养殖业形成良性农业生态循环。使用干燥、微生物发酵等多种技术手段可调制优质的酒糟饲料，酒糟作为非粮饲料资源的开发，既可缓解人畜争粮的矛盾，又能节约饲料成本，避免酒糟乱丢乱弃造成的环境压力，符合国家生态文明建设目标。

（二）酒糟在肥料方面的应用

以酒糟为原材料生产有机肥具有较高的利用价值，是实现酒糟大规模资源化利用的有效途径。堆肥起始阶段接种具有高效降解能力的微生物，加速堆肥启动并快速促进丢糟堆肥的腐熟。

（三）其他方面的处理应用

（1）利用酒糟生产高附加值的生化产品，如酒糟面膜。
（2）酒糟在食品方面处理应用如酒糟鱼、酒糟鸡等。
（3）培养食用菌。
（4）酒糟酿醋。
（5）酒糟再发酵后生产成糟烧。
（6）白酒工业再利用。
（7）沼气发酵。

任务实施

黄酒酒糟检验

一、要点

黄酒企业检测酒糟的残酒率主要目的是提高出酒率，为保证酒

笔记随笔

糟各项指标检测的准确性，必须做到酒糟取样具有代表性与检测操作时操作方法的准确性。

二、工作过程

（一）取样

黄酒酒糟每班为一批次，取板糟轧碎前、中、后各部分，对所取的每块板糟的中间及周边都应适当取样，共约250g。

（二）黄酒酒糟残酒率测定

1. 原理

黄酒酒糟中黄酒含量在100℃左右直接干燥的情况下所失去的物质的质量。

2. 仪器

（1）电子天平。

（2）鼓风电热恒温干燥箱。

（3）瓷盒。

3. 测定步骤

（1）称取试样　把所取样品用手碾碎，混匀后，准确称取5.0g试样于瓷盒中。

（2）干燥　把瓷盒放入事先预热到100~105℃的干燥箱内干燥3h后取出冷却。

（3）称重　在天平上称重为m。

4. 计算

残酒率按式（6-1）计算：

$$\text{残酒率}(\%) = \frac{5.0 - m}{5.0} \times 100 \tag{6-1}$$

式中　m——烘干后试样的质量，g。

结果保留一位小数。

5. 判定

绍兴加饭酒压榨后黄酒酒糟的残酒率一般为44%左右。

黄酒酒糟残酒率测定方法

（三）黄酒酒糟中淀粉含量检测

1. 原理

采用盐酸水解法水解淀粉为还原糖，用标准葡萄糖溶液进行滴

笔记随笔

定，费林溶液标定时消耗标准葡萄糖体积减去试样滴定时消耗标准葡萄糖体积，计算得到试样糖量，测出的糖量实际是包括还原糖在内的总糖量。

2. 试剂与仪器

（1）1∶4 的盐酸溶液　1 份的浓盐酸加入 4 份的水中。

（2）20% NaOH 溶液　称取 20g 氢氧化钠，加水溶解并稀释至 100mL。

（3）10g/L 亚甲基蓝指示剂　称取 1g 亚甲基蓝，溶于 100mL 水中。

（4）10g/L 酚酞指示剂　称取 1g 酚酞，溶于乙醇（95%），用乙醇（95%）稀释至 100mL。

（5）费林溶液

①费林甲液：称取硫酸铜（$CuSO_4 \cdot 5H_2O$）69.28g，加蒸馏水溶解并定容至 1000mL。

②费林乙液：称取酒石酸钾钠 346g 及氢氧化钠 100g，加蒸馏水溶解并定容至 1000mL，摇匀过滤，备用。

（6）2.0g/L 葡萄糖标准溶液　称取经 103～105℃烘干至恒重的无水葡萄糖 2.0g（精确至 0.0001g），加水溶解，并加浓盐酸 5mL，再用蒸馏水定容至 1000mL。

（7）实验室用电动粉碎机。

（8）具有塞子的 1m 长玻璃管。

（9）容量瓶 500mL。

（10）150mL 锥形瓶。

（11）50mL 酸式滴定管。

（12）三角漏斗。

（13）天平（感官 0.01g）。

（14）250mL 锥形瓶，电炉。

3. 测定步骤

（1）水解液制备　称取压榨酒糟 2.5g（吊糟烧前的酒糟称取 5.0g）于 250mL 锥形瓶中，加入（1+4）HCl 溶液 50mL，安装回流冷凝器（1m 长玻璃管），微沸（电炉或水浴）水解 30min，中和、过滤、定容至 500mL。与项目三任务一“大米粗淀粉的测定”相同。

（2）还原糖测定

①费林溶液标定：按项目一任务二“费林溶液的配制与标定”中用葡萄糖标准溶液标定费林溶液方法。记录消耗 2.0g/L 葡萄糖

笔记随笔

标准溶液体积为 V_0（mL）。

②试样测定

a. 预滴定：吸取费林甲溶液、乙溶液各 5mL 于 250mL 锥形瓶中，加入 10mL 水解糖液、10mL 水、2 滴亚甲基蓝指示剂，加热至沸，用 2.0g/L 葡萄糖标准溶液滴定到蓝色消失，消耗体积为 V_1（mL）。

b. 正式滴定：吸取费林甲溶液、乙溶液各 5mL，于 250mL 锥形瓶中加入水解糖液 10mL，加一定量水，使总体积与费林液标定时滴定的总体积基本一致［加水量（mL）= 10+（V_0-V_1）］。从滴定管中加入（V_1-1）mL 2.0g/L 葡萄糖标准溶液，煮沸 2min，加 2 滴亚甲基蓝指示剂，继续用葡萄糖标准溶液在 1min 内滴定至蓝色消失。消耗葡萄糖标准溶液体积为 V（mL）。

4. 计算

淀粉含量按式（6-2）计算：

$$\text{淀粉含量}(\%) = (V_0 - V) \times c \times \frac{500}{10 \times m} \times 0.9 \times 100 \qquad (6\text{-}2)$$

式中 V_0——标定费林液消耗葡萄糖标准溶液的体积，mL；
V——试样滴定时消耗葡萄糖标准溶液的体积，mL；
c——葡萄糖标准溶液浓度，g/L；
10——滴定时加入稀释样体积，mL；
500——稀释样品总体积，mL；
0.9——还原糖换算成淀粉的系数；
m——黄酒酒糟质量，g。

（四）蒸馏后固体酒糟中残余酒精含量检测

1. 原理

酒糟中残余酒精含量是衡量糟烧（白酒）蒸馏技术的一个重要指标。但酒糟中酒精含量甚低，采用比色法进行测定，重铬酸钾能把酒精氧化为乙酸，同时黄色的六价铬离子被还原为绿色的三价铬。该法对酒精的检测下限可达 0.02%，其反应式如下：

$$3CH_3CH_2OH+2K_2Cr_2O_7+8H_2SO_4 = 3CH_3COOH+2Cr_2(SO_4)_3+2K_2SO_4+11H_2O$$

2. 试剂与仪器

（1）0.1%（体积分数）酒精标准溶液　准确吸取 0.1mL 无水酒精，于 100mL 容量瓶中，用蒸馏水定容至刻度。

笔记随笔

（2）20g/L 重铬酸钾溶液　称取 2 g 重铬酸钾，溶于水，并稀释至 100mL。

（3）浓硫酸。

（4）722 型分光光度计。

（5）25mL 比色管。

（6）1、5mL 移液管。

3. 测定步骤

（1）标准曲线的绘制　在 6 支 25mL 的比色管中，分别加入 0、1mL、2mL、3mL、4mL、5mL 0.1%（体积分数）酒精标准溶液，分别补水至 5mL。各管中加入 1mL 20g/L 重铬酸钾溶液、5mL 浓硫酸，摇匀，于沸水浴中加热 10min，取出冷却。该标准系列管密闭塞住，可长期保存，或于波长 590nm、1cm 比色皿测吸光度，以乙醇体积分数为纵坐标，吸光度 A 为横坐标，绘制标准曲线。

（2）测定　称取 mg 酒糟进行蒸馏，得到酒糟馏出液 100mL，吸取 5mL 酒糟馏出液，于 25mL 比色管中，加 1mL 20g/L 的重铬酸钾溶液和 5mL 浓硫酸，摇匀，与标准系列管一同加热，冷却，目视比色或分光光度计比色测定。

4. 计算

酒精含量按式（6-3）计算：

$$\text{酒精含量（mL/100g）} = V \times 0.001 \times \frac{100}{5} \times \frac{100}{m} \qquad (6-3)$$

式中　V——酒样管与标准系列中颜色相当时标准酒精液的体积，或酒样管吸光度，查标准曲线求得酒精含量，mL；

0.001——标准酒精液的浓度，%vol；

5——吸取酒糟馏出液体积，mL；

100——酒糟馏出液总体积，mL；

m——酒糟质量，g；

100——换算成 100g。

（五）黄酒酒糟中纤维素含量测定

1. 原理

十二烷基三甲基溴化铵（CTAB）是一种表面活性剂，在 0.5mol/L 硫酸溶液中能使酒糟中的淀粉、蛋白质、多糖和核酸等组分水解、湿润、乳化、分散，而纤维素及木质素则很少变化，经

笔记随笔

过滤、洗涤、烘干后所得残渣即为粗纤维。

2. 试剂与仪器

（1）试剂

①0.5mol/L 硫酸溶液：取 27.87mL 浓硫酸，徐徐加入盛有 500mL 水的烧杯中，待溶液温度下降后用蒸馏水定容至 1000mL。

②酸性洗涤剂溶液：称取 20g 十二烷基三甲基溴化铵，用 0.5mol/L 硫酸溶液溶解，定容至 1000mL。

③其他：萘烷、丙酮等。

（2）仪器　鼓风恒温干燥箱，循环水真空泵 SHZ-D（Ⅲ），电子分析天平，粉碎机，回流装置，抽滤装置；30mL G1 玻璃砂芯坩埚，电炉，量筒，16 目筛。

3. 测定步骤

（1）将固体酒糟烘干粉碎并过 16 目（1mm 孔径）筛，在 100℃鼓风干燥箱中烘干 6h，移至干燥器内，冷却。

（2）称取 1g 干燥酒糟，加入 250mL 锥形瓶中（瓶壁不要黏附干燥酒糟），加入酸性洗涤剂溶液 100mL、萘烷（消泡剂）2mL，装好回流装置，加热，在 3~5min 内使混合液体沸腾，保持微沸状态 2h。

（3）用 95℃的热水洗涤过的玻璃砂芯坩埚 G1 过滤，用同样温度的热水洗涤锥形瓶，洗液并入坩埚过滤，热水用量为 300mL。

（4）用 50mL 丙酮分 2~3 次洗涤残留物，至流出的滤液无色为止。

（5）轻轻抽滤后，在鼓风干燥箱中以（103±2）℃将残留物与坩埚烘干至恒重，烘干时间为 6h；冷却后称重。

4. 计算

纤维素含量按式（6-4）计算：

$$X = \frac{m_1 - m_0}{m} \times 100 \quad (6-4)$$

式中　X——粗纤维质量分数，%；

m——为烘干酒糟质量，g；

m_0——为玻璃砂芯坩埚质量，g；

m_1——为玻璃砂芯坩埚与残渣质量，g。

三、完成检验记录单

根据所学知识对成品黄酒残酒率的理化检验数据进行计算，并对结果进行判断，完成检验报告单填写（表 6-1）。

表 6-1　黄酒酒糟残酒率检验报告单

生产车间		检验时间	
残酒率/%	瓷盒号		
	烘前酒糟重/g	5. 0	5. 0
	烘后酒糟重 m/g		
	残酒率（%）$=\frac{5.0-m}{5.0}\times100$		
	检验结果		
检验员		审核员	

任务拓展

笔记随笔

一、填空题

1. 黄酒酒糟每班为一批次，取板糟轧碎________、________、________各部分，对所取的每块板糟的________及________都应适当取样，共约________。

2. 酒糟中残余酒精含量采用比色法进行测定，对酒精的检测下限可达________。

二、判断题

1. 蒸馏后固体酒糟中残余酒精含量检测一般用重铬酸钾比色法。(　　)

2. 黄酒酒糟淀粉检测的方法黄酒企业采用酶法水解淀粉为还原糖。(　　)

3. 黄酒企业酒糟残酒率测定在 100～105℃ 的干燥箱内干燥时间为 3h。(　　)

4. 黄酒酒糟残酒率测定用烘干法。(　　)

三、名词解释

黄酒糟

笔记随笔

任务二
成品糟烧（白酒）检验

任务要求

具体任务

根据教师提供的学习资料和网络教学资源，学生自学成品糟烧（白酒）检验的知识，在教师的指导下完成学习汇报PPT。根据成品糟烧（白酒）检验的方法，制订成品糟烧（白酒）的检验方案，按照国家标准、企业标准及黄酒企业的规范操作，独立完成成品糟烧（白酒）的检验任务，并填写检验报告。

任务目标

①掌握成品糟烧（白酒）相关指标的检验原理。
②掌握成品糟烧（白酒）相关指标的检验操作方法与计算方法。
③掌握成品糟烧（白酒）相关标准。
④掌握检验安全规程。

技能目标

①能鉴别成品糟烧（白酒）理化指标。
②能鉴别成品糟烧（白酒）感官指标。
③能判定成品糟烧（白酒）品质的优劣。

知识准备

一、糟烧（白酒）的定义

以绍兴黄酒酿造后产生的黄酒糟为主要原料，以谷壳、玉米芯等为疏松剂，经固态发酵后蒸馏，不得直接或间接添加食用酒精及其他非自身发酵产生的呈香呈味物质，再经陈贮、勾调、过滤而成的酒精度不低于45%vol的原浆白酒。

二、糟烧（白酒）的检测指标

（一）白酒酒精度小知识

酒精度分为原度酒（指生产班组交库之酒）和降度酒［指在

笔记随笔

原度酒的基础上加浆（水）降度后的酒，或称市售酒精度]，各种香型的白酒对原度酒的要求略有不同，浓香型白酒为65%vol左右，清香型白酒为67%vol左右，酱香型白酒为53%~55%vol。原度酒酒精度低了，酒质差，易带来苦、涩味，同时有酒尾味，酸、醇含量较高；原度酒酒精度高，含挥发性的香味物质多，酒的进口香味好、味干净、爽快，但香味较短。所以在浓香型白酒的生产中，有分段摘酒（或量质摘酒）分质并坛的措施。一般分为酒头1kg左右，前段酒酒精度70%~73%vol，中段酒酒精度60%vol左右，后段酒在30%vol左右。前段酒为好酒，把它稀释到39%vol时具有不浑浊、进口喷香、后味净爽的特点；中段酒和后段酒一般作搭配酒或在组合中档酒时使用。市售酒精度在不断的变化中，20世纪60~70年代市售酒精度较高，清香型白酒最高的为65%vol，浓香型白酒为60%vol。20世纪80年代提出了白酒低度化，白酒酒精度逐渐下降，并把50%vol以上的白酒称为高度酒，中度酒是40%~50%vol，40%vol以下的称为低度酒。国家技术监督部门也按此制定质量等级标准。目前最低市售白酒酒精度为28%vol，主要市场在福建和东北地区，销售面不大数量不多，最受欢迎的是38%vol左右的低度酒，畅销全国，52%vol左右的白酒仍有较大市场。所谓白酒，实为蒸馏酒，就是要求要有较高的酒精度，中国人称白酒为烧酒是有一定道理的。酒精度30%vol以下的酒是酿造酒、配制酒、果酒等，不能再称其为白酒。白酒应降到哪种酒精度为好，要根据白酒的科技进步和市场接受程度而确定，不丢掉白酒的固有风格和特征，就不会失去市场。

（二）总酸

酸是糟烧（白酒）中的协调成分，恰当的含量可使酒体丰满、醇和、口感好，可以延长酒的后味，减弱酒的杂味，糟烧（白酒）中的总酸，包括甲酸、乙酸、丙酸、丁酸、戊酸、异戊酸、异丁酸、己酸、庚酸、辛酸等有机酸，分析结果是以乙酸表示。含量最多的是乙酸、乳酸、己酸和丁酸。糟烧（白酒）中的挥发酸以乙酸为主，含量为1.3~2.7g/L，低于清香型，高于浓香型。酸类物质是糟烧（白酒）中主要的呈味物质，也是主要香气成分的前体物质，一般说有什么样的酸，就有什么样的酯。有机酸对人体健康是有益的，如乙酸有帮助消化、有助于血管软化等作用。糟烧（白酒）中的酸可以延长后味，使口感甜、柔厚，但酸过高有压抑

笔记随笔

香味的作用，并带涩味；酸度低了味短、香大（暴），放香味快，所以糟烧（白酒）中含酸量都有一定的适当范围以保证酒的香和味。糟烧（白酒）总酸含量≥0.45g/L。

（三）总酯

酯是白酒中主要芳香成分，它是醇类和羧酸进行酯化反应的产物。总酯是白酒中含酯的总量，以乙酸乙酯表示其含量。总酯以低碳酸乙酯含量为最高，这是中国白酒的重要特征，也是区别于国外蒸馏酒的主要特点。

酯类含量占总微量成分含量的40%以上，其中含量最高的是清香型白酒，酯类在5.6g/L左右，占总微量成分的65.5%；其次是浓香型白酒酯类在5g/L左右，占总微量成分的60%；酱香型白酒酯类在4g/L左右，占总微量成分的43%。在酯类中浓香型白酒以己酸乙酯含量为最高，构成其主体香味成分或特征型的香味成分；清香型白酒以乙酸乙酯构成其主体香味成分或特征型的香味成分；酱香型白酒的乙酸乙酯和乳酸乙酯含量均较高，但不是构成其主体香味的主要成分，只是呈味和辅助香味物质；药香型的董酒和兼香型的白云边都含有数量不少的酯类物质。糟烧（白酒）中乙酸乙酯含量，明显高于浓香型白酒，但低于清香型白酒。糟烧（白酒）中乳酸乙酯的含量≥0.30g/L，仅次于乙酸乙酯，乳酸乙酯沸点较高，气味相对较弱，味微甜，在酒中表现的气味特征不如乙酸乙酯强烈。由于它的不挥发性并有羟基，能和多种成分发生亲和作用，它对酒的后味起到缓冲作用，酒中没了它就缺少醇厚感，但过量则出现苦涩味与粗糙感。白酒的酯类都为有益成分，含量少了酒的香味淡薄，形不成白酒的风格和典型特征；含量高了会显得香味单一糙辣，不丰满，不谐调等，所以酯类在各香型白酒中都有一个适宜自己特征的含量范围和固定的量比关系，突破了这个范围和量比关系，酒就会改变类型，风格也会有所改变。在糟烧（白酒）中乙酸乙酯和乳酸乙酯的比例为1：（0.2~0.6），乙酸乙酯为清香，乳酸乙酯为糟香，它们的含量与比例关系构成糟烧（白酒）独特的风格。酒体设计就是人为地改变它们的适宜范围和固定的量比关系，重新选择适宜的范围和量比关系，创造新的风格和品牌。糟烧（白酒）总酯含量≥0.70g/L。

（四）酸酯总量

有机酸是白酒香味的重要物质，与其物质中和能使酒体更加协

笔记随笔

调，消除白酒苦味使口感丰满柔和，还是白酒很好的老熟催化剂。但酸含量过高，酒的口感就会变得粗糙，香味不正，且容易上头，酒中的乳酸分为两种：L 型和 D 型，L 型不上头，味觉舒适；D 型则反之，容易诱发头痛。所以控制好乳酸 L 型、D 型的比例，让 L 型大于 D 型就能有效缓解头痛，味觉不适等现象。

白酒中的酯类物质则能抑制麻醉神经系统，降低饮酒后的头痛感，饮酒后还能激活乙醇代谢酶（乙醇脱氢、乙醛脱氢）的活性，加快解酒，被人体吸收还能代谢分解成高级脂肪酸，有助于抑制胆固醇，降低冠心病的概率。

酸酯总量是白酒检测中主要的理化指标之一。不同等级的白酒有不同的酸酯要求，酸酯总量优级高于一级。高酯高酸、酯酸同高对人体健康较有益、身体影响最低。近年来市场的低档产品大量勾兑酯类产品，破坏了酸酯平衡，因而容易造成口味以及饮后的不良反应。

（五）固形物

固形物或称不挥发物，能溶在不同浓度的白酒中，但又是不挥发的物质，如钙盐和镁盐等以及很微量的金属元素、高级脂肪酸、酯类、多元醇类、糖类等。它们是能溶于白酒中、在 100~105℃时不挥发的物质，经检测证明含这些物质很微量时对酒的质量有一定的好处，并认为白酒的陈味（老酒香味）与微量（以 mg/L 计）的金属元素有密切关系，含量高了当然不利于糟烧（白酒）的质量，甚至不属蒸馏酒了。为了区别蒸馏酒和配制酒、果露酒，国家标准化管理委员会和国家市场监督管理局规定了白酒的固形物含量，高度白酒不能超过 0.4g/L，低度白酒不能超过 0.7g/L，并规定在白酒的勾兑中不允许添加非发酵性物质，以确保白酒的质量。另外固形物含量偏高，容易在货架期内产生沉淀物，即酒装瓶出售两三个月后出现沉淀物的现象。固形物的主要来源是由加浆水（即降度用水）带来的，为了降低白酒中固形物的含量，采用了过滤水或纯净水加浆降度，起到了很好的作用。糟烧（白酒）固形物含量≤0.40g/L。

（六）甲醇

甲醇在传统固态法生产的白酒中均有一定的含量，正常的一般在 0.06g/L 左右，新型的在 0.02g/L，GB 2757—2012《食品安全国家标准 蒸馏酒及其配制酒》规定以粮谷类为原料者不得超过

笔记随笔

0.6g/L，其他原料不得超过2.0g/L。实际含量为标准的1/10。甲醇对人体的毒性作用比较大，含量在4～10g可引起严重中毒。甲醇在人体内有积累作用，不易排出体外，而且它在体内代谢产物的氧化物甲酸和甲醛的毒性更大，比甲醇的毒性大得多，因此即使极少量的甲醛也会引起慢性中毒，如头晕、头痛、视力模糊、耳鸣，直到双目失明。严重的急性中毒会出现恶心、胃痛、呼吸困难、昏迷，甚至死亡等，所以要求在白酒中尽可能地降低甲醇含量，极力研究试验不含甲醇的白酒，这是中国白酒的前进方向。糟烧（白酒）甲醇含量≤0.60g/L（按100%vol酒精度折算）。

任务实施

成品糟烧（白酒）检验

一、要点

依据GB/T 10345—2022《白酒分析方法》与团体标准T/ZZB 1594—2020《糟烧（白酒）及黄酒企业成品糟烧（白酒）的内控标准要求》对糟烧（白酒）的感官指标与理化指标进行分析，理化指标包括酒精度、总酸、总酯、酸酯总量、固形物、甲醇等指标。

二、工作过程

（一）感官指标

正确辨认糟烧（白酒）鉴定的标准，对色、香、味、格进行感官鉴定（表6-2）。

表6-2 糟烧（白酒）感官鉴定的标准

项目	检验方法及特征
色泽	无色或微黄色，清亮透明，无悬浮物，无沉淀，无杂质
香气	具有特有的绍兴黄酒糟香气，香气纯正、协调、浓郁
口味	酒体柔和、醇甜、回味悠长
风格	具有糟烧白酒的典型风格

笔记随笔

（二）理化指标

1. 成品糟烧（白酒）酒精度检测（酒精计法）

（1）原理　用蒸馏法去除样品中的不挥发性物质，用精密酒精计读取酒精体积分数示值和温度计的示值，然后查表进行温度校正，求得在20℃时乙醇含量的体积分数，即为酒精度。

（2）仪器

①全玻璃蒸馏器：500mL。

②200mL量筒、容量瓶。

③精密酒精计：分度值为0.1%vol。

④温度计：分度值为0.1℃。

（3）酒样液的制备　用一洁净、干燥的200mL容量瓶，准确量取样品200mL于500mL蒸馏瓶中，用50mL水分三次冲洗容量瓶，洗液并入500mL蒸馏瓶中，加几颗玻璃珠，连接冷凝管，以取样用的原容量瓶作接收器（外加冰浴），开启冷却水，缓慢加热蒸馏，收集馏出液。当接近刻度时，取下容量瓶，加水至刻度，混匀，备用。

（4）实验步骤　将馏出液注入洁净、干燥的200mL量筒中，静置数分钟，待酒中气泡消失后，放入洗净、擦干的酒精计，再轻轻按一下，不接触量筒壁，同时插入温度计，平衡大约5min，水平观测，读取与弯月面相切处的刻度示值，同时记录温度。根据测得的温度和酒精计示值，查附录一换算成20℃时样品的酒精度。所得结果应保留一位小数。

（5）精密度　在重复性条件下获得的两次独立测定结果的绝对差值不应超过平均值的0.5%vol。

注：试样的酒精度按照GB 5009.225—2016《食品安全国家标准　酒中乙醇浓度的测定》测定。

2. 成品糟烧（白酒）总酸检测

（1）指示剂法

①原理：糟烧（白酒）中的有机酸，以酚酞为指示剂，采用氢氧化钠溶液进行中和滴定，以消耗氢氧化钠标准滴定溶液的量计算总酸的含量。

②试剂与设备

a. 10g/L酚酞指示剂。

笔记随笔

b. 0.1mol/L 氢氧化钠标准溶液。

c. 250mL 锥形瓶。

d. 50.0mL 移液管。

e. 吸耳球。

f. 25mL 碱式滴定管。

③实验步骤：吸取酒样 50.0mL 于 250mL 锥形瓶中，加入酚酞指示剂 2 滴，以 0.1mol/L 氢氧化钠标准溶液滴定至微红色 30s 不褪色为其终点，记录消耗氢氧化钠标准滴定溶液的体积（mL）V_1。

④结果计算：酒样中总酸的质量浓度按式（6-5）计算。

$$X = \frac{c_1 \times V_1 \times 60}{50.0} \tag{6-5}$$

式中 X——酒样中总酸的质量浓度（以乙酸计），g/L；

c_1——氢氧化钠标准溶液的浓度，mol/L；

V_1——测定时消耗氢氧化钠标准溶液的体积，mL；

60——乙酸的摩尔质量的数值，g/mol；

50.0——吸取样酒样的体积，mL。

所得结果应保留两位小数。

糟烧（白酒）总酸的测定方法——指示剂法

⑤精密度：在重复性条件下获得的两次独立测定结果的绝对差值不应超过平均值的 2%。

（2）电位滴定法

糟烧（白酒）总酸的检测方法——电位滴定法

①原理：白酒中的有机酸，以酚酞为指示剂，用氢氧化钠标准溶液中和滴定，当滴定接近等当点时，利用 pH 变化指示终点。

②试剂与仪器

a. 0.1mol/L 氢氧化钠标准溶液：按 GB/T 601—2016《化学试剂 标准滴定溶液的制备》进行配制与标定。

b. 电位滴定仪（或酸度计）：精度 2mV。

③实验步骤：按使用说明书安装调试仪器，根据液体温度进行校正定位。

吸取样品 50.0mL 于 100mL 烧杯中，插入电极，放入一枚转子，置于电磁搅拌器上，开始搅拌，初始阶段可快速滴加 0.1mol/L NaOH 标准溶液，当显示 pH8.00 后，放慢滴定速度，每次滴加 0.5 滴溶液，直至 pH9.00 为其终点，记录消耗氢氧化钠标准滴定溶液的体积。

④结果计算：同总酸指示剂法。

笔记随笔

⑤精密度：同总酸指示剂法。

3. 成品糟烧（白酒）总酯的检测

（1）指示剂法

①原理：用碱中和样品中的游离酸，再准确加入一定量的碱，加热回流使酯类皂化。用硫酸标准滴定溶液进行中和滴定，通过消耗酸的量计算出总酯的含量。

②试剂与仪器

a. 10g/L 酚酞指示剂：按 GB/T 603—2023 配制。

b. 0.1mol/L 氢氧化钠标准溶液：按 GB/T 601—2016 配制与标定。

c. 0.1mol/L 硫酸标准溶液：按 GB/T 601—2016 配制与标定。

d. 乙醇溶液 95%（体积分数，余同）：量取 950mL 乙醇，加入 50mL 水，混匀。

e. 3.5mol/L 氢氧化钠溶液：称取 110g 氢氧化钠，溶于 100mL 无二氧化碳的水中，摇匀，注入聚乙烯容器中，密闭放置至溶液清亮，量取上层清液 18.9mL，用无二氧化碳的水稀释至 100mL，摇匀。

f. 40% 乙醇（无酯）溶液：量取 95% 乙醇溶液 600mL 于 1000mL 回流瓶中，加入氢氧化钠溶液（3.5mol/L）5mL，加热回流皂化 1h。然后移入全玻璃蒸馏器中重蒸，再配成乙醇（无酯）溶液（40%，体积分数）。

g. 全玻璃蒸馏器：500mL。

h. 全玻璃回流装置：回流瓶 1000mL、250mL（冷凝管不短于 45cm）。

i. 碱式滴定管：25mL。

j. 酸式滴定管：25mL。

③实验步骤：吸取酒样 50.0mL 于 250mL 回流瓶中，加入酚酞指示剂 2 滴，以 0.1mol/L 氢氧化钠标准溶液滴定至微红色（切勿过量），记录消耗氢氧化钠标准溶液的毫升数（也可作为总酸含量计算）。再准确加入 0.1mol/L 氢氧化钠标准溶液 25.00mL（若酒样品中总酯含量高时，可加入 50.00mL），摇匀，装上冷凝管，在沸水浴中回流 0.5h，取下，冷却。然后，用 0.1mol/L 硫酸标准溶液进行滴定，使红色刚好完全消失为其终点，记录消耗 0.1mol/L 硫酸标准溶液的体积 V_1。同时吸取乙醇（无酯）溶液 50mL，按上述

笔记随笔

方法同样操作做空白试验，记录消耗硫酸标准滴定溶液的体积 V_0。

④结果计算：酒样中总酯的质量浓度按式（6-6）计算：

$$X_1 = \frac{c_2 \times (V_0 - V_1) \times 88}{50.0} \tag{6-6}$$

式中 X_1——酒样中总酯的质量浓度（以乙酸乙酯计），g/L；

c_2——硫酸标准溶液的实际浓度，mol/L；

V_0——空白试验样品消耗硫酸标准滴定溶液的体积，mL；

V_1——样品消耗硫酸标准滴定溶液的体积，mL；

88——乙酸乙酯的摩尔质量，g/mol；

50.0——吸取酒样的体积，mL。

所得结果应保留两位小数。

糟烧（白酒）总酯的测定方法——指示剂法

糟烧（白酒）总酸的检测方法——电位滴定法

⑤精密度：在重复性条件下获得的两次独立测定结果的绝对差值，不应超过平均值的 2%。

（2）电位滴定法

①原理：先用碱中和白酒中游离酸，再准确加入一定量（过量）的碱，加热回流使酯类皂化，用硫酸标准滴定溶液进行中和滴定，以 pH 8.7 为指示终点，以消耗硫酸标准滴定溶液的量计算总酯的含量。

②试剂与仪器

a. 试剂与仪器同中和滴定法。

b. 自动电位滴定仪（或附电磁搅拌器的酸度计）：精度 0.01pH。

c. 复合电极。

③测定步骤

a. 吸取酒样 50.0mL 于 250mL 回流瓶中，加入酚酞指示剂 2 滴，以 0.1mol/L 氢氧化钠标准溶液滴定至粉红色（切勿过量），记录消耗氢氧化钠标准滴定溶液的体积。然后将样液转移至蒸馏瓶中，并用少量的水分次冲洗烧杯，并转移至蒸馏瓶中。

b. 再准确加入氢氧化钠标准滴定溶液 25.00mL（若样品总酯含量高时，可加入 50.00mL），摇匀，放入几颗沸石或玻璃珠，装上冷凝管（冷却水温度宜低于 15℃），于沸水浴上回流 30min，取下，冷却。将样液移入 100mL 小烧杯中，用 10mL 水分次冲洗回流瓶，洗液并入小烧杯。插入电极，放入一枚磁力搅拌子，置于电磁搅拌器上，开始搅拌，初始阶段可快速滴加硫酸标准滴定溶液，当样液 pH = 9.00 后，放慢滴定速度，每次滴加半滴溶液，直至 pH =

笔记随笔

8.70 为其终点，记录消耗硫酸标准滴定溶液的体积 V_1。

c. 同时吸取乙醇（无酯）溶液（40%，体积分数）50.00mL。按上述方法同样操作做空白试验，记录消耗硫酸标准滴定溶液的体积 V_0。

④结果计算：与总酯指示剂法的计算方法相同。

⑤精密度：与总酯指示剂法的精密度相同。

4. 成品糟烧（白酒）酸酯总量的检测

（1）指示剂法

①原理：以碱中和试样中的游离酸，再加入一定量的碱，加热回流使酯类皂化，以酸中和剩余的碱。通过计算碱的总消耗量得出酸酯总量。

②试剂与仪器

a. 10g/L 酚酞指示剂：按 GB/T 603—2023 配制。

b. 0.1mol/L 氢氧化钠标准溶液：按 GB/T 601—2016 配制与标定。

c. 0.1mol/L 硫酸标准溶液：按 GB/T 601—2016 配制与标定。

d. 乙醇溶液（95%，体积分数）：量取 950mL 乙醇，加入 50mL 水，混匀。

e. 3.5mol/L 氢氧化钠溶液：称取 110g 氢氧化钠，溶于 100mL 无二氧化碳的水中，摇匀，注入聚乙烯容器中，密闭放置至溶液清亮，量取上层清液 18.9mL，用无二氧化碳的水稀释至 100mL，摇匀。

f. 40%vol 乙醇（无酯）溶液：量取 95% 乙醇溶液 600mL 于 1000mL 回流瓶中，加入氢氧化钠溶液 5mL 加热回流皂化 1h。然后移入全玻璃蒸馏器中重蒸，再配成乙醇（无酯）溶液（40%vol）。

g. 全玻璃蒸馏器：500mL。

h. 全玻璃回流装置：回流瓶 1000mL、250mL（冷凝管不短于 45cm）。

i. 碱式滴定管：25mL。

j. 酸式滴定管：25mL。

③实验步骤

a. 以碱中和试样中的游离酸：吸取酒样 50.0mL 于 250mL 回流瓶中，加入酚酞指示剂 2 滴，以 0.1mol/L 氢氧化钠标准溶液滴定至粉红色（切勿过量），记录消耗氢氧化钠标准滴定溶液的体积 V_1。

笔记随笔

b. 加热回流及中和剩余的碱：准确加入 0.1mol/L 氢氧化钠标准溶液 25.00mL（若酒样品中总酯含量高时，可加入 50.00mL），摇匀，装上冷凝管，在沸水浴中回流半小时，取下，冷却。然后，用 0.1mol/L 硫酸标准溶液进行滴定，使红色刚好完全消失为其终点，记录消耗 0.1mol/L 硫酸标准溶液的体积 V_2。同时吸取 40%乙醇（无酯）溶液 50mL，按上述方法同样操作做空白试验，记录空白试验消耗硫酸标准滴定溶液的体积 V_0。

④结果计算：样品中的酸酯总量按式（6-7）计算：

$$X_2 = \frac{[c_1 \times V_1 + c_2 \times (V_0 - V_2)] \times 1000}{50.0} \quad (6-7)$$

式中 X_2——样品中的酸酯总量，mmol/L；

c_1——氢氧化钠标准滴定溶液的实际摩尔浓度，mol/L；

V_1——样品中总酸所消耗的氢氧化钠标准滴定溶液的体积，mL；

c_2——硫酸标准滴定溶液的实际摩尔浓度，mol/L；

V_0——空白试验样品消耗硫酸标准滴定溶液的体积，mL；

V_2——样品消耗硫酸标准滴定溶液的体积，mL；

50.0——吸取样品的体积，mL。

计算结果保留至一位小数。

⑤精密度：在重复性条件下获得的两次独立测定结果的绝对差值，不应超过平均值的 2%。

（2）电位滴定法

①原理：以碱中和试样中的游离酸，再加入一定量的碱，加热回流使酯类皂化，以酸中和剩余的碱。通过计算碱的总消耗量得出酸酯总量。

②试剂与仪器：同成品糟烧（白酒）总酯的检测电位法。

③实验步骤：按使用说明书安装调试仪器，根据液体温度进行校正定位。

a. 以碱中和试样中的游离酸：吸取酒样 50.0mL 于 100mL 烧杯中，插入电极，放入一枚转子，置于电磁搅拌器上，开始搅拌，初始阶段可快速滴加 0.1mol/L NaOH 标准溶液，当显示 pH8.00 后，放慢滴定速度，每次滴加 0.5 滴溶液，直至 pH 9.00 为其终点，记录消耗氢氧化钠标准滴定溶液的体积 V_1，然后将样液转移至蒸馏瓶中，并用少量的水分次冲洗烧杯，并转移至蒸馏瓶中。

笔记随笔

b. 加热回流及中和剩余的碱：准确加入0.1mol/L氢氧化钠标准滴定溶液25.00mL（若酒样总酯含量高时，可加入50.00mL），摇匀，放入几颗沸石或玻璃珠，装上冷凝管（冷却水温度宜低于15℃），于沸水浴上回流30min，取下，冷却。将样液移入100mL小烧杯中，用10mL水分次冲洗回流瓶，洗液并入小烧杯。插入电极，放入一枚磁力搅拌子，置于电磁搅拌器上，开始搅拌，初始阶段可快速滴加硫酸标准滴定溶液，当样液pH=9.00后，放慢滴定速度，每次滴加半滴溶液，直至pH=8.70为其终点，记录消耗硫酸标准滴定溶液的体积V_2。

c. 同时吸取乙醇（无酯）溶液（40%vol）50.00mL：按上述方法同样操作做空白试验，记录消耗硫酸标准滴定溶液的体积V_0。

④结果计算：同酸酯总量的检测指示剂法。

⑤精密度：同酸酯总量的检测指示剂法。

5. 成品糟烧（白酒）固形物的检测

（1）原理　糟烧（白酒）经蒸发，烘干后，不挥发性物质残留于皿中，用称量法测定。

（2）仪器

①电热干燥箱：控温精度±2℃。

②分析天平：感量0.1mg。

③瓷蒸发皿：100mL。

④干燥器：用变色硅胶作干燥剂。

（3）分析步骤　吸取酒样50.0mL，注入已烘干至恒重的100mL瓷蒸发皿内，置于沸水浴（加热器）上，蒸发至干，然后将蒸发皿放入（103±2）℃电热干燥箱内烘5h，取出，置于干燥器内冷却30min，称量。

糟烧（白酒）固形物测定

（4）结果计算

酒样中固形物的质量浓度按式（6-8）计算。

$$X = \frac{m_1 - m_0}{50.0} \times 1000 \qquad (6-8)$$

式中　X——酒样中固形物的质量浓度，g/L；

m_1——烘后固形物和蒸发皿的质量，g；

m_0——恒重蒸发皿的质量，g；

50.0——吸取酒样的体积，mL；

1000——换算系数。

笔记随笔

所得结果应保留两位小数。

（5）精密度　在重复性条件下获得的两次独立测定结果的绝对差值不应超过平均值的2%。

6. 成品糟烧（白酒）甲醇检测

糟烧（白酒）中的甲醇是由于原料中所含果胶质在发酵过程中分解而产生的。甲醇是糟烧（白酒）的主要杂质，它对人体有严重影响，因此食品安全国家标准对甲醇的含量有严格的规定。团体标准 T/ZZB 1594—2020《糟烧（白酒）》规定甲醇的含量不得超过0.6g/L。因此，测定糟烧（白酒）中的甲醇含量对于维护消费者的身体健康具有很重要的现实意义。目前企业糟烧（白酒）甲醇的测定依据 GB 5009.266—2016 规定的方法检测。

（1）原理　酒样被气化后，随同载气同时进入色谱柱，利用被测定的各组分在气液两相中具有不同的分配系数，在柱内形成迁移速度的差异而得到分离。分离后的组分先后流出色谱柱，进入氢火焰离子化检测器，根据色谱图上各组分峰的保留值与标样相对照进行定性，利用峰面积（或峰高），以内标法定量。

（2）试剂与仪器

①乙醇：色谱纯

②乙醇溶液（40%，体积分数）：量取40mL乙醇，用蒸馏水定容至100mL，混匀。

③甲醇（CH，O，CAS号：67-56-1）：纯度≥99%。或经国家认证并授予标准物质证书的标准物质。

④叔戊醇（C；H：O，CAS号：75-85-4）：纯度≥99%。

⑤标准溶液配制

a. 甲醇标准储备液（5000mg/L）：准确称取0.5g（精确至0.001g）甲醇至100mL容量瓶中，用乙醇溶液定容至刻度，混匀，0~4℃低温冰箱密封保存。

b. 叔戊醇标准溶液（20000mg/L）：准确称取2.0g（精确至0.001g）叔戊醇至100mL容量瓶中，用乙醇溶液定容至100mL，混匀，0~4℃低温冰箱密封保存。

c. 甲醇系列标准工作液：分别吸取0.5mL、1.0mL、2.0mL、4.0mL、5.0mL甲醇标准储备液，于5个25mL容量瓶中，用乙醇溶液定容至刻度，依次配制成甲醇含量为100mg/L、200mg/L、400mg/L、800mg/L、1000mg/L系列标准溶液，现配现用。

笔记随笔

⑥气相色谱仪：氢火焰离子化检测器（FID）。

⑦分析天平：感量为0.1mg。

（3）测定步骤

①仪器参考条件

色谱柱：聚乙二醇石英毛细管柱，柱长60m，内径0.25mm，膜厚0.25μm，或等效柱。

色谱柱温度：初温40℃，保持1min，以4.0℃/min升到130℃，以20℃/min升到200℃，保持5min。

检测器温度：250℃。

进样口温度：250℃。

载气流量：1.0mL/min。

进样量：1.0μL。

分流比：20∶1。

②试样前处理：吸取糟烧（白酒）10.0mL于试管中，加入0.10mL叔戊醇标准溶液，混匀，备用，

③标准曲线制作：分别吸取10mL甲醇系列标准工作液于5个试管中，然后加入0.10mL叔戊醇标准溶液，混匀，测定甲醇和内标叔戊醇色谱峰面积，以甲醇系列标准工作液的浓度为横坐标，以甲醇和叔戊醇色谱峰面积的比值为纵坐标，绘制标准曲线。

④糟烧（白酒）测定：将制备的糟烧（白酒）溶液注入气相色谱仪中，以保留时间定性，同时记录甲醇和叔戊醇色谱峰面积的比值，根据标准曲线得到待测液中甲醇的浓度。

（4）结果计算

①试样中甲醇的含量按式（6-9）计算：

$$X=\rho \tag{6-9}$$

式中　X——试样中甲醇的含量，mg/L；

ρ——从标准曲线得到的试样溶液中甲醇的浓度，mg/L。

计算结果保留三位有效数字。

②试样中甲醇含量（测定结果需要按100%酒精度折算时）按式（6-10）计算：

$$X=\frac{\rho}{C\times 1000} \tag{6-10}$$

式中　X——糟烧（白酒）中甲醇的含量，g/L；

ρ——从标准曲线得到的糟烧（白酒）溶液中甲醇的浓度，

笔记随笔

mg/L；

C——糟烧（白酒）的酒精度；

1000——换算系数。

计算结果保留三位有效数字。

（5）精密度　在重复性测定条件下获得的两次独立测定结果的绝对差值不超过其算术平均值的10%。

注：氰化物按GB 5009.36—2023《食品安全国家标准　食品中氰化物的测定》规定的方法检测；污染物限量按GB 2762—2022《食品安全国家标准　食品中污染物限量》规定的方法检测。

阅读材料

色谱仪产生过程

马丁于1910年3月1日出生于英国伦敦，早年就读于著名的贝德福德学校。在学校。他的物理、化学成绩总是名列前茅。1929年进入剑桥大学学习，1932年大学毕业，1935年与1936年先后拿到了硕士与博士学位。辛格1914年出生于英国利物浦，1936年他从剑桥大学毕业，1939年获得了硕士学位。1941年，马丁、辛格联合发表了一篇关于分配层析法的文章，因此，辛格获得了博士学位。

1937年，马丁到剑桥大学与辛格共事，1938年他们制成第一台液相色谱仪。1940年，马丁设计出一台适用分配色谱仪。1943年，辛格离开利兹，但他还是与马丁合作，继续对分配层析法进行探索。1944年马丁等在上述探索的基础上，用普通滤纸代替硅胶作为载体，也获得了成功。1952年诺贝尔化学奖授予了马丁与辛格。

三、完成检验记录单

根据所学知识对成品糟烧（白酒）各指标的理化检验数据进行计算，并对结果进行判断，完成检验报告单填写（表6-3）。

表 6-3 成品糟烧（白酒）检验报告单

测定项目	测定参数	测定值		测定结果
		1	2	
酒精度/（%vol）	酒精计读数			
	温度计读数/℃			
	酒精值			
总酸/（g/L）	吸取酒样体积 50.0mL			
	氢氧化钠标准液浓度 c_1/（mol/L）			
	滴定消耗氢氧化钠标准液体积 V_1/mL			
	$总酸 = \frac{c_1 \times V_1 \times 60}{50.0}$			
总酯/（g/L）	吸取酒样体积 V/mL			
	硫酸标准溶液的浓度 c_2/（mol/L）			
	空白消耗硫酸标准溶液的体积 V_0/mL			
	样品消耗硫酸标准液的体积 V_2/mL			
	$总酯 = \frac{c_2 \times (V_0 - V_2) \times 88}{50.0}$			
酸酯总量/（mmol/L）	$酸酯总量 = \frac{[c_1 \times V_1 + c_2 \times (V_0 - V_2)] \times 1000}{50.0}$			
固形物/（g/L）	烘后固形物和蒸发皿的质量 m_1/g			
	恒重蒸发皿的质量 m_0/g			
	吸取酒样的体积为 50.0mL			
	$固形物 = \frac{m_1 - m_0}{50.0} \times 1000$			
甲醇/（g/L）	由气相色谱仪测定			
灌装容量	实际测定平均偏差/mL			
感官	色		香	
	味		格	
结果结论		检验日期		检验员

四、结果评价

按附录三“实施任务评价表”进行评价。

笔记随笔

任务拓展

一、填空题

1. 20世纪80年代提出了白酒低度化，白酒酒精度逐渐下降，并把________以上的白酒称为高度酒，中度酒是________，________以下的称为低度酒。

2. 白酒的固形物含量，高度白酒不能超过________，低度白酒不能超过________。

3. 糟烧（白酒）中乙酸乙酯含量高于____________，但低于________。

4. 糟烧（白酒）中乙酸乙酯和乳酸乙酯的比例为________。

5. 团体标准 T/ZZB 1594—2020《糟烧（白酒）》规定甲醇的含量不得超过________。

二、判断题

1. 糟烧（白酒）中的总酸，分析结果是以乙酸表示的。(　　)

2. 糟烧（白酒）中的总酸，含量最多的是已酸和丁酸。(　　)

3. 糟烧（白酒）中乳酸乙酯在酒中表现的气味特征不如乙酸乙酯强烈。(　　)

4. 糟烧（白酒）中乙酸乙酯为清香，乳酸乙酯为糟香。(　　)

三、名词解释

糟烧（白酒）

四、简答题

1. 气相色谱检测糟烧（白酒）甲醇的原理是什么？

2. 糟烧（白酒）总酯是如何测定的？

五、计算题

吸取糟烧（白酒）50.0mL于250mL回流瓶中，加入酚酞指示剂2滴，以0.1mol/L氢氧化钠标准溶液滴定至粉红色（切勿过量），记录消耗氢氧化钠标准滴定溶液的体积 V_1 为2.50mL。再准确加入0.1mol/L氢氧化钠标准溶液25.00mL（若酒样品中总酯含

笔记随笔

量高时，可加入 50.00mL），摇匀，装上冷凝管，在沸水浴中回流半小时，取下，冷却。然后，用 0.1mol/L 硫酸标准溶液进行滴定，使红色刚好完全消失为其终点，记录消耗 0.1mol/L 硫酸标准溶液的体积 V_2 为 20.50mL。同时吸取 40%vol 乙醇（无酯）溶液 50mL，按上述方法同样操作做空白试验，记录空白验消耗硫酸标准滴定溶液的体积 V_0 为 23.90mL，求糟烧（白酒）的酸酯总量是多少？

任务拓展答案

任务拓展答案

附　录

附录一　酒精计示值换算成20℃时的酒精浓度（酒精度）

溶液温度/℃	酒精计示值										
	0	0.5	1.0	1.5	2.0	2.5	3.0	3.5	4.0	4.5	5.0
	温度20℃时用体积分数表示的酒精浓度/（%vol）										
0	0.8	1.3	1.8	2.3	2.8	3.3	3.9	4.4	4.9	5.5	6.0
1	0.8	1.3	1.8	2.4	2.9	3.4	3.9	4.4	5.0	5.5	6.1
2	0.8	1.4	1.9	2.4	2.9	3.4	4.0	4.5	5.0	5.6	6.1
3	0.9	1.4	1.9	2.4	3.0	3.5	4.0	4.5	5.0	5.6	6.1
4	0.9	1.4	1.9	2.4	3.0	3.5	4.0	4.5	5.1	5.6	6.2
5	0.9	1.4	2.0	2.5	3.0	3.5	4.0	4.6	5.1	5.6	6.2
6	0.9	1.4	2.0	2.5	3.0	3.5	4.0	4.6	5.1	5.6	6.2
7	0.9	1.4	1.9	2.4	3.0	3.5	4.0	4.5	5.1	5.6	6.1
8	0.9	1.4	1.9	2.4	2.9	3.4	4.0	4.5	5.0	5.6	6.1
9	0.9	1.4	1.9	2.4	2.9	3.4	4.0	4.5	5.0	5.5	6.0
10	0.8	1.3	1.8	2.4	2.9	3.4	3.9	4.4	5.0	5.5	6.0
11	0.8	1.3	1.8	2.3	2.8	3.3	3.9	4.4	4.9	5.4	6.0
12	0.7	1.2	1.7	2.2	2.8	3.3	3.8	4.3	4.8	5.4	5.9
13	0.7	1.2	1.7	2.2	2.7	3.2	3.7	4.2	4.8	5.3	5.8
14	0.6	1.1	1.6	2.1	2.6	3.1	3.6	4.2	4.7	5.2	5.7
15	0.5	1.0	1.5	2.0	2.5	3.0	3.6	4.1	4.6	5.1	5.6
16	0.4	0.9	1.4	1.9	2.4	2.9	3.4	4.0	4.5	5.0	5.5
17	0.3	0.8	1.3	1.8	2.3	2.8	3.4	3.9	4.4	4.9	5.4
18	0.2	0.7	1.2	1.7	2.2	2.7	3.2	3.7	4.2	4.8	5.3
19	0.1	0.6	1.1	1.6	2.1	2.6	3.1	3.6	4.1	4.6	5.1
20	0.0	0.5	1.0	1.5	2.0	2.5	3.0	3.5	4.0	4.5	5.0
21	—	0.4	0.9	1.4	1.9	2.4	2.9	3.4	3.9	4.4	4.8
22	—	0.2	0.7	1.2	1.7	2.2	2.7	3.2	3.7	4.2	4.7
23	—	0.1	0.6	1.1	1.6	2.1	2.6	3.1	3.6	4.1	4.6
24	—	0.0	0.4	0.9	1.4	1.9	2.4	2.9	3.4	3.9	4.4
25	—	—	0.3	0.8	1.3	1.8	2.3	2.8	3.2	3.7	4.2
26	—	—	0.1	0.6	1.1	1.6	2.1	2.6	3.1	3.6	4.0
27	—	—	0.0	0.4	1.0	1.4	1.9	2.4	2.9	3.4	3.9
28	—	—	—	0.3	0.8	1.3	1.8	2.2	2.7	3.2	3.7
29	—	—	—	0.2	0.6	1.1	1.6	2.1	2.5	3.0	3.5
30	—	—	—	0.1	0.4	0.9	1.4	1.9	2.4	2.8	3.3

续表

溶液温度/℃	酒精计示值									
	5.5	6.0	6.5	7.0	7.5	8.0	8.5	9.0	9.5	10.0
	温度20℃时用体积分数表示的酒精浓度/（%vol）									
0	6.6	7.3	7.8	8.4	9.0	9.6	10.2	10.8	11.4	12.0
1	6.6	7.3	7.8	8.4	9.0	9.6	10.2	10.8	11.4	12.0
2	6.7	7.3	7.8	8.4	9.0	9.6	10.2	10.8	11.4	12.0
3	6.7	7.3	7.8	8.4	9.0	9.6	10.2	10.8	11.4	12.0
4	6.7	7.3	7.8	8.4	9.0	9.6	10.2	10.7	11.3	11.9
5	6.7	7.3	7.8	8.4	9.0	9.6	10.1	10.7	11.3	11.8
6	6.7	7.3	7.8	8.4	8.9	9.5	10.1	10.6	11.2	11.8
7	6.7	7.2	7.8	8.4	8.9	9.5	10.0	10.6	11.2	11.7
8	6.6	7.2	7.7	8.3	8.8	9.4	10.0	10.5	11.1	11.6
9	6.6	7.1	7.7	8.2	8.8	9.3	9.9	10.4	11.0	11.5
10	6.5	7.1	7.6	8.2	8.7	9.3	9.8	10.3	10.9	11.4
11	6.5	7.0	7.6	8.1	8.6	9.2	9.7	10.2	10.8	11.3
12	6.4	6.9	7.5	8.0	8.5	9.1	9.6	10.1	10.7	11.2
13	6.3	6.8	7.4	7.9	8.4	9.0	9.5	10.0	10.6	11.1
14	6.2	6.7	7.3	7.8	8.3	8.9	9.4	9.9	10.4	11.0
15	6.1	6.6	7.2	7.7	8.2	8.8	9.3	9.8	10.3	10.8
16	6.0	6.5	7.0	7.6	8.1	8.6	9.1	9.6	10.2	10.7
17	5.9	6.4	6.9	7.4	8.0	8.5	9.0	9.5	10.0	10.5
18	5.8	6.3	6.8	7.3	7.8	8.3	8.8	9.3	9.8	10.4
19	5.6	6.1	6.6	7.2	7.6	8.2	8.7	9.2	9.7	10.2
20	5.5	6.0	6.5	7.0	7.5	8.0	8.5	9.0	9.5	10.0
21	5.4	5.8	6.3	6.8	7.3	7.8	8.3	8.8	9.3	9.8
22	5.2	5.7	6.2	6.7	7.2	7.7	8.2	8.6	9.1	9.6
23	5.0	5.5	6.0	6.5	7.0	7.5	8.0	8.4	8.9	9.4
24	4.9	5.4	5.8	6.3	6.8	7.3	7.8	8.3	8.8	9.2
25	4.7	5.2	5.7	6.2	6.6	7.1	7.6	8.1	8.6	9.0
26	4.5	5.0	5.5	6.0	6.4	6.9	7.4	7.9	8.3	8.8
27	4.3	4.8	5.3	5.8	6.3	6.7	7.2	7.7	8.1	8.6
28	4.2	4.6	5.1	5.6	6.1	6.5	7.0	7.5	7.9	8.4
29	4.0	4.4	4.9	5.4	5.8	6.3	6.8	7.2	7.7	8.2
30	3.8	4.2	4.7	5.2	5.6	6.1	6.6	7.0	7.5	7.9

续表

溶液温度/℃	酒精计示值									
	10.5	11.0	11.5	12.0	12.5	13.0	13.5	14.0	14.5	15.0
	温度20℃时用体积分数表示的酒精浓度/（%vol）									
0	12.7	13.3	14.0	14.6	15.3	16.0	16.7	17.5	18.2	19.0
1	12.6	13.3	13.9	14.6	15.3	15.9	16.6	17.3	18.1	18.8
2	12.6	13.2	13.9	14.5	15.2	15.9	16.6	17.2	17.9	18.6
3	12.6	13.2	13.8	14.5	15.1	15.8	16.4	17.1	17.8	18.5
4	12.5	13.1	13.8	14.4	15.0	15.7	16.3	17.0	17.7	18.3
5	12.4	13.0	13.7	14.3	14.9	15.6	16.2	16.8	17.5	18.2
6	12.4	13.0	13.6	14.2	14.8	15.4	16.1	16.7	17.3	18.0
7	12.3	12.9	13.5	14.1	14.7	15.3	15.9	16.5	17.2	17.8
8	12.2	12.8	13.4	14.0	14.6	15.2	15.8	16.4	17.0	17.6
9	12.1	12.7	13.2	13.8	14.4	15.0	15.6	16.2	16.8	17.4
10	12.0	12.6	13.1	13.7	14.3	14.9	15.4	16.0	16.6	17.2
11	11.9	12.4	13.0	13.6	14.1	14.7	15.3	15.8	16.4	17.0
12	11.8	12.3	12.8	13.4	14.0	14.5	15.1	15.7	16.2	16.8
13	11.6	12.2	12.7	13.2	13.8	14.4	14.9	15.5	16.0	16.6
14	11.5	12.0	12.5	13.1	13.6	14.2	14.7	15.3	15.8	16.4
15	11.3	11.9	12.4	12.9	13.5	14.0	14.5	15.1	15.6	16.2
16	11.2	11.7	12.2	12.8	13.3	13.8	14.3	14.9	15.4	15.9
17	11.0	11.5	12.1	12.6	13.1	13.6	14.1	14.7	15.2	15.7
18	10.9	11.4	11.9	12.4	12.9	13.4	13.9	14.4	15.0	15.5
19	10.7	11.2	11.7	12.2	12.7	13.2	13.7	14.2	14.7	15.2
20	10.5	11.0	11.5	12.0	12.5	13.0	13.5	14.0	14.5	15.0
21	10.3	10.8	11.3	11.8	12.3	12.8	13.3	13.8	14.3	14.8
22	10.1	10.6	11.1	11.6	12.1	12.6	13.1	13.6	14.0	14.5
23	9.9	10.4	10.9	11.4	11.8	12.3	12.8	13.3	13.8	14.3
24	9.7	10.2	10.7	11.2	11.6	12.1	12.6	13.1	13.5	14.0
25	9.5	10.0	10.4	10.9	11.4	11.9	12.4	12.8	13.3	13.8
26	9.3	9.8	10.2	10.7	11.2	11.7	12.1	12.6	13.0	13.5
27	9.1	9.5	10.0	10.5	10.9	11.4	11.9	12.3	12.8	13.2
28	8.9	9.3	9.8	10.3	10.7	11.2	11.6	12.1	12.6	13.0
29	8.6	9.1	9.5	10.0	10.5	10.9	11.4	11.8	12.3	12.7
30	8.4	8.9	9.3	9.8	10.2	10.7	11.1	11.6	12.0	12.5

续表

溶液温度/℃	酒精计示值									
	15.5	16.0	16.5	17.0	17.5	18.0	18.5	19.0	19.5	20.0
	温度 20℃时用体积分数表示的酒精浓度/（%vol）									
0	19.7	20.5	21.3	22.0	22.8	23.6	24.3	25.1	25.8	26.5
1	19.6	20.3	21.1	21.8	22.6	23.3	24.0	24.7	25.4	26.1
2	19.4	20.1	20.8	21.6	22.3	23.0	23.7	24.4	25.1	25.8
3	19.2	19.9	20.6	21.4	22.0	22.7	23.4	24.1	24.8	25.5
4	19.0	19.7	20.4	21.1	21.8	22.5	23.1	23.8	24.4	25.1
5	18.8	19.5	20.2	20.9	21.5	22.2	22.8	23.4	24.1	24.7
6	18.6	19.3	19.9	20.6	21.2	21.9	22.5	23.2	23.8	24.4
7	18.4	19.1	19.7	20.4	21.0	21.6	22.2	22.8	23.4	24.1
8	18.2	18.9	19.5	20.1	20.7	21.3	21.9	22.6	23.2	23.8
9	18.0	18.6	19.2	19.9	20.5	21.1	21.7	22.3	22.8	23.4
10	17.8	18.4	19.0	19.6	20.2	20.8	21.4	22.0	22.5	23.1
11	17.6	18.2	18.8	19.4	20.0	20.5	21.1	21.7	22.2	22.8
12	17.4	18.0	18.5	19.1	19.7	20.2	20.8	21.4	21.9	22.5
13	17.2	17.7	18.3	18.8	19.4	20.0	20.5	21.1	21.6	22.2
14	16.9	17.5	18.0	18.6	19.1	19.7	20.2	20.8	21.3	21.9
15	16.7	17.2	17.8	18.3	18.9	19.4	20.0	20.5	21.0	21.2
16	16.5	17.0	17.5	18.1	18.6	19.2	19.7	20.2	20.7	21.6
17	16.2	16.8	17.3	17.8	18.3	18.9	19.4	19.8	20.4	20.9
18	16.0	16.5	17.0	17.6	18.1	18.6	19.1	19.6	20.1	20.6
19	15.8	16.3	16.8	17.3	17.8	18.3	18.8	19.3	19.8	20.3
20	15.5	16.0	16.5	17.0	17.5	18.0	18.5	19.0	19.5	20.0
21	15.2	15.7	16.2	16.7	17.2	17.7	18.2	18.7	19.2	19.7
22	15.0	15.5	16.0	16.5	17.0	17.4	17.9	18.4	18.9	19.4
23	14.7	15.2	15.7	16.2	16.6	17.1	17.6	18.1	18.6	19.0
24	14.5	15.0	15.4	15.9	16.4	16.9	17.3	17.8	18.3	18.7
25	14.2	14.7	15.2	15.6	16.1	16.6	17.0	17.5	18.0	18.4
26	14.0	14.4	14.9	15.4	15.8	16.3	16.7	17.2	17.6	18.1
27	13.7	14.2	14.6	15.1	15.5	16.0	16.4	16.9	17.3	17.8
28	13.4	13.9	14.4	14.8	15.2	15.7	16.1	16.6	17.0	17.5
29	13.2	13.6	14.1	14.5	15.0	15.4	15.8	16.3	16.7	17.2
30	12.9	13.4	13.8	14.2	14.7	15.1	15.5	16.0	16.4	16.8

续表

溶液温度/℃	酒精计示值									
	20.5	21.0	21.5	22.0	22.5	23.0	23.5	24.0	24.5	25.0
	温度20℃时用体积分数表示的酒精浓度/（%vol）									
0	27.2	27.9	28.6	29.2	29.9	30.6	31.2	31.8	32.4	33.0
1	26.8	27.5	28.2	28.8	29.5	30.1	30.7	31.4	32.0	32.6
2	26.4	27.1	27.8	28.4	29.0	29.7	30.3	30.9	31.5	32.2
3	26.1	26.8	27.4	28.0	28.6	29.3	29.9	30.5	31.1	21.7
4	25.7	26.4	27.0	27.6	28.2	28.9	29.5	30.1	30.7	31.3
5	25.4	26.0	26.6	27.2	27.8	28.5	29.1	29.7	30.5	30.8
6	25.0	25.6	26.2	26.9	27.5	28.1	28.7	29.3	29.8	30.4
7	24.7	25.3	25.9	26.5	27.1	27.7	28.3	28.9	29.4	30.0
8	24.3	24.9	25.5	26.1	26.7	27.3	27.9	28.5	29.0	29.6
9	24.0	24.6	25.2	25.8	26.3	26.9	27.5	28.1	28.6	29.2
10	23.7	24.3	24.8	25.4	26.0	26.6	27.1	27.7	28.2	28.8
11	23.4	23.9	24.5	25.0	25.6	26.2	26.7	27.3	27.8	28.4
12	23.0	23.6	24.2	24.7	25.3	25.8	26.4	26.9	27.4	28.0
13	22.7	23.3	23.8	24.4	24.9	25.4	26.0	26.5	27.1	27.6
14	22.4	23.0	23.5	24.0	24.6	25.1	25.6	26.2	26.7	27.2
15	22.1	22.6	23.1	23.7	24.2	24.7	25.3	25.8	26.3	26.8
16	21.8	22.3	22.8	23.3	23.8	24.4	24.9	25.4	25.9	26.5
17	21.4	22.0	22.5	23.0	23.5	24.0	24.5	25.1	25.6	26.1
18	21.1	21.6	22.1	22.6	23.2	23.7	24.2	24.7	25.2	25.7
19	20.8	21.3	21.8	22.3	22.8	23.3	23.8	24.4	24.8	25.4
20	20.5	21.0	21.5	22.0	22.5	23.0	23.5	24.0	24.5	25.0
21	20.2	20.7	21.2	21.7	22.2	22.6	23.1	23.6	24.1	24.6
22	19.0	20.4	20.8	21.3	21.8	22.3	22.8	23.3	23.8	24.3
23	19.5	20.0	20.5	21.0	21.5	22.0	22.4	22.9	23.4	23.9
24	19.2	19.7	20.2	20.7	21.1	21.6	22.1	22.6	23.1	23.5
25	18.9	19.4	19.8	20.3	20.8	21.3	21.8	22.2	22.7	23.2
26	18.6	19.0	19.5	20.0	20.5	20.9	21.4	21.9	22.4	22.8
27	18.2	18.7	19.2	19.6	20.1	20.6	21.0	21.5	22.0	22.5
28	17.9	18.4	18.8	19.3	19.8	20.2	20.7	21.2	21.6	22.1
29	17.6	18.0	18.5	19.0	19.4	19.9	20.4	20.8	21.3	21.8
30	17.3	17.7	18.2	18.6	19.1	19.6	20.0	20.5	20.9	21.4

续表

溶液温度/℃	酒精计示值									
	25.5	26.0	26.5	27.0	27.5	28.0	28.5	29.0	29.5	30.0
	温度 20℃时用体积分数表示的酒精浓度/（%vol）									
0	33.6	34.2	34.7	35.3	35.8	36.3	36.8	37.3	37.8	43.1
1	33.1	33.7	34.3	34.9	35.3	35.9	36.4	36.9	37.4	42.7
2	32.7	33.3	33.8	34.4	34.9	35.4	36.0	36.5	37.0	42.3
3	32.3	32.9	33.4	34.0	34.5	35.0	35.5	36.0	36.6	41.9
4	31.8	32.4	33.0	33.5	34.0	34.6	35.1	35.6	36.1	41.5
5	31.4	32.0	32.6	33.1	33.6	34.2	34.7	35.2	25.7	41.1
6	31.0	31.6	32.1	32.7	33.2	33.7	34.2	34.8	25.3	40.7
7	30.6	31.1	31.7	32.2	32.8	33.3	33.8	34.4	34.9	40.3
8	30.2	30.7	31.3	31.8	32.4	32.9	33.4	33.9	34.4	39.9
9	29.7	30.3	30.8	31.4	31.9	32.5	33.0	33.5	34.0	39.5
10	29.3	29.9	30.4	31.0	31.5	32.0	32.6	33.1	33.6	39.1
11	28.9	29.5	30.0	30.6	31.1	31.6	32.1	32.7	33.2	38.7
12	28.5	29.1	29.6	30.2	30.7	31.2	31.7	32.2	32.8	38.2
13	28.2	28.7	29.2	29.7	30.3	30.8	31.3	31.8	32.3	37.8
14	27.8	28.3	28.8	29.3	29.9	30.4	30.9	31.4	31.9	37.4
15	27.4	27.9	28.4	28.9	29.5	30.0	30.5	31.0	31.5	37.0
16	27.0	27.5	28.0	28.5	29.0	29.6	30.1	30.6	31.1	36.6
17	26.6	27.1	27.6	28.1	28.6	29.2	29.7	30.2	30.7	36.2
18	26.2	26.7	27.2	27.8	28.3	28.8	29.3	29.8	30.3	35.8
19	25.9	26.4	26.9	27.4	27.9	28.4	28.9	29.4	29.9	35.4
20	25.5	26.0	26.5	27.0	27.5	28.0	28.5	29.0	29.5	35.0
21	25.1	25.6	26.1	26.6	27.1	27.6	28.1	28.6	29.1	34.6
22	24.8	25.3	25.8	26.2	26.7	27.2	27.7	28.2	28.7	34.2
23	24.4	24.9	25.4	25.8	26.3	26.8	27.3	27.8	28.3	33.8
24	24.0	24.5	25.0	25.5	26.0	26.4	26.9	27.4	27.9	33.4
25	23.7	24.1	24.6	25.1	25.6	26.1	26.6	27.0	27.5	33.0
26	23.3	23.8	24.2	24.7	25.2	25.7	26.2	26.6	27.1	32.6
27	22.9	23.4	23.9	24.4	24.8	25.3	25.8	26.3	26.7	32.2
28	22.6	23.0	23.5	24.0	24.4	24.9	25.4	25.9	26.4	31.7
29	22.2	22.7	23.2	23.6	24.1	24.6	25.0	25.5	26.0	31.3
30	21.9	22.3	22.8	23.2	23.7	24.2	24.6	25.1	25.6	30.9

续表

溶液温度/℃	酒精计示值									
	30.5	31.0	31.5	32.0	32.5	33.0	33.5	34.0	34.5	35.0
	温度20℃时用体积分数表示的酒精浓度/（%vol）									
0	38.8	39.3	39.7	40.2	40.7	41.2	41.6	42.1	42.6	43.1
1	38.4	38.9	39.3	39.8	40.3	40.8	41.3	41.7	42.2	42.7
2	38.0	38.4	38.9	39.4	39.9	40.4	40.8	41.3	41.8	42.3
3	37.6	38.0	38.5	39.0	39.5	40.0	40.4	40.9	41.4	41.9
4	37.1	37.6	38.1	38.6	39.1	39.6	40.0	40.5	41.0	41.5
5	36.7	37.2	37.7	38.2	38.7	39.2	39.6	40.1	40.6	41.1
6	36.3	36.8	37.3	37.8	38.2	38.8	39.2	39.7	40.2	40.7
7	35.9	36.4	36.8	37.3	37.8	38.3	38.8	39.3	39.8	40.3
8	35.4	36.0	36.4	36.9	37.4	37.9	38.4	38.9	39.4	39.9
9	35.0	35.5	36.0	36.5	37.0	37.5	38.0	38.5	39.0	39.5
10	34.6	35.1	35.6	36.1	36.6	37.1	37.6	38.1	38.6	39.1
11	34.2	34.7	35.2	35.7	36.2	36.7	37.2	37.7	38.2	38.7
12	33.8	34.3	34.8	35.3	35.8	36.3	36.8	37.3	37.8	38.2
13	33.4	33.9	34.4	34.9	35.4	35.9	36.4	36.8	37.3	37.8
14	33.0	33.5	34.0	34.4	35.0	35.4	35.9	36.4	36.9	37.4
15	32.6	33.0	33.5	34.0	34.5	35.0	35.5	36.0	36.5	37.0
16	32.1	32.6	33.1	33.6	34.1	34.6	35.1	35.6	36.1	36.6
17	31.7	32.2	32.7	33.2	33.7	34.2	34.7	35.2	35.7	36.2
18	31.3	31.8	32.3	32.8	33.3	33.8	34.3	34.8	35.3	35.8
19	30.9	31.4	31.9	32.4	32.9	33.4	33.9	34.4	34.9	35.4
20	30.5	31.0	31.5	32.0	32.5	33.0	33.5	34.0	34.5	35.0
21	30.1	30.6	31.1	31.6	32.0	32.6	33.1	33.6	34.1	34.6
22	29.7	30.2	30.7	31.2	31.7	32.2	32.7	33.2	33.7	34.2
23	29.3	29.8	30.3	30.8	31.3	31.8	32.3	32.8	33.3	33.8
24	28.9	29.4	29.9	30.4	30.9	31.4	31.9	32.4	32.9	33.4
25	28.5	29.0	29.5	30.0	30.5	31.0	31.5	32.0	32.5	33.0
26	28.1	28.6	29.1	29.6	30.0	30.6	31.0	31.6	32.0	32.6
27	27.7	28.2	28.7	29.2	29.6	30.2	30.6	31.2	31.6	32.2
28	27.3	27.8	28.3	28.8	29.2	29.7	30.2	30.7	31.2	31.7
29	26.9	27.4	27.9	28.4	28.8	29.4	29.8	30.3	30.8	31.3
30	26.5	27.0	27.5	28.0	28.9	28.9	29.4	29.9	30.4	30.9

续表

溶液温度/℃	酒精计示值									
	35.5	36.0	36.5	37.0	37.5	38.0	38.5	39.0	39.5	40.0
	温度20℃时用体积分数表示的酒精浓度/（%vol）									
0	43.6	44.0	44.5	45.0	45.5	46.0	46.4	46.9	47.4	47.8
1	43.2	43.7	44.1	44.6	45.1	45.6	46.0	46.5	47.0	47.5
2	42.8	43.3	43.7	44.2	44.7	45.2	45.7	46.1	46.6	47.1
3	42.2	42.9	43.4	43.8	44.3	44.8	45.3	45.8	46.2	46.7
4	42.4	42.5	43.0	43.4	43.9	44.4	44.9	45.4	45.9	46.3
5	42.0	42.1	42.6	43.1	43.6	44.0	44.5	45.0	45.5	46.0
6	41.6	41.7	42.2	42.7	43.2	43.6	44.1	44.6	45.1	45.6
7	41.2	41.3	41.8	42.3	42.8	43.2	43.7	44.2	44.7	45.2
8	40.8	40.9	41.4	41.9	42.4	42.8	43.3	43.8	44.3	44.8
9	40.4	40.5	41.0	41.5	42.0	42.4	42.9	43.4	43.9	44.4
10	40.0	40.1	40.6	41.0	41.6	42.0	42.5	43.0	43.5	44.0
11	39.6	39.6	40.2	40.6	41.1	41.6	42.1	42.6	43.1	43.6
12	39.2	39.2	39.7	40.2	40.7	41.2	41.7	42.2	42.7	43.2
13	38.7	38.8	39.3	39.8	40.3	40.8	41.3	41.8	42.3	42.8
14	38.3	38.4	38.9	39.4	39.9	40.4	40.9	41.4	41.9	42.4
15	37.9	38.0	38.5	39.0	39.5	40.0	40.5	41.0	41.5	42.0
16	37.5	37.6	38.1	38.6	39.1	39.6	40.1	40.6	41.1	41.6
17	37.1	37.2	37.7	38.2	38.7	39.2	39.7	40.2	40.7	41.2
18	36.7	36.8	37.3	37.8	38.3	38.8	39.3	39.8	40.3	40.8
19	36.3	36.4	36.9	37.4	37.9	38.4	38.9	39.4	39.9	40.4
20	35.9	36.0	36.5	37.0	37.5	38.0	38.5	39.0	39.5	40.0
21	35.1	35.6	36.1	36.6	37.1	37.6	38.1	38.6	39.1	39.6
22	34.7	35.2	35.7	36.2	36.7	37.2	37.7	38.2	38.7	39.2
23	34.3	34.8	35.3	35.8	36.3	36.8	37.3	37.8	38.3	38.8
24	33.9	34.4	34.9	35.4	35.9	36.4	36.9	37.4	37.9	38.4
25	33.5	34.0	34.5	35.0	35.5	36.0	36.5	37.0	37.5	38.0
26	33.1	33.6	34.1	34.6	35.1	35.6	36.1	36.6	37.1	37.6
27	32.7	33.2	33.7	34.2	34.7	35.2	35.7	36.2	36.7	37.2
28	32.2	32.8	33.2	33.8	34.3	34.8	35.3	35.8	36.3	36.8
29	31.8	32.3	32.8	33.4	33.9	34.4	34.9	35.4	35.9	36.4
30	31.4	32.0	32.4	33.0	33.5	34.0	34.5	35.0	35.5	36.0

续表

溶液温度/℃	酒精计示值									
	40.5	41.0	41.5	42.0	42.5	43.0	43.5	44.0	44.5	45.0
	温度 20℃时用体积分数表示的酒精浓度/（%vol）									
0	48.3	48.8	49.3	49.7	50.2	50.7	51.1	51.6	52.1	52.6
1	47.9	48.4	48.9	49.4	49.8	50.3	50.8	51.3	51.7	52.2
2	47.6	48.0	48.5	49.0	49.5	49.9	50.4	50.9	51.4	51.8
3	47.2	47.7	48.1	48.6	49.1	49.6	50.0	50.5	51.0	51.5
4	46.8	47.3	47.8	48.2	48.7	49.2	49.7	50.2	50.6	51.1
5	46.4	46.9	47.4	47.9	48.3	48.8	49.3	49.8	50.3	50.8
6	46.0	46.5	47.0	47.5	48.0	48.4	48.9	49.4	49.9	50.4
7	45.7	46.2	46.6	47.1	47.6	48.1	48.5	49.0	49.5	50.0
8	45.3	45.8	46.2	46.7	47.2	47.7	48.2	48.6	49.1	49.6
9	44.9	45.4	45.8	46.3	46.8	47.3	47.8	48.3	48.8	49.2
10	44.5	45.0	45.5	46.0	46.4	46.9	47.4	47.9	48.4	48.9
11	44.1	44.6	45.1	45.6	46.0	46.5	47.0	47.5	48.0	48.5
12	43.7	44.2	44.7	45.2	45.6	46.1	46.6	47.1	47.6	48.1
13	43.3	43.8	44.3	44.8	45.3	45.8	46.3	46.7	47.2	47.7
14	42.9	43.4	43.9	44.4	44.9	45.4	45.8	46.4	46.8	47.3
15	42.5	43.0	43.5	44.0	44.5	45.0	45.5	46.0	46.4	47.0
16	42.1	42.6	43.1	43.6	44.1	44.6	45.2	45.6	46.1	46.6
17	41.7	42.2	42.7	43.2	43.7	44.2	44.8	45.2	45.7	46.2
18	41.3	41.8	42.3	42.8	43.3	43.8	44.4	44.8	45.3	45.8
19	40.9	41.4	41.9	42.4	42.9	43.4	44.0	44.4	44.9	45.4
20	40.5	41.0	41.5	42.0	42.5	43.0	43.6	44.0	44.5	45.0
21	40.1	40.6	41.1	41.6	42.1	42.6	43.1	43.6	44.1	44.6
22	39.7	40.2	40.7	41.2	41.7	42.2	42.7	43.2	43.7	44.2
23	39.3	39.8	40.3	40.8	41.3	41.8	42.3	42.8	43.3	43.8
24	38.9	39.4	39.9	40.4	40.9	41.4	41.9	42.4	42.9	43.4
25	38.5	39.0	39.5	40.0	40.5	41.0	41.5	42.0	42.5	43.0
26	38.1	38.6	39.1	39.6	40.1	40.6	41.1	41.6	42.2	42.7
27	37.7	38.2	38.7	39.2	39.7	40.2	40.7	41.2	41.8	42.3
28	37.3	37.8	38.3	38.8	39.3	39.8	40.3	40.8	41.4	41.9
29	36.9	37.4	37.9	38.4	38.9	39.4	39.9	40.4	41.0	41.5
30	36.5	37.0	37.5	38.0	38.5	39.0	39.5	40.1	40.6	41.1

续表

溶液温度/℃	酒精计示值									
	45.5	46.0	46.5	47.0	47.5	48.0	48.5	49.0	49.5	50.0
	温度 20℃时用体积分数表示的酒精浓度/（%vol）									
0	53.0	53.5	54.0	54.5	54.9	55.4	55.9	56.4	56.8	57.3
1	52.7	53.2	53.6	54.1	54.6	55.0	55.5	56.0	56.5	57.0
2	52.3	52.8	53.3	53.8	54.2	54.7	55.2	55.6	56.1	56.6
3	52.0	52.4	52.9	53.4	53.9	54.3	54.8	55.3	55.8	56.2
4	51.6	52.1	52.6	53.0	53.5	54.0	54.4	54.9	55.4	55.9
5	51.2	51.7	52.2	52.7	53.1	53.6	54.1	54.6	55.0	55.5
6	50.8	51.3	51.8	52.3	52.8	53.2	53.7	54.2	54.7	55.2
7	50.5	51.0	51.4	51.9	52.4	52.9	53.4	53.9	54.3	54.8
8	50.1	50.6	51.1	51.6	52.0	52.5	53.0	53.5	54.0	54.5
9	49.7	50.2	50.7	51.2	51.7	52.2	52.6	53.1	53.6	54.1
10	49.4	49.8	50.3	50.8	51.3	51.8	52.3	52.8	53.2	53.7
11	49.0	48.5	50.0	50.4	50.9	51.4	51.9	52.4	52.9	53.4
12	48.6	49.1	49.6	50.1	50.6	51.0	51.6	52.0	52.5	53.0
13	48.2	48.7	49.2	49.7	50.2	50.7	51.2	51.6	52.1	52.6
14	47.9	48.3	48.8	49.3	49.8	50.3	50.8	51.3	51.8	52.2
15	47.4	47.9	48.4	48.9	48.4	49.9	50.4	50.9	51.4	51.9
16	47.1	47.6	48.0	48.6	49.0	49.5	50.0	50.5	51.0	51.5
17	46.7	47.2	47.7	48.2	48.7	49.2	49.6	50.1	50.6	51.1
18	46.3	46.8	47.3	47.8	48.3	48.8	49.3	49.8	50.2	50.7
19	45.9	46.4	46.9	47.4	47.9	48.4	48.9	49.4	49.9	50.4
20	45.4	46.0	46.5	47.0	47.5	48.0	48.5	49.0	49.5	50.0
21	45.1	45.6	46.1	46.6	47.1	47.6	48.1	48.6	49.1	49.6
22	44.7	45.2	45.7	46.2	46.7	47.2	47.7	48.2	48.7	49.2
23	44.3	44.8	45.3	45.8	46.3	46.8	47.3	47.8	48.4	48.9
24	43.9	44.4	44.9	45.4	46.0	46.4	47.0	47.5	48.0	48.5
25	43.6	44.1	44.6	45.1	45.6	46.1	46.6	47.1	47.6	48.1
26	43.2	43.7	44.2	44.7	45.2	45.7	46.2	46.7	47.2	47.7
27	42.8	43.3	43.8	44.3	44.8	45.3	45.8	46.3	46.8	47.3
28	42.4	42.9	43.4	43.9	44.4	44.9	45.4	45.9	46.4	47.0
29	42.0	42.5	43.0	43.5	44.0	44.5	45.0	45.6	46.1	46.6
30	41.6	42.1	42.6	43.1	43.6	44.2	44.7	45.2	45.7	46.2

续表

溶液温度/℃	酒精计示值									
	50.5	51.0	51.5	52.0	52.5	53.0	53.5	54.0	54.5	55.0
	温度 20℃时用体积分数表示的酒精浓度/（%vol）									
0	57.8	58.2	58.7	59.2	59.7	60.1	60.6	61.1	61.6	62.0
1	57.4	57.9	58.4	58.8	59.3	59.8	60.3	60.7	61.2	61.7
2	57.1	57.5	58.0	58.5	59.0	59.4	59.9	60.4	60.9	61.4
3	56.7	57.2	57.7	58.2	58.6	59.1	59.6	60.1	60.5	61.0
4	56.4	56.8	57.3	57.8	58.3	58.8	59.2	59.7	60.2	60.7
5	56.0	56.5	57.0	57.4	57.9	58.4	58.9	59.4	59.8	60.3
6	55.6	56.1	56.6	57.1	57.6	58.1	58.5	59.0	59.5	60.0
7	55.3	55.8	56.3	56.8	57.2	57.7	58.2	58.7	59.2	59.6
8	54.9	55.4	55.9	56.4	56.9	57.4	57.8	58.3	58.8	59.3
9	54.6	55.1	55.6	56.0	56.5	57.0	57.5	58.0	58.4	58.9
10	54.2	54.7	55.2	55.7	56.2	56.6	57.1	57.6	58.1	58.6
11	53.8	54.3	54.8	55.3	55.8	56.3	56.8	57.2	57.7	58.2
12	53.5	54.0	54.5	55.0	55.4	55.9	56.4	56.9	57.4	57.9
13	53.1	53.6	54.1	54.6	55.1	55.6	56.0	56.5	57.0	57.5
14	52.7	53.2	53.7	54.2	54.8	55.2	55.7	56.2	56.7	57.2
15	52.4	52.9	53.4	53.9	54.4	54.8	55.3	55.8	56.3	56.8
16	52.0	52.5	53.0	53.5	54.0	54.5	55.0	55.5	56.0	56.4
17	51.6	52.1	52.6	53.1	53.6	54.1	54.6	55.1	55.6	56.1
18	51.2	51.7	52.2	52.7	53.2	53.7	54.2	54.7	55.2	55.7
19	50.9	51.4	51.9	52.4	52.9	53.4	53.9	54.4	54.9	55.4
20	50.5	51.0	51.5	52.0	52.5	53.0	53.5	54.0	54.5	55.0
21	50.1	50.6	51.1	51.6	52.1	52.6	53.1	53.6	54.1	54.6
22	49.7	50.2	50.7	51.2	51.8	52.2	52.8	53.3	53.8	54.3
23	49.4	49.9	50.4	50.9	51.4	51.9	52.4	52.9	53.4	53.9
24	49.0	49.5	50.0	50.5	51.0	51.5	52.0	52.5	53.0	53.5
25	48.6	49.1	49.6	50.1	50.6	51.1	51.6	52.2	52.6	53.2
26	48.2	48.7	49.2	49.7	50.2	50.8	51.3	51.8	52.3	52.8
27	47.8	48.3	48.8	49.4	49.9	50.4	50.9	51.4	51.9	52.4
28	47.5	48.0	48.5	49.0	49.5	50.0	50.5	51.0	51.5	52.1
29	47.1	47.6	48.1	48.6	49.1	49.6	50.2	50.7	51.2	51.7
30	46.7	47.2	47.7	48.2	48.8	49.3	49.8	50.3	50.8	51.3

续表

溶液温度/℃	酒精计示值									
	55.5	56.0	56.5	57.0	57.5	58.0	58.5	59.0	59.5	60.0
	温度20℃时用体积分数表示的酒精浓度/（%vol）									
0	62.5	63.0	63.4	63.9	64.4	64.9	65.4	65.8	66.3	66.8
1	62.2	62.6	63.1	63.6	64.1	64.6	65.0	65.5	66.0	66.4
2	61.8	62.3	62.8	63.3	63.7	64.2	64.7	65.2	65.6	66.1
3	61.5	62.0	62.4	62.9	63.4	63.9	64.4	64.8	65.3	65.8
4	61.2	61.6	62.1	62.6	63.1	63.6	64.0	64.5	65.0	65.5
5	60.8	61.3	61.8	62.3	62.7	63.2	63.7	64.2	64.7	65.1
6	60.5	61.0	61.4	61.9	62.4	62.9	63.4	63.8	64.3	64.8
7	60.1	60.6	61.1	61.6	62.1	62.9	63.0	63.5	64.0	64.5
8	59.8	60.3	60.8	61.2	61.7	62.2	62.7	63.2	63.9	64.1
9	59.4	59.9	60.4	60.9	61.4	61.9	62.3	62.8	63.3	63.8
10	59.1	59.6	60.0	60.5	61.0	61.5	62.0	62.5	63.0	63.5
11	58.7	59.2	59.7	60.2	60.7	61.2	61.6	62.1	62.6	63.1
12	58.4	58.9	59.4	59.8	60.3	60.8	61.3	61.8	62.3	62.8
13	58.0	58.5	59.0	59.5	60.0	60.5	61.0	61.4	61.9	62.4
14	57.7	58.2	58.6	59.1	59.6	60.1	60.6	61.1	61.6	62.1
15	57.3	57.8	58.3	58.8	59.3	59.8	60.2	60.8	61.2	61.7
16	56.9	57.4	57.9	58.4	58.9	59.4	59.9	60.4	60.9	61.4
17	56.6	57.1	57.6	58.1	58.6	59.1	59.6	60.0	60.5	61.0
18	56.2	56.7	57.2	57.7	58.2	58.7	59.2	59.7	60.2	60.7
19	55.9	56.4	56.9	57.4	57.8	58.4	58.8	59.4	59.8	60.4
20	55.5	56.0	56.5	57.0	57.5	58.0	58.5	59.0	59.5	60.0
21	55.1	55.6	56.1	56.6	57.1	57.6	58.1	58.6	59.1	59.6
22	54.8	55.3	55.8	56.3	56.8	57.3	57.8	58.3	58.8	59.3
23	54.4	54.9	55.4	55.9	56.4	56.9	57.4	57.9	58.4	58.9
24	54.0	54.5	55.0	55.6	56.1	56.6	57.1	57.6	58.1	58.6
25	53.7	54.2	54.7	55.2	55.7	56.2	56.7	57.2	57.7	58.2
26	53.3	53.8	54.3	54.8	55.3	55.8	56.4	26.9	57.4	57.9
27	52.9	53.4	54.0	54.5	55.0	55.5	56.0	56.5	57.0	57.5
28	52.6	53.1	53.6	54.1	54.6	55.1	55.6	56.1	56.6	57.2
29	52.2	52.7	53.2	53.7	54.2	54.8	55.3	55.8	56.3	56.8
30	51.8	52.3	52.9	53.4	53.9	54.4	54.9	55.4	55.9	56.4

续表

溶液温度/℃	酒精计示值									
	60.5	61.0	61.5	62.0	62.5	63.0	63.5	64.0	64.5	65.0
	温度20℃时用体积分数表示的酒精浓度/（%vol）									
0	67.2	67.7	68.2	68.7	69.2	69.6	70.1	70.6	71.1	71.5
1	66.9	67.4	67.9	68.4	68.8	69.3	69.8	70.3	70.8	71.2
2	66.6	67.1	67.6	68.0	68.5	69.0	69.5	70.0	70.4	70.9
3	66.3	66.8	67.2	67.7	68.2	68.7	69.2	69.6	70.1	70.6
4	65.9	66.4	66.9	67.4	67.9	68.4	68.8	69.3	69.8	70.3
5	65.6	66.1	66.6	67.1	67.5	68.0	68.5	69.0	69.5	70.0
6	65.3	65.8	66.2	66.7	67.2	67.7	68.2	68.7	69.2	69.6
7	65.0	65.4	65.9	66.4	66.9	67.4	67.9	68.4	68.8	69.3
8	64.6	65.1	65.6	66.1	66.6	67.0	67.5	68.0	68.5	69.0
9	64.3	64.8	65.2	65.7	66.2	66.7	67.2	67.7	68.2	68.7
10	63.9	64.4	64.9	65.4	65.9	66.4	66.9	67.4	67.8	68.3
11	63.6	64.1	64.6	65.1	65.6	66.0	66.5	67.0	67.5	68.0
12	63.3	63.8	64.2	64.7	65.2	65.7	66.2	66.7	67.2	67.7
13	62.9	63.4	63.9	64.4	64.9	65.4	65.9	66.4	66.8	67.4
14	62.6	63.1	63.6	64.1	64.6	65.0	65.5	66.0	66.5	67.0
15	62.2	62.7	63.2	63.7	64.2	64.7	65.2	65.7	66.2	66.7
16	61.9	62.4	62.9	63.4	63.9	64.4	64.8	65.4	65.8	66.3
17	61.5	62.0	62.5	63.0	63.5	64.0	64.5	65.0	65.5	66.0
18	61.2	61.7	62.2	62.7	63.2	63.7	64.2	64.7	65.2	65.7
19	60.8	61.3	61.8	62.3	62.8	63.3	63.8	64.3	64.8	65.3
20	60.5	61.0	61.5	62.0	62.5	63.0	63.5	64.0	64.5	65.0
21	60.1	60.6	61.2	61.6	62.2	62.6	63.2	63.6	64.2	64.6
22	59.8	60.3	60.8	61.3	61.8	62.3	62.8	63.3	63.8	64.3
23	59.4	60.0	60.4	61.0	61.5	62.0	62.5	63.0	63.5	64.0
24	59.1	59.6	60.1	60.6	61.1	61.6	62.1	62.6	63.1	63.6
25	58.7	59.2	59.8	60.3	60.8	61.3	61.8	62.3	62.8	63.3
26	58.4	58.9	59.4	59.9	60.4	60.9	61.4	61.9	62.4	63.0
27	58.0	58.5	59.0	59.6	60.1	60.6	61.1	61.6	62.1	62.6
28	57.7	58.2	58.7	59.2	59.7	60.2	60.7	61.2	61.8	62.3
29	57.3	57.8	58.3	58.8	59.4	59.9	60.4	60.9	61.4	61.9
30	57.0	57.5	58.0	58.5	59.0	59.5	60.0	60.6	61.1	61.6

续表

溶液温度/℃	酒精计示值									
	65.5	66.0	66.5	67.0	67.5	68.0	68.5	69.0	69.5	70.0
	温度 20℃时用体积分数表示的酒精浓度/（%vol）									
0	72.0	72.5	73.0	73.4	73.9	74.4	74.9	75.4	75.8	76.3
1	71.7	72.2	72.7	73.1	73.6	74.1	74.6	75.0	75.5	76.0
2	71.4	71.9	72.4	72.8	73.3	73.8	74.3	74.7	75.2	75.7
3	71.1	71.6	72.0	72.5	73.0	73.5	74.0	74.4	74.9	75.4
4	70.8	71.2	71.7	75.2	72.7	73.2	73.6	74.1	74.6	75.1
5	70.4	70.9	71.4	71.9	72.4	72.9	73.3	73.8	74.3	74.8
6	70.1	70.6	71.1	71.6	72.1	72.5	73.0	73.5	74.0	74.5
7	69.8	70.3	70.8	71.3	71.8	72.2	72.7	73.2	73.7	74.2
8	69.5	70.0	70.4	70.9	71.4	71.9	72.4	72.9	73.4	73.8
9	69.2	69.6	70.1	70.6	71.1	71.6	72.1	72.6	73.0	73.5
10	68.8	69.3	69.8	70.3	70.8	71.3	71.8	72.2	72.7	73.2
11	68.5	69.0	69.5	70.0	70.5	71.0	71.4	71.9	72.4	72.9
12	68.2	68.7	69.2	69.6	70.1	70.6	71.1	71.6	72.1	72.6
13	67.8	68.3	68.8	69.3	69.8	70.3	70.8	71.3	71.8	72.3
14	67.5	68.0	68.5	69.0	69.5	70.0	70.5	71.0	71.4	72.0
15	67.2	67.7	68.2	68.6	69.1	69.6	70.1	70.6	71.1	71.6
16	66.8	67.3	67.8	68.3	68.8	69.3	69.8	70.3	70.8	71.3
17	66.5	67.0	67.5	68.0	68.5	69.0	69.5	70.0	70.5	71.0
18	66.2	66.7	67.2	67.7	68.2	68.7	69.2	69.6	70.2	70.6
19	65.8	66.3	66.8	67.3	67.8	68.3	68.8	69.3	69.8	70.3
20	65.5	66.0	66.5	67.0	67.5	68.0	68.5	69.0	69.5	70.0
21	65.2	65.7	66.2	66.7	67.2	67.7	68.2	68.7	69.2	69.7
22	64.8	65.3	65.8	66.3	66.8	67.3	67.9	68.3	68.8	69.3
23	64.5	65.0	65.5	66.0	66.5	67.0	67.5	68.0	68.5	69.0
24	64.1	64.6	65.1	65.6	66.2	66.7	67.2	67.7	68.2	68.7
25	63.8	64.3	64.8	65.3	65.8	66.3	66.8	67.3	67.8	68.4
26	63.5	64.0	64.5	65.0	65.5	66.0	66.5	67.0	67.5	68.0
27	63.1	63.6	64.1	64.6	65.2	65.7	66.2	66.7	67.2	67.7
28	62.8	63.3	63.8	64.3	64.8	65.3	65.8	66.3	66.8	67.4
29	62.4	62.9	63.4	64.0	64.5	65.0	65.5	66.0	66.5	67.0
30	62.1	62.6	63.1	63.6	64.1	64.6	65.2	65.7	66.2	66.7

续表

溶液温度/℃	酒精计示值									
	70.5	71.0	71.5	72.0	72.5	73.0	73.5	74.0	74.5	75.0
	温度20℃时用体积分数表示的酒精浓度/（%vol）									
0	76.8	77.3	77.7	78.2	78.7	79.1	79.6	80.1	80.5	81.0
1	76.5	77.0	77.4	77.9	78.4	78.8	79.3	79.8	80.3	80.7
2	76.1	76.6	77.1	77.6	78.1	78.6	79.0	79.5	80.0	80.4
3	75.9	76.4	76.8	77.3	77.8	78.3	78.7	79.2	79.7	80.2
4	75.6	76.0	76.5	77.0	77.5	78.0	78.4	78.9	79.4	79.9
5	75.3	75.8	76.2	76.7	77.2	77.7	78.2	78.6	79.1	79.6
6	75.0	75.4	75.9	76.4	76.9	77.4	77.8	78.3	78.8	79.3
7	74.6	75.1	75.6	76.1	76.6	77.2	77.6	78.0	78.5	79.0
8	74.3	74.8	75.3	75.8	76.3	76.8	77.2	77.7	78.2	78.7
9	74.0	74.5	75.0	75.5	76.0	76.5	76.9	77.4	77.9	78.4
10	73.7	74.2	74.7	75..2	75.7	76.2	76.6	77.1	77.6	78.1
11	73.4	73.9	74.4	74.9	75.4	75.8	76.3	76.8	77.3	77.8
12	73.1	73.6	74.1	74.5	75.0	75.5	76.0	76.5	77.0	77.5
13	72.8	73.2	73.7	74.2	74.7	75.2	75.7	76.2	76.7	77.2
14	72.4	72.9	73.4	73.9	74.4	74.9	75.4	75.9	76.4	76.9
15	72.1	72.6	73.1	73.6	74.1	74.6	75.0	75.6	76.1	76.6
16	71.8	72.3	72.8	73.3	73.8	74.3	74.7	75.3	75.8	76.2
17	71.5	72.0	72.5	73.0	73.4	74.0	74.7	74.9	75.4	75.9
18	71.2	71.6	72.1	72.6	73.1	73.6	74.1	74.6	75.1	75.6
19	70.8	71.3	71.8	72.3	72.8	73.3	73.8	74.3	74.8	75.3
20	70.5	71.0	71.5	72.0	72.5	73.0	73.5	74.0	74.5	75.0
21	70.2	70.7	71.2	71.7	72.2	72.7	73.2	73.7	74.2	74.7
22	69.8	70.3	70.8	71.4	71.9	72.4	72.9	73.4	73.9	74.4
23	69.5	70.0	70.5	71.0	71.5	72.0	72.5	73.0	73.6	74.1
24	69.2	69.7	70.2	70.7	71.2	71.7	72.2	72.7	73.2	73.7
25	68.9	69.4	69.9	70.4	70.9	71.4	71.9	72.4	72.9	73.4
26	68.5	69.0	69.5	70.0	70.5	71.1	71.6	72.1	72.6	73.1
27	68.2	68.7	69.2	69.7	70.2	70.7	71.2	71.8	72.3	72.8
28	67.9	68.4	68.9	69.4	69.9	70.4	70.9	71.4	71.9	72.4
29	67.5	68.0	68.6	69.1	69.6	70.1	70.6	71.1	71.6	72.1
30	67.2	67.7	68.6	68.7	69.2	69.8	70.3	70.8	71.3	71.8

续表

溶液温度/℃	酒精计示值							
	91	92	93	94	95	96	97	98
	温度20℃时用体积分数表示的酒精浓度/（%vol）							
0	95.5	96.4	97.2	98.1	98.9	99.7	—	—
1	95.3	96.2	97.0	97.9	98.7	99.5	—	—
2	95.1	96.0	96.9	97.7	98.5	99.4	—	—
3	94.9	95.8	96.7	97.5	98.4	99.2	—	—
4	94.7	95.6	96.5	97.3	98.2	99.0	—	—
5	94.5	95.4	96.3	97.1	98.0	98.9	99.7	—
6	94.3	95.2	96.1	97.0	97.8	98.7	99.5	—
7	94.1	95.0	95.9	96.8	97.6	98.5	99.4	—
8	93.9	94.8	95.7	96.6	97.5	98.3	99.2	—
9	93.6	94.5	95.5	96.4	97.3	98.2	99.0	99.9
10	93.4	94.3	95.2	96.2	97.1	98.0	98.9	99.7
11	93.2	94.1	95.0	96.0	96.9	97.8	98.7	99.6
12	92.9	93.9	94.8	95.7	96.7	97.6	98.5	99.4
13	92.7	93.6	94.6	95.5	96.5	97.4	98.3	99.2
14	92.5	93.4	94.4	95.3	96.3	97.2	98.1	99.1
15	92.2	93.2	94.2	95.1	96.1	97.0	98.0	98.9
16	92.0	93.0	93.9	94.9	95.9	96.8	97.8	98.7
17	91.7	92.7	93.7	94.7	95.6	96.6	97.6	98.6
18	91.5	92.5	93.5	94.4	95.4	96.4	97.4	98.4
19	91.2	92.2	93.2	94.2	95.2	96.2	97.2	98.2
20	91.0	92.0	93.0	94.0	95.0	96.0	97.0	98.0
21	90.7	91.8	92.8	93.8	94.8	95.8	96.8	97.8
22	90.5	91.5	92.5	93.5	94.6	95.6	96.6	97.6
23	90.2	91.3	92.3	93.3	94.3	95.4	96.4	97.4
24	90.0	91.0	92.0	93.1	94.1	95.1	96.2	97.2
25	89.7	90.7	91.8	92.8	93.9	94.9	96.0	97.0
26	89.4	90.5	91.5	92.6	93.6	94.7	95.8	96.8

续表

溶液温度/℃	酒精计示值							
	91	92	93	94	95	96	97	98
	温度 20℃时用体积分数表示的酒精浓度/（%vol）							
27	89.2	90.2	91.3	92.3	93.4	94.5	95.5	96.6
28	88.9	90.0	91.0	92.1	93.1	94.2	95.3	96.4
29	88.6	89.7	90.8	91.8	92.9	94.0	95.1	96.2
30	88.4	89.4	90.5	91.6	92.7	93.8	94.8	96.0
31	88.1	89.1	90.2	91.4	92.5	93.6	94.6	95.8
32	87.9	88.9	90.0	91.1	92.2	93.4	94.4	95.5
33	—	—	—	90.9	92.0	93.1	94.1	95.4
34	—	—	—	90.6	91.8	92.9	93.9	95.2
35	—	—	—	90.4	91.6	92.7	93.7	95.0

附录二 20℃酒精相对密度与百分含量对照表

液体相对密度 20℃/4℃	酒精 体积分数/% 20℃	酒精 质量分数/%	酒精 质量浓度/(g/100mL)	液体相对密度 20℃/4℃	酒精 体积分数/% 20℃	酒精 质量分数/%	酒精 质量浓度/(g/100mL)
0.99528	2.00	1.59	1.58	0.98214	12.20	9.80	9.63
0.99243	4.00	3.18	3.16	0.98203	12.30	9.89	9.71
0.98973	6.00	4.78	4.74	0.98191	12.40	9.97	9.79
0.98718	8.00	6.40	6.32	0.98180	12.50	10.05	9.87
0.98476	10.00	8.02	7.89	0.98168	12.60	10.13	9.95
0.98463	10.10	8.10	7.97	0.98156	12.70	10.21	10.03
0.98452	10.20	8.18	8.05	0.98145	12.80	10.29	10.10
0.98441	10.30	8.26	8.13	0.98132	12.90	10.38	10.18
0.98428	10.40	8.34	8.21	0.98122	13.00	10.46	10.26
0.98416	10.50	8.42	8.29	0.98111	13.10	10.54	10.34
0.98404	10.60	8.50	8.37	0.98100	13.20	10.62	10.42
0.98391	10.70	8.58	8.45	0.98089	13.30	10.70	10.50
0.98379	10.80	8.66	8.52	0.98077	13.40	10.78	10.58
0.98368	10.90	8.75	8.60	0.98054	13.60	10.95	10.74
0.98356	11.00	8.83	8.68	0.98043	13.70	11.03	10.81
0.98344	11.10	8.91	8.76	0.98031	13.80	11.11	10.89
0.98332	11.20	8.99	8.84	0.98020	13.90	11.19	10.97
0.98320	11.30	9.07	8.92	0.98009	14.00	11.28	11.05
0.98308	11.40	9.15	9.00	0.97998	14.10	11.36	11.13
0.98296	11.50	9.23	9.08	0.97986	14.20	11.44	11.21
0.98285	11.60	9.32	9.16	0.97975	14.30	11.52	11.29
0.98273	11.70	9.40	9.24	0.97964	14.40	11.60	11.37
0.98261	11.80	9.48	9.31	0.97953	14.50	11.68	11.44
0.98250	11.90	9.56	9.39	0.97942	14.60	11.77	11.52
0.98238	12.00	9.64	9.47	0.97930	14.70	11.85	11.60
0.98226	12.10	9.72	9.55	0.97919	14.80	11.93	11.68

续表

液体相对密度 20℃/4℃	酒精			液体相对密度 20℃/4℃	酒精		
	体积分数/% 20℃	质量分数/ %	质量浓度/ (g/100mL)		体积分数/% 20℃	质量分数/ %	质量浓度/ (g/100mL)
0.97908	14.90	12.01	11.76	0.93404	48.00	40.56	37.89
0.97897	15.00	12.09	11.84	0.93017	50.00	42.43	39.47
0.97885	15.10	12.18	11.92	0.92617	52.00	44.31	41.05
0.97874	15.20	12.26	12.00	0.92209	54.00	46.23	42.62
0.97863	15.30	12.34	12.08	0.91789	56.00	48.16	44.20
0.97852	15.40	12.42	12.16	0.91359	58.00	50.11	45.78
0.97841	15.50	12.50	12.23	0.90915	60.00	52.09	47.36
0.97830	15.60	12.59	12.31	0.90463	62.00	54.10	48.94
0.97819	15.70	12.67	12.39	0.90001	64.00	56.13	50.52
0.97808	15.80	12.75	12.47	0.89531	66.00	58.19	52.10
0.97797	15.90	12.83	12.55	0.89050	68.00	60.28	53.68
0.97786	16.00	12.92	12.68	0.88558	70.00	62.39	55.25
0.97570	18.00	14.56	14.21	0.88056	72.00	64.54	56.83
0.97359	20.00	16.21	15.77	0.87542	74.00	66.72	58.41
0.97145	22.00	17.88	17.37	0.87019	76.00	68.94	59.99
0.96925	24.00	19.54	18.9	0.86480	78.00	71.19	61.57
0.96699	26.00	21.22	20.52	0.85928	80.00	73.49	63.15
0.96456	28.00	22.91	22.10	0.85364	82.00	75.82	64.73
0.96224	30.00	24.61	23.68	0.84786	84.00	78.20	66.30
0.95972	32.00	26.32	25.26	0.84188	86.00	80.63	67.88
0.95703	34.00	28.04	26.84	0.83569	88 .00	83.12	69.46
0.95419	36.00	29.78	28.42	0.82925	90.00	85.67	71.04
0.95120	38.00	31.53	29.99	0.82246	92.00	88.29	72.62
0.94805	40.00	33.30	31.57	0.81526	94.00	91.01	74.20
0.94477	42.00	35.09	33.15	0.80749	96.00	93.84	75.78
0.94135	44.00	36.89	34.73	0.79900	98.00	96.82	77.36
0.93776	46.00	38.72	36.31	0.78934	100.00	100.00	78.93

附录三 实施任务评价表

<table>
<tr><th colspan="2">项目考核</th><th rowspan="2">评价内容与要求</th><th rowspan="2">项目内容权重/%</th><th rowspan="2">学生自评（20%）</th><th rowspan="2">学生互评（30%）</th><th rowspan="2">教师评价（50%）</th></tr>
<tr><th>考核内容</th><th>细分指标</th></tr>
<tr><td>知识内容</td><td></td><td></td><td>15</td><td></td><td></td><td></td></tr>
<tr><td rowspan="4">项目完成度</td><td>方案设计</td><td>能够正确设计检验方案</td><td>20</td><td></td><td></td><td></td></tr>
<tr><td>实验准备</td><td></td><td>10</td><td></td><td></td><td></td></tr>
<tr><td>实施过程</td><td>知识应用能力、应变能力，能正确分析和解决，任务实施过程中遇到的问题；具有质量意识、体现创新思维与工匠精神</td><td>25</td><td></td><td></td><td></td></tr>
<tr><td>结果表达</td><td>能按任务要求正确表达</td><td>10</td><td></td><td></td><td></td></tr>
<tr><td rowspan="4">表现</td><td>团队协作能力</td><td>能积极参与方案的制定，提出自己的建议与意见，并进行小组实际操作</td><td>5</td><td></td><td></td><td></td></tr>
<tr><td rowspan="2">课堂纪律与卫生整理</td><td>遵守课堂纪律及着装、文明用语、环保与安全意识等方面</td><td>5</td><td></td><td></td><td></td></tr>
<tr><td>整理实验用具，并打扫实训室卫生，展现劳动精神</td><td>5</td><td></td><td></td><td></td></tr>
<tr><td>职业素养</td><td>能展现出优秀的专业、文化、道德、思想素养等</td><td>5</td><td></td><td></td><td></td></tr>
<tr><td colspan="3">综合评分</td><td colspan="4"></td></tr>
<tr><td>综合评语</td><td colspan="6"></td></tr>
</table>

参考文献

[1] GB/T 12806—2011，实验室玻璃仪器 单标线容量瓶［S］.

[2] GB/T 6682—2008，分析实验室用水规格和试验方法［S］.

[3] GB/T 5009.1—2003，食品卫生检验方法　理化部分　总则［S］.

[4] GB/T 601—2016，化学试剂　标准滴定溶液的制备［S］.

[5] JJG 196—2016，常用玻璃量器检定规程［S］.

[6] GB/T 8170—2008，数值修约规则与极限数值的表示和判定［S］.

[7] 周萍，陈向东．微生物学［M］. 8 版．北京：高等教育出版社，2016.

[8] 李达，刘鹏．食品检验工［M］. 天津：天津大学出版社，2020.

[9] 徐树来，张水华．食品感官分析与实验［M］. 北京：化学工业出版社，2010.

[10] 赵光鳌、金岭南．黄酒生产分析检验［M］. 北京：轻工业出版社，1987.

[11] 王福荣．酿酒分析与检测［M］. 2 版．北京：化学工业出版社，2012.

[12] 技术监督行业工人技术考核培训教材编委会．白酒果酒黄酒检验技术［M］. 北京：中国计量出版社，1997.

[13] GB/T 13662—2018，黄酒［S］.

[14] GB 5009.225—2023，食品安全国家标准　酒和食用酒精中乙醇浓度的测定［S］.

[15] GB 5009.28—2016，食品安全国家标准　食品中苯甲酸、山梨酸和糖精钠的测定［S］.

[16] JJF 1070—2023，定量包装商品净含量计量检验规则［S］.

[17] GB/T 17946—2008，地理标志产品 绍兴酒（绍兴黄酒）［S］.

[18] T/ZZB 0301—2018，绍兴黄酒［S］.

[19] GB 5491—1985，粮食、油料检验　扦样、分样法［S］.

[20] GB 5492—2008，粮油检验 粮食、油料的色泽、气味、口味鉴定［S］.

[21] GB 5493—2008，粮油检验 类型及互混检验［S］.

[22] GB 5494—2019，粮油检验 粮食、油料的杂质、不完善粒检验［S］.

[23] GB 5497—1985，粮油检验 粮食、油料的水分测定［S］.

[24] 寿泉洪，胡普信，陈靖显．黄酒品评技术［M］. 北京：中国轻工业出版社，2023.

[25] GB 5498—2013，粮油检验容重测定［S］.

[26] GB/T 5503—2009，粮油检验　碎米检验法［S］.

[27] GB 5009.5—2016，食品安全国家标准　食品中蛋白质的测定［S］.

[28] GB/T 5009.20—2003，食品中有机磷农药残留量的测定［S］.

[29] GB 2715—2016，食品安全国家标准　粮食［S］.

[30] GB/T 1354—2018，大米［S］.

[31] GB 1351—2023，小麦［S］.

[32] GB 5009.3—2016，食品安全国家标准　食品中水分的测定［S］.

[33] GB/T 5750—2023，生活饮用水标准检验方法［S］.

[34] GB 5009. 44—2016 食品安全国家标准　食品中氯化物的测定［S］.
[35] GB/T 4789. 2—2022，食品安全国家标准　食品微生物学检验 菌落总数测定［S］.
[36] GB/T 4789. 3—2016，食品安全国家标准　食品微生物学检验 大肠菌群计数［S］.
[37] 国家药典委员会．中华人民共和国药典（2020 年版）［M］. 北京：中国医药科技出版社，2020.
[38] GB 1886. 64—2015，食品安全国家标准　食品添加剂　焦糖色［S］.
[39] GB/T 5009. 48—2003，蒸馏酒与配制酒卫生标准的分析方法［S］.
[40] GB 7718—2011，食品安全国家标准　预包装食品标签通则［S］.
[41] GB/T 5009. 9—2023，食品安全国家标准　食品中淀粉的测定［S］.
[42] HJ 828—2017，水质 化学需氧量的测定　重铬酸盐法［S］.
[43] GB/T 603—2023，化学试剂　试验方法中所用制剂及制品的制备［S］.
[44] GB 2760—2014，食品安全国家标准　食品添加剂使用标准［S］.
[45] GB 2757—2012，食品安全国家标准　蒸馏酒及其配制酒［S］.
[46] GB 2762—2022，食品安全国家标准　食品中污染物限量［S］.
[47] QB/T 4356—2012，黄酒中游离氨基酸的测定　高效液相色谱法［S］.
[48] QB/T 4711—2014，黄酒中无机元素的测定方法　电感耦合等离子体质谱法和电感耦合等离子体原子发射光谱法［S］.
[49] QB/T 4708—2014，黄酒中挥发性醇类的测定方法　静态顶空-气相色谱法［S］.
[50] QB/T 4709—2014，黄酒中挥发性酯类的测定方法　静态顶空-气相色谱法［S］.
[51] GB 5009. 223—2014，食品安全国家标准　食品中氨基甲酸乙酯的测定［S］.
[52] 魏桃英，陈理，张水娟．绍兴黄酒氨基甲酸乙酯的检测与控制［J］. 中国酿造．2013，32（4）：153-156.
[53] GB 5009. 208—2016，食品安全国家标准　食品中生物胺的测定［S］.
[54] 魏桃英，张秋汀．酸性洗涤剂法测定绍兴黄酒糟中粗纤维质量分数［J］. 发酵科技通讯，2022，51（4）：187-190.
[55] T/ZZB 1594—2020，糟烧（白酒）［S］.
[56] GB/T 10345—2022，白酒分析方法［S］.
[57] GB 7718—2011，食品安全国家标准　预包装食品标签通则［S］.
[58] 刘镇，张瑛，郑云峰．离子交换固相萃取-反相高效液相色谱法测定黄酒中游离嘌呤［J］. 食品与发酵工业，2021，47（11）：237-240.
[59] 毛健．黄酒酿造关键技术与工程应用［M］. 北京：化学工业出版社，2023.
[60] 魏桃英．黄酒检测技术［EB/OL］. 浙江省高等学校在线开放课程共享平台，2023.
[61] 魏桃英，徐大新，寿泉洪．浅析绍兴黄酒生麦曲蛋白酶的测定［J］. 酿酒造．2009，36（6）：83-85.
[62] 魏桃英，汪钊，魏瑞锋．发酵醪中添加酸性蛋白酶对黄酒稳定性的影响［J］. 食品与发酵工业．2015，41（12）：148-152.